これ1 る!

ラズベリー・パイPico ではじめる 電子工作 超入門

米田 聡 著

はじめに

電子工作をするうえで，電子部品の制御を行うプログラム作成（プログラミング）は避けては通れないものです。本書で扱うRaspberry Pi Pico ／ Pico Wでも、さまざまなプログラミング言語が利用できます。

Pythonはプログラミング入門の定番スクリプト言語になっています。わかりやすい文法に加えて、オブジェクト指向や関数型プログラミングといった、現在のプログラミングパラダイム（枠組み）に対応できる柔軟性の高さが人気の理由でしょう。

Pythonを使ってプログラムの作成ができるようになったとしても、悩ましいのが題材かもしれません。WindowsやLinuxといった現在のOS上では、ユーザーがやりたいと思うようなことに対して、たいていオープンソースや有償のソフトウェアを使って対応できてしまいます。それでもあえ自力でPythoでスクリプトを作成しようという人は多くないでしょう。

また、PCにおけるプログラミングはヴァーチャルの世界に閉じているような面があります。画面やネットの世界で完結するタイプの題材が多く、物理世界に作用するプログラムをPCで行う機会は多くありません。これもプログラミングの題材探しに悩む一因でしょう。

マイコン（マイクロコントローラ）のプログラミングは、題材探しに悩んでいる初心者に最適です。マイコンではマイコンを使うガジェットを企画、制作して、そのためのプログラムを作成します。自分のガジェットを機能させるプログラムを作成できるのは自分だけです。しかも、マイコンプログラミングは音や動きといった形で、物理世界に働きかけることができるので、PC上のプログラミングより達成感とやりがいが感じられるはずです。

マイコンプログラミングは、かつてはとてもハードルが高いものでしたが、現在は多くのマイコンで「MicroPython」と呼ばれるPython互換のスクリプト言語が利用できるようになりました。MicroPythonはPythonと極めて高い互換性を持ち、Pythonとほとんど同じようにプログラムを作成できます。

本書では、安価で入手性がいいマイコンとして「Raspberry Pi Pico」および「Raspberry Pi Pico W」を使って、電子工作およびMicroPtythonによるプログラミングの解説を行います。とくに本書で重視しているのは、読者自身でガジェットを設計できる知識を身につけられるようにするということです。

デジタル工作の初学者向けの書籍では、回路図中の定数（抵抗の値やコンデンサの値）の決定に関してざっくりとした説明しか行われないケースが良くあります。簡単な回路であれば、厳密に定数を決定しなくても大抵の場合は動いてしまうので、事細かな説明を省くのも方便の1つでしょう。しかし、この抵抗がなぜこの値に設定されているのかという理屈がわかっていないと、いざオリジナルのガジェットを作成しようとしたときにうまく行かなという事態に陥りがちです。

本書では、デジタル工作の入門書において省略されがちな定数の決定方法を、初心者でも分かる範囲でできるだけ説明を加えるようにしています。オリジナルガジェットの設計を行う際には、その知識が役に立つでしょう。

同時に、MicroPtythonを通じて割り込みや、それに伴うリソースの競合などマイコンプログラミングにおいて知っておきたい事柄にも解説を加えました。本書がマイコンプログラミングに挑戦する一助となれば幸いです。

2023年11月
米田聡

CONTENTS

Part 4 7セグメントLEDでラーメンタイマーの高機能化をはかる 103

Part 5 有機ELディスプレイで温湿度計を作ってみよう 157

Part 6 人を検出したら動き出すファンを作る 223

本書の使い方

本書の使い方について解説します。本文中で紹介しているサンプルプログラムや設定ファイルの場所、また配線図の見方などについても紹介します。

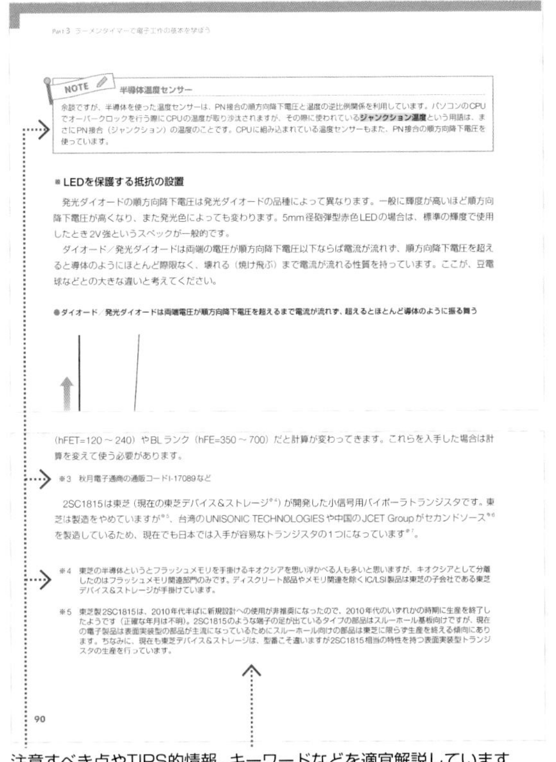

Part 3 ラーメンタイマーで電子工作の基本を学ぼう

NOTE 半導体温度センサー

余談ですが、半導体を使った温度センサーは、PN接合の順方向降下電圧と温度の逆比例関係を利用しています。パソコンのCPUでオーバークロックを行う際にCPUの温度が取り沙汰されますが、その際に使われている**ジャンクション温度**という用語は、まさにPN接合（ジャンクション）の温度のことです。CPUに組み込まれている温度センサーもまた、PN接合の順方向降下電圧を使っています。

■ LEDを保護する抵抗の設置

発光ダイオードの順方向降下電圧は発光ダイオードの品種によって異なります。一般に輝度が高いほど順方向降下電圧が高くなり、また発光色によっても変わります。5mm径砲弾型赤色LEDの場合は、標準の輝度で使用したとき2V強というスペックが一般的です。

ダイオード／発光ダイオードは両端の電圧が順方向降下電圧以下ならば電流が流れず、順方向降下電圧を超えると導体のようにほとんど際限なく、壊れる（焼け飛ぶ）まで電流が流れる性質を持っています。ここが、豆電球などとの大きな違いと考えてください。

●ダイオード／発光ダイオードは両端電圧が順方向降下電圧を超えるまで電流が流れず、超えるとほとんど導体のように振る舞う

（hFET=120～240）やBLランク（hFE=350～700）だと計算が変わってきます。これらを入手した場合は計算を変えて使う必要があります。

※3 秋月電子通商の通販コードI-17089など

2SC1815は東芝（現在の東芝デバイス&ストレージ[※4]）が開発した小信号用バイポーラトランジスタです。東芝は製造をやめていますが[※5]、台湾のUNISONIC TECHNOLOGIESや中国のJCET Groupがセカンドソース[※6]を製造しているため、現在でも日本では入手が容易なトランジスタの1つになっています[※7]。

※4 東芝の半導体というとフラッシュメモリを手掛けるキオクシアを思い浮かべる人も多いと思いますが，キオクシアとして分離したのはフラッシュメモリ関連部門のみです。ディスクリート部品やメモリ関連を除くIC/LSI製品は東芝の子会社である東芝デバイス&ストレージが手掛けています。

※5 東芝製2SC1815は、2010年代半ばに新規設計への使用が非推奨になったので、2010年代のいずれかの時期に生産を終了したようです（正確な年月は不明）。2SC1815のような端子の足が出ているタイプの部品はスルーホール基板向けですが、現在の電子製品は表面実装型の部品が主流になっているためにスルーホール向けの部品は東芝に限らず生産を終える傾向にあります。ちなみに、現在も東芝デバイス&ストレージは、型番こそ違いますが2SC1815相当の特性を持つ表面実装型トランジスタの生産を行っています。

90

注意すべき点やTIPS的情報、キーワードなどを適宜解説しています

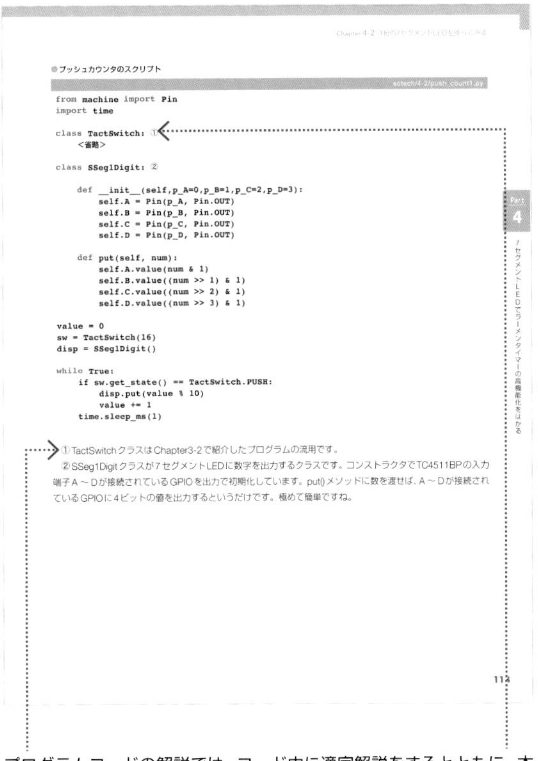

Chapter 4-2 1桁の7セグメントLEDを使ってみる

●プッシュカウンタのスクリプト

sotech/4-2/push_count1.py

```
from machine import Pin
import time

class TactSwitch: ①
    <省略>

class SSeg1Digit: ②

    def __init__(self,p_A=0,p_B=1,p_C=2,p_D=3):
        self.A = Pin(p_A, Pin.OUT)
        self.B = Pin(p_B, Pin.OUT)
        self.C = Pin(p_C, Pin.OUT)
        self.D = Pin(p_D, Pin.OUT)

    def put(self, num):
        self.A.value(num & 1)
        self.B.value((num >> 1) & 1)
        self.C.value((num >> 2) & 1)
        self.D.value((num >> 3) & 1)

value = 0
sw = TactSwitch(16)
disp = SSeg1Digit()

while True:
    if sw.get_state() == TactSwitch.PUSH:
        disp.put(value % 10)
        value += 1
    time.sleep_ms(1)
```

①TactSwitchクラスはChapter3-2で紹介したプログラムの流用です。

②SSeg1Digitクラスが7セグメントLEDに数字を出力するクラスです。コンストラクタでTC4511BPの入力端子A～Dが接続されているGPIOを出力で初期化しています。put()メソッドに数を渡せば、A～Dが接続されているGPIOに4ビットの値を出力するというだけです。極めて簡単ですね。

Part 4 7セグメントLEDでラーメンタイマーの高機能化をはかる

プログラムコードの解説では、コード中に適宜解説をするとともに、本文中と対応する箇所が分かりやすいように丸数字（①②など）をふっています

● プログラムファイルの格納場所

sotech/3-3/nt_with_led.py

```
from machine import Pin
import time

class TactSwitch:
    <省略>
            led.on()
            print("Noodle is ready!!")
```

本書サポートページ（255ページ参照）で提供するサンプルプログラムを利用する場合は、右上にファイル名を記しています。
ファイルの場所は、アーカイブを「sotech」フォルダに展開した場合のパスで表記しています

●ブレッドボードやRaspberry Pi Pico ／ Pico W端子への配線図の見方

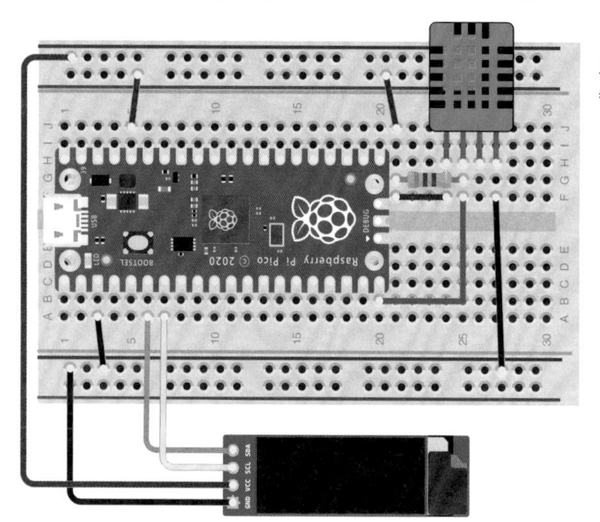

ブレッドボード上やArduinoの端子に配線する際のイラストでは、端子を挿入して利用する箇所を黄色の点で表現しています。自作の際の参考にしてください

注意事項

- 本書の内容は2023年11月の原稿執筆時点での情報であり、予告なく変更されることがあります。特に電子部品に関しては、生産終了などによって取り扱いが無くなることが予想されますので、あくまで執筆時点の参考情報であることをご了承ください。また、本書に記載されたソフトウェアのバージョン、ハードウェアのリビジョン、URL、それにともなう画面イメージなどは原稿執筆時点のものであり、予告なく変更される場合があります。
- 本書の内容の操作によって生じた損害、および本書の内容に基づく運用の結果生じたいかなる損害につきましても著者および監修者、株式会社ソーテック社、ソフトウェア・ハードウェアの開発者および開発元、ならびに販売者は一切の責任を負いません。あらかじめご了承ください。
- 本書の制作にあたっては、正確な記述に努めていますが、内容に誤りや不正確な記述がある場合も、当社は一切責任を負いません。また著者、監修者、出版社、開発元のいずれも一切サポートを行わないものとします。
- サンプルコードの著作権は全て著作者にあります。本サンプルを著作者、株式会社ソーテック社の許可なく二次使用、複製、販売することを禁止します。
- サンプルデータをダウンロードして利用する権利は、本書の購入者のみに限ります。本書を購入しないでサンプルデータのみを利用することは固く禁止します。

Part 1

Raspberry Pi Pico ／ Pico Wで遊ぼう

Raspberry Pi Picoは、「Raspberry Pi」シリーズで知られるRaspberry Pi財団が販売するマイコンモジュール製品です。
本章では従来のRaspberry PiシリーズとPicoの違いや、Picoを利用するにあたっての予備知識や開発環境のセットアップまでを取り上げていきます。

Raspberry Piシリーズと Pico

Raspberry Pi PicoはRaspberry Piシリーズの一種ですが、他のRaspberry Piシリーズの機種と異なる特性があります。ここではRaspberry Piシリーズの特徴と、Picoの特徴について解説します。

Raspberry Piシリーズの中でも、組み込み用途に向いているPico

本書で取り上げる「**Raspberry Pi Pico**」「**Raspberry Pi Pico W**」は、21×51mmサイズの小さなマイクロコントローラ（マイコン）搭載モジュール製品です。「マイコン」はマイクロコントローラの略で、CPUと周辺回路やインタフェースを1チップに集積したLSIです。

●Raspberry Pi Pico（左）とRaspberry Pi Pico W（右）

「Raspberry Pi」は英国「**Raspberry Pi財団**」が開発・販売するSBC（シングルボードコンピュータ）です。Raspberry Pi Picoのほかに、Linuxが動作するSBC（シングルボードコンピュータ）である「Raspberry Piシリーズ」があります。2013年に初代Raspberry Piである「**Raspberry Pi Model A**」が発売され、2023年10月に最新の「Raspberry Pi 5」（記事執筆時点、国内発売日は未定）が発表されています。

次ページのRaspberry PiシリーズはOSを搭載したコンピュータですが、Raspberry Pi Pico ／ Pico Wも、Raspberry Piシリーズの仲間です。ただし、Raspberry Pi Picoは他のRaspberry Piシリーズとは異なり、（OSである）Linuxは動作しません。システム用のSDカードも不要です。

本書では「Raspberry Piシリーズ」という表現は、Linuxが動作するSBCを指すときに用います。「Raspberry Pi Pico」シリーズは「Pico」と呼んで区別することにします。

●Raspberry Pi 4 Model B+

■ Raspberry Piシリーズはマイコン利用に不向き

Raspberry Piシリーズに搭載されている**SoC**（System-on-a-Chip）は、CPUコアにさまざまなペリフェラル（周辺機器）を内蔵させたLSIです。メインメモリやROMの外付けが必須なことや、CPUのターゲットがアプリケーション向け（スマートホンやタブレットなど）であることから、マイコンと呼ばれることはあまりありませんが、マイコンと似た性質を持つLSIといっていいでしょう。

また、Raspberry Piシリーズは**GPIO**（General Purpose I/O：**汎用入出力**）を始めとする外部機器制御用のインタフェースを装備します。なので、Raspberry Piシリーズを制御用として利用することは十分に可能で、そのような応用も多数行われています。

しかし、Raspberry Piシリーズに採用されているSoCにはメインメモリやフラッシュメモリの外付けが必要です。さらに、電源管理ICも必要とするなど、一般的なマイコンに比べると複雑でコスト高です。

また、低消費電力というわけでもありません。高性能なRaspberry Pi 4 Model B+の消費電力は平均4～5W程度と、RP2040の消費電力のおおむね60倍ほどになります。リッチなGUI込みでLinuxが動作するコンピュータとしては低消費電力ですが、組み込み機器用途で利用する場合は、5W程度の電力をまかなえる電源部や発熱に対応する放熱システムが必要になり、不向きです。

さらに、モデル（エディション）にもよりますが価格は1万円前後です。RP2040単体は100円程度、モジュール製品のPicoでも800円前後（記事執筆時点）なので、Raspberry Piシリーズはかなり高額です。

Raspberry Piシリーズはリアルタイム処理が苦手

Raspberry Piシリーズには苦手な制御があります。即時応答が必要な**リアルタイム処理**があまり得意ではありません。

Raspberry Piシリーズに搭載されているSoCはアプリケーション向けで、Linuxのような高度なOSを前提に設計されています。そのため、一般的なマイコンに比べて高度で複雑な機能を持っています。複数のプログラムが同時に動作するマルチタスクや、複数のユーザーが同時に利用できるマルチユーザーも実現しています。ユーザーが実行するプログラムには、専用の論理アドレス空間が割り当てられるため、異なるプログラム同士が邪魔をしあうことはありません。

一方で、マルチタスクが可能なOS（Linuxに限らずWindowsやmacOSも）は、前述のリアルタイム処理があまり得意ではありません。たとえば、機器の制御で「スイッチが押されたら少なくとも数十マイクロ秒以内に応答を返す必要がある」という要件があった場合、マルチタスクOSのユーザープログラムのレベルでは、この要件を満たすのは困難です。

マルチタスクOSでは複数のプログラムを「時分割」によって同時並行に実行しているように見せているためです。ユーザーが実行するプログラムは、標準では10ミリ秒でスライスされ[※1]、他のプログラムと交互に実行されます。したがって、ユーザープログラムでスイッチが押されたら即時反応するコードを記述しても、現実の応答には数ミリ秒程度の遅れが生じる可能性があります。

※1　古典的でわかりやすい例として時分割を取り上げましたが、現在のLinux カーネルは時分割をできるだけ行わない「tickless カーネル」という新しい設計を採用しており、時分割による遅延は発生しないか、発生しても最小に抑えられています。それでも標準のカーネルではリアルタイム応答性能が保証されておらず、ワーストケースだと数ミリ秒程度の遅延が発生することもあります。

Linuxでリアルタイム処理をする場合は「リアルタイムカーネル」と呼ばれるリアルタイム応答を保証する特殊なカーネルを利用したり、あるいはデバイスドライバで実装する[※2]といった対応が必要です。どちらにせよ、ハードルは低くはありません。

※2　Linuxのデバイスドライバはカーネル空間で動作します。カーネルが持つ権限が利用でき、即時応答を行うことも可能です。

マイコンは電子工作に適している

マイコンはCPUに加えてメインメモリやペリフェラルを1つのLSIに集積します。組み込めるCPU性能には限界があり、メモリ容量も多くありません。マイコンでLinuxのような高度なOSを利用することは稀で、またメリットもありません※3。

※3 LinuxはMMUを持たないCortex-M0+のようなCPUにも「NoMMU」という特別なコンフィグレーションにより対応できます。ただし、NoMMUカーネルを利用するには最低でも1～2MB程度のメインメモリが必要です。Picoは264KBしかメモリ容量がないので、NoMMUカーネルを動作させるのは困難です。

通常、マルチタスクOSを実装しないPicoのようなマイコンでは、1つのプログラムしか実行できません。多機能・高機能ではありませんが、リアルタイム処理はRaspberry Piシリーズよりはるかに容易です。1つのプログラムしか動いていないため、即時応答を行うプログラムを実行すれば、即時応答ができるからです。

実際、Raspberry Pi財団はPicoを手掛ける理由として、電子工作においてマイコンのほうがRaspberry Piシリーズよりも適しているケースがあることを挙げています。Raspberry Pi財団は、PicoとRaspberry Piシリーズを使い分けたり連携させることで、より幅広い応用が可能になると述べています。

PicoとRaspberry Piシリーズの使い分け

Raspberry PiシリーズとPicoはどのように使い分ければいいのでしょうか。一概には言えない部分がありますが、典型的な例を挙げておきます。

■【Pico】マイクロ秒精度の制御が必要な場合

外部機器の制御でシビアなタイミングが求められる場合は、Picoを用いるほうが簡単に実現できます。

■【Pico】省電力が求められるバッテリ駆動のガジェット制作の場合

Raspberry Piシリーズは消費電力が大きいことに加えて、バッテリ向けの電力制御が実装されていないことから、バッテリ運用にはあまり向いていません。消費電力がそれなりに大きいため、大型のモバイルバッテリなどを利用しないとバッテリ運用時間を稼ぐことができないのも難点です。

Picoは先述の通り平均24mA程度しか電流が流れません。単3型アルカリ電池でもざっくり100時間程度の連続利用が可能で、十分実用性があります。

●バッテリ駆動のガジェットのイメージ

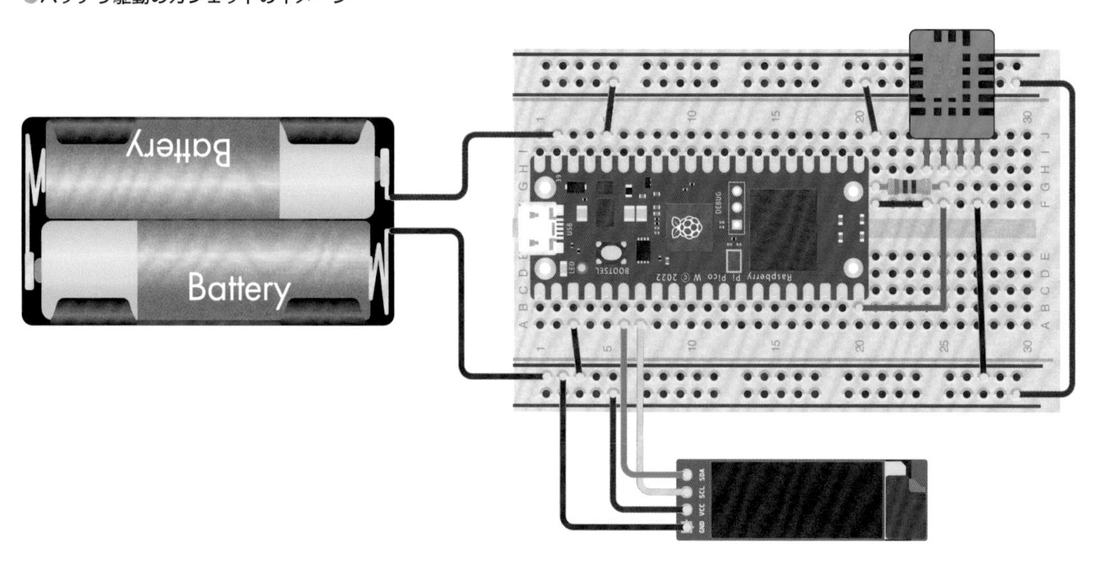

■【Raspberry Piシリーズ】複雑なUIやネットワークアプリが必要な場合

Picoはディスプレイ出力がなく※4、またユーザーインタフェース（UI）を構築するためのツールキットやライブラリも充実していません。ごく簡単なメニューを選ぶといった程度のユーザーインタフェースなら楽に作成できますが、複雑なものや見た目がいいユーザーインタフェースをPico単独で作るのは大変です。

※4 ディスプレイ接続が不可能というわけではありません。実際、PicoのPIO（Programmable I/O）の機能を使ってアナログVGA15ピンを接続する例などもあります。

また、複雑なネットワークアプリケーションなど高レベルのアプリをPicoで作成することも困難です。メモリ容量やCPU性能に限界があり、また流用可能な既存のソフトウェアが豊富にあるわけでもありません。

その点、Raspberry Piシリーズで動作しているLinuxは高レベルのUIやネットワークアプリケーションを作成するための環境が整っています。Picoで作成するよりはるかに短時間に使いやすいソフトウェアを構築することができるでしょう。

■【Raspberry Piシリーズ】CPUの演算性能が必要な場合

Picoに搭載されているRP2040マイコンに組み込まれているCPUコア「Cortex-M0+」の動作クロックは最大133MHz（デフォルトの動作クロック設定は125MHz）です。消費電力80mW程度のマイコンに組み込まれているCPUとしてはなかなか高速ですが、Raspberry Piシリーズに使われているアプリケーションプロセッサに比べればかなり低性能です。

たとえば、Cortex-M0+の整数演算性能はクロック1MHzあたり0.93DMIPSと公表されています。DMIPSというのは古典的な整数演算ベンチマークテスト「Dhrystone」で測定した「1秒あたりの命令実行数」（Mega Instruction per Sec.）を示します。動作クロック1MHzのCortex-M0+は、1秒間におよそ930の命令を実行できるということです。

一方、Raspberry Pi 4 Model B+のSoCに組み込まれている「Cortex-A72」の場合、公式のDMIPS値が公表されていませんが、おおむね2.16DMIPS程度のようです。Cortex-A72の1MHzあたりに実行できる命令実行数は、Cortex-M0+の2.3倍に達するということです。

Raspberry Pi 4 Model B+におけるCortex-A72の動作クロックは最大1.5GHzですから、Picoの11倍強です。CPUコア数はRaspberry Pi 4 Model B+が4基であるのに対してPicoは2基なので、概算でRaspberry Pi 4 Model B+の演算性能はPicoに対して約50倍（2.3×11×2）という計算になります。

ちなみにCortex-M0+は32bit CPUですが、Cortex-A72は64bit CPUなので、Raspberry Pi 4 Model B+で64bitのOSを利用すればPicoに対してざっくり100倍の演算性能があると考えてもいいかもしれません[※5]。

※5　32bit、64bitという値はレジスタ幅を意味しており、厳密に言えば演算性能と直接的な関連はありません。

大雑把な比較ですが、Raspberry PiシリーズとPicoの演算性能の差が大きいのは確かです。したがって、CPUの演算性能が必要なアプリケーションならPicoよりRaspberry Piシリーズのほうがはるかに適しています。

■ PicoとRaspberry Piシリーズの連携

リッチなユーザーインタフェースが必要だが、同時にリアルタイム処理も必要というアプリケーションを利用する場合は、PicoとRaspberry Piシリーズを連携させて対応するという方法があります。

Raspberry Piシリーズで動作しているLinux（OS）はリアルタイム処理が苦手で、無理にRaspberry Piシリーズだけで完結させようとすると苦労します。Picoを追加すれば、わずかな出費で容易に課題を解決できるでしょう。もともとマイコンは部品として使うことを想定したLSIなので、Raspberry Piシリースの手足という用途は想定されている使い方です。

その場合、Raspberry PiシリーズとPicoの相互でやり取りを行う必要がありますが、シリアル通信などのインタフェースで結ぶ方法が考えられます。あるいは、Wi-Fiを搭載するPico Wであれば、ネットワークでやり取りを行うこともできるでしょう。

マイコンとコンピュータ

Raspberry Pi Picoはマイコン搭載のコンピュータです。マイコンの特徴は小型（省スペース）で低消費電力、低価格なことです。マイコン搭載のRaspberry Pi Picoは、組み込み用途に向いた製品です。

マイコン搭載のシングルボードコンピュータ

前述しましたが、本書で取り上げるRaspberry Pi Picoは、21×51mmサイズの小さなマイクロコントローラ（マイコン）搭載モジュール製品です。

基板の中央に載っている**LSI**（Large Scale Integration：大規模集積回路）は、Raspberry Pi財団が開発したオリジナルマイコンLSI「**RP2040**」です。そのほか、基板長辺に装備された合計40ピンの入出ピン（GPIO）やMicro USB端子などの要素がありますが、これらについては後で詳しく取り上げることにしましょう。

基板の写真からもわかりますが、Picoの中核を担っているのがRP2040マイコンです。「**マイクロコントローラ**」という名前の通り、マイコンはさまざまな機器の制御（コントロール）に使うために作られたLSIです。私達の身の回りにある家電製品や自動車、産業機械といったものの大半は内部に組み込まれたマイコンを使って制御されています。

たとえば、全自動洗濯機が全自動で洗濯をこなしてくれるのもマイコンが制御してくれているおかげです。

●マイコンが搭載された家電製品

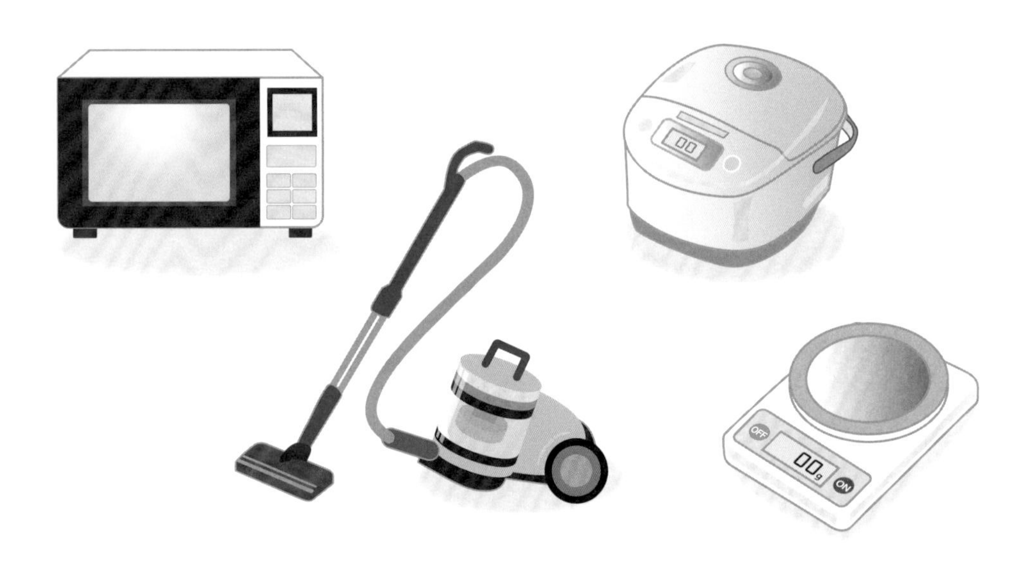

マイコンの特徴

マイコンの正体はコンピュータの一種で、マイコン上で動作するプログラムによって機器を制御します。マイコン上で動作するプログラムのことを「**ファームウェア**」などということもあります。

マイコンは「機器に組み込む」という性質上、多くの人が「コンピュータ」という言葉から連想するパソコンのようなコンピュータとは異なる機能や性能が求められます。

マイコンに厳密な定義はありませんが、おおまかにまとめるなら次のような特徴を持っていると考えていいでしょう。

- 最小限の外付け部品でコンピュータとして機能する
- 低消費電力で低発熱
- 低価格

それぞれ説明します。

最小限の外付け部品でコンピュータとして機能する

マイコンは機器に組み込むために、可能な限り簡便で省スペースであることが求められます。

パソコンに使われている一般的なCPUは、外部にメインメモリ、不揮発性メモリ（ROM：Read Only Memoryやフラッシュメモリなど）、各種ストレージ、そして外部インタフェース用のLSIといった多数の外付け部品なしにはコンピュータとして機能しません。このようなCPUを機器に内蔵しようとすると機器の大型化や高価格化が避けられないでしょう。

そこで、マイコンはCPUに加えてメインメモリ、ROM、外部インタフェース用などの周辺回路（ペリフェラル）を1つのLSIに集積し、ごくわずかな外付け部品だけでコンピュータとして機能する特徴を持っています。わずかなLSIでコンピュータとして機能するために機器の小型化や低コスト化が可能になります。

なお、マイコンに集積するCPU以外の機能要素は、マイコンの種類によって異なります。Picoに搭載されているRP2040マイコンは、2基のCPUコアとメインメモリ用の容量264KBのSRAM、それに多数のペリフェラルを内蔵します。ただ、ROMは電源オンおよびリセット時に実行する小さなプログラムコード（ブートコード）を格納する16KB分しか内蔵しておらず、ユーザープログラムを格納するフラッシュメモリの外付けが必要です。ですが、ユーザープログラム用のフラッシュメモリまで内蔵しているマイコンもあり、そのような製品ならば電源をつなぐだけでコンピュータとして機能します。

低消費電力で低発熱

消費電力が大きく、発熱が大きなLSIは機器の大型化や高コスト化の原因になります。LSIが発生する熱を処理できる大型の筐体や冷却システムが必要ですし、大型の電源部が必要になるからです。

また、マイコンはバッテリで動くような機器にも内蔵させなければならないこともあります。これらの理由から、マイコンには可能な限り低消費電力で低発熱なことが求められます。

RP2040マイコンの消費電流は3.3V動作時平均24mA（平均約80mW）という仕様です。マイコンとして極端に低消費電力の製品というわけではありませんが、バッテリ駆動に対応できる電力性能を持っています。

■低価格

マイコンは掃除機などの家電製品のように、比較的低価格の製品にも利用されています。マイコンの価格が製品価格の一部に反映されるため、製品の価格競争力を削がない程度に安価であることが求められます。

たとえば、Raspberry Pi財団はRP2040のLSI単体を外販していますが、その単価は記事執筆時点で1個あたり100～200円程度です。明確なロット価格はわかりませんが、1ロット1,000個などの単位で購入すれば1個あたり数十円程度までコストを下げることができるでしょう。

RP2040は前述の通り、フラッシュメモリの外付けが必要なタイプのマイコンなので、この価格でマイコンとして機能するわけではありません。それでも十分に安価といえるマイコン製品で、低価格の機器に無理なく組み込むことができるでしょう。

RP2040の価格は一例に過ぎませんが、マイコン製品はおおむね数十円程度から入手が可能という特徴を持っています。もちろん、マイコンも機能や性能が上がるにつれて価格も上昇します。したがって、製品の機能や性能と価格に適したマイコンを選択することが必要となります。

Picoシリーズの概要

Picoシリーズの仕様を見ておくことにしましょう。PicoシリーズにはベースのRaspberry Pi PicoとPico H、無線機能を持つRaspberry Pi Pico WとPico WHがあります。ここではそれぞれの概要について解説します。

Raspberry Pi Pico ／ Pico H

RP2040マイコンを搭載する初の製品として2021年にRaspberry Pi財団から発売されたのが「**Raspberry Pi Pico**」です。Picoを利用するには、基板両サイドのスルーホールに「ピンヘッダ」をはんだ付けしなければなりません（はんだ付けについては24ページでも解説）。Raspberry Pi Picoにはピンヘッダが取り付けられている「Raspberry Pi Pico H」という製品もあります。スペックはRaspberry Pi Picoと同じです。

Raspberry Pi Pico ／ Pico Hの主な仕様を次の表にまとめました。

●Raspberry Pi Pico ／ Pico Hの主なスペック

	概 要
CPUコア	Cortex-M0+×2基／最大クロック133MHz
メインメモリ	264kbオンチップSRAM
ROM	16kBオンチップROM＋2MBオンボードフラッシュメモリ
GPIO	26チャンネル
PWM	最大16チャンネル
アナログ入力	3チャンネル
UART	2チャンネル
SPI	2チャンネル
I^2C	2チャンネル
USB	USB 1.1ホスト／クライアント物理層×1基
その他のI/O	Programmable I/O×最大8基
電源電圧	1.8～5.5V
基板サイズ	21（W）×51（D）mm

CPUはRP2040マイコンに組み込まれた2基の「Cortex-M0+」です。Cortex-M0+は、英Arm社が開発した組み込みマイコン向けのCPUコア「Cortex-M0」の改良版です。小型低消費電力というコンセプトを維持しながら、Cortex-M0よりも1割ほどの高性能化が図られているのが特徴です。また「ARMv6-M」と呼ばれる組み込み向けに最適化されたアーキテクチャを採用しています。

英ArmはプロセッサIP（Intellectual Property：知的所有権）を手掛ける企業です。英Armが開発しているプロセッサIPのアーキテクチャは大きく分けて、アプリケーション向けの「A」、組み込み向けの「M」、超高速リアルタイムアプリケーション（エンジン制御など）向けの「R」という３つのプロファイルに大別されます。詳細は省略しますが、Picoに搭載されているのはスマートフォンやタブレット向けの旧ARMv7-Aと多くが共通の命令セットが使えるCPUです。

■ GPIOなどの外部インタフェース

「GPIO」や「アナログ入力」などは外部インタフェースです。本書では、これらのインタフェースの使い方を解説していきます。

ちなみに、RP2040マイコンが持つGPIOは最大30本ですが、うち4本が基板上で使われるため、ユーザーが使えるGPIOは最大26チャンネルです。アナログ入力も同様で、RP2040マイコン自体は5チャンネルを内蔵していますが、2チャンネルが基板上で使用されるのでユーザーが利用できるのは3チェンネルとなっています。

また、多くのインタフェースはGPIOとピンが共用になっています。そのため、アナログ入力を割り当てたピンはGPIOとして使えないという具合に、排他関係にあります。表に記載したすべてのインタフェースを同時に使えるわけではないことに注意してください。

基板両サイドの入出力端子（40ピン）以外の要素を次の図に示します。

●基板上の主な要素

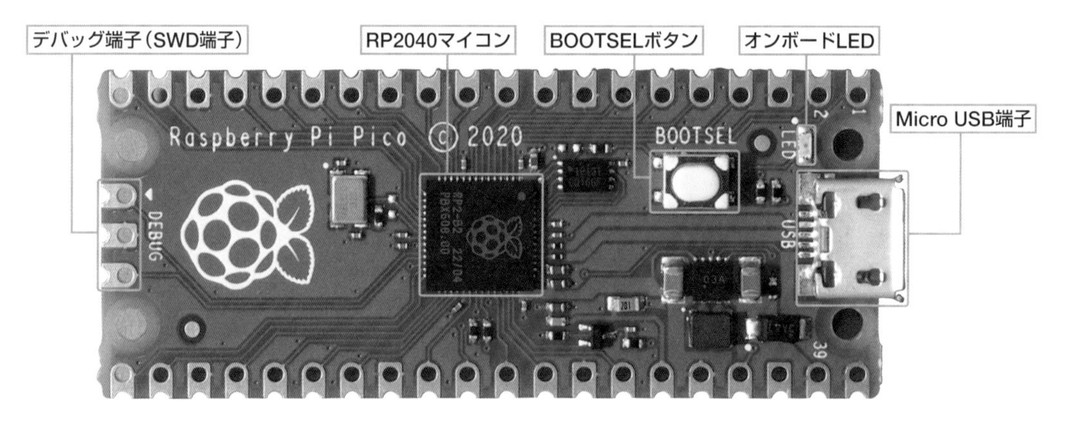

「**Micro USB端子**」は、Pico上で動作するプログラムを開発するときに利用する端子です。Pico上で動作するプログラムは、WindowsやMac、Linuxなどのパソコンである「開発ホスト機」の上で開発します。パソコン上で作成したプログラムを、USBケーブルを使って接続したPicoの上のフラッシュメモリに書き込んで使用します。そのためPicoと開発ホスト機をつなぐUSBケーブルが必要になります。

またMicro USB端子は、Pico上で動作するプログラムからUSB 1.1ホスト機能やクライアント機能としても使うことができます。Picoに接続したUSB機器を利用できるというわけです。

「**オンボードLED**」は動作確認用のLEDです。Pico上のプログラムから点灯消灯を制御できます。使い方に決まりはないので、簡単なインジケーターとしても利用できるでしょう。

「**BOOTSEL**」ボタンは、開発ホスト機からPico上で動作するプログラムを書き込むときに使うボタンです。

BOOTSELボタンを押しながらPicoを開発ホスト機に接続すると、Picoが「BOOTSELモード」というプログラムをフラッシュメモリに書き込むことができるモードで起動します。

「**デバッグ端子（SWD端子）**」は、Pico上で動作するプログラムのデバッグを行うときに使う端子です。Armプロセッサ向けに定義されているSerial Wire Debug（SWD）インタフェースに対応した端子で、SWDに対応する「デバッグプローブ」を接続してオンチップデバッグが行えます。

なお、本書で主に取り上げるインタープリタ言語であるMiroPythonは、コンソールを使ってインタラクティブなデバッグが行えるので、SWD端子を使う必要はまずありません。SWD端子を使ってデバッグする必要があるのはC、C++言語を使った開発や、アセンブリ言語を使った開発時です。

次の図は、基板両サイドにある入出力ピンの割当です。

●Picoのピンアサイン

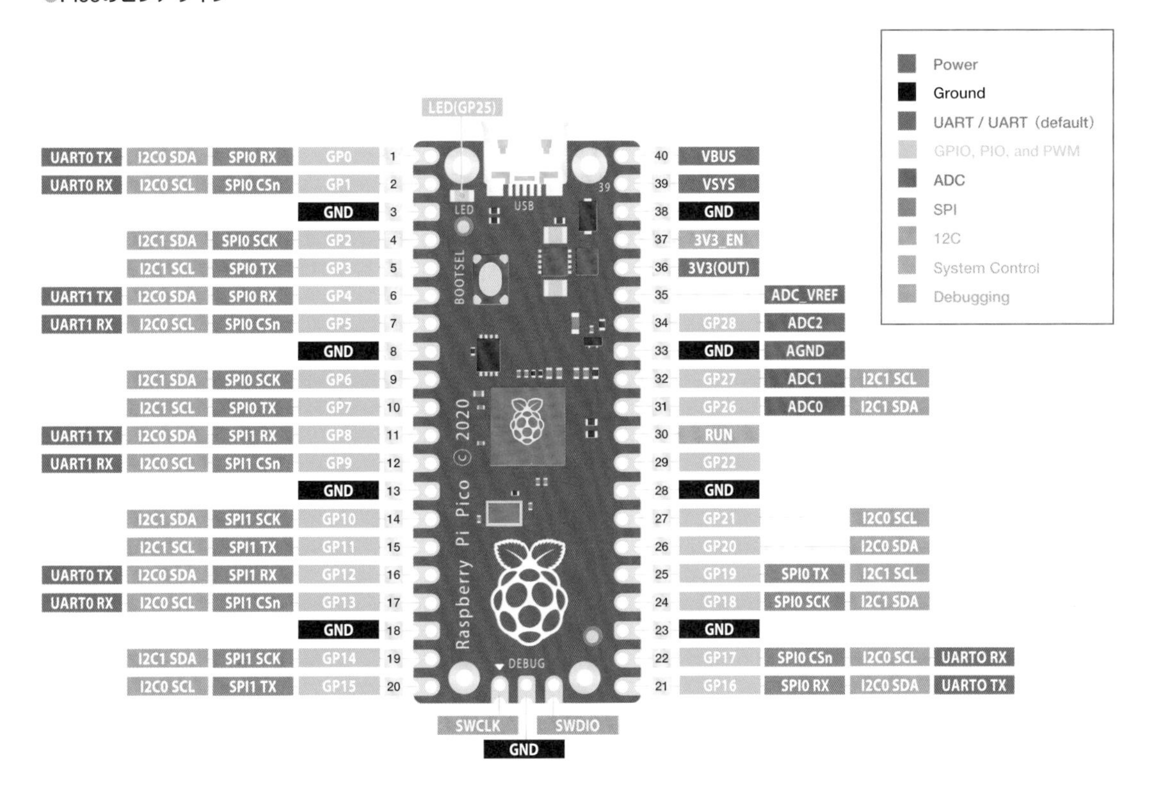

 Raspberry Pi Pico W ／ Pico WH

2022年にRaspberry Pi財団から「**Raspberry Pi Pico W**」（以下、Pico W）と、それにピンヘッダを標準装備した「**Raspberry Pi Pico WH**」が発売されました。

Pico Wは、Picoに独Infineon Technologies社製の無線LAN ／ Bluetoothモジュール「CYW43439」を追加

した製品です。

あらゆるモノがインターネットに接続する「**IoT**（Internet of Things：**モノのインターネット**）」というコンセプトがあります。IoTは一過性の流行りではなく、私達の身の回りにある製品の多くが、IoTのコンセプトどおりインターネットに接続するようになってきています。インターネットに接続する冷蔵庫やエアコン、ドアホンなどの家電製品は珍しくありません。

IoT対応製品を作るためにはマイコンにもインターネットに接続する機能が必要で、Wi-FiやBluetoothが有力な手段になります。

Wi-Fi ／ Bluetoothモジュール「**CYW43439**」を搭載したPico Wは、IoT機器を自作するのに最適なマイコンモジュールです。広く利用されている2.4GHz帯を利用するWi-Fi4（IEEE802.11n）とBluetooth 5.2に対応します。なお、5GHzのアクセスポイントには接続できないので注意してください。

CYW43439は、eSPI（Enhanced Serial Peripheral Interface）とSDIO（Secure Digital Input/Output）インタフェース接続の無線LAN ／ Bluetoothモジュールです。Pico Wでは、Picoでユーザーに開放されていなかったGPIOおよびアナログ入力ピンにCYW43439を接続して使用します。Pico Wは無線機能を除いてPicoとおおむね互換性を持っていて、Pico用のプログラムがほとんど修正なし※1に利用できます。

※1　本文からも推測できると思いますが、ユーザーに開放されていないGPIOおよびアナログ入力の用途は異なります。よって、それらを利用するプログラムは互換性がありません。特に大きな違いになるのがオンボードLEDです。PicoではLEDがGPIO25に接続されていますが、Pico WではCYW43439のGPIO0に接続されています。ただ、本書で取り上げるMicroPythonではPicoとPico WのオンボードLEDの相違を吸収する仕組みがあります（Chapter3-3で解説）。

Pico Wの基板上の主な要素を図に掲載しておきます。Picoとの違いは、CYW43439が搭載されている点とSWD端子の位置が異なる程度です。

●**Raspberry Pi Pico Wの主な要素**

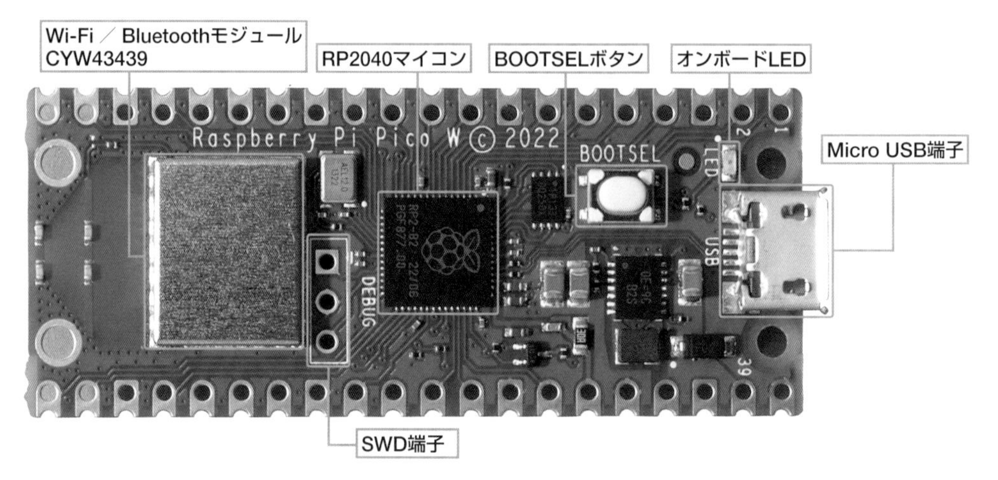

本書ではPico Wについても取り上げていきます。Pico Wは本稿を執筆している2023年9月の時点で1,300円前後です。Picoより500円前後高価ですが、おおむねPicoの上位互換と考えていいでしょう。これからPicoシリーズを購入しようという人は、Pico Wを買っておいてもいいかもしれません。

Picoで電子工作をするために必要なもの

ここでは、PicoやPico Wを使って電子工作をするために必要なものをまとめて紹介します。電子工作を楽しむためにはPicoにピンヘッダを取り付けたり、ブレッドボードを使用したりします。また、プログラムを作成するパソコンと、Pico／Pico WとパソコンをつなぐUSBケーブルなども必要です。

ピンヘッダを取り付けたPico／Pico W

PicoやPico Wを使って電子工作を行うためには、**ピンヘッダ**をはんだ付けしておく必要があります。はんだ付けが苦手という方は、ピンヘッダ取り付け済みのPico HやPico WHを購入しましょう。

ただ、電子工作においてはんだ付けは避けて通れないものでもあるので、できるようになっておくこともお勧めします。

●切り取りに対応した40ピンヘッダ
細ピンヘッダ　1×４０　（黒）（https://akizukidenshi.com/catalog/g/gC-06631/）

ピンヘッダを自力ではんだ付けする場合は、2.54mmピッチのピンヘッダを購入する必要があります。入出力端子は片側20ピンで両側の合計40ピンです。20ピンのピンヘッダを2個用意するか、切り取りに対応するピンヘッダなら40ピン1本をニッパで半分に切って使えばいいでしょう。

本書では、Picoをブレッドボードに取り付けて使用します。そのため、Picoに取り付けるピンヘッダはピン径0.5mmの**細ピンヘッダ**のほうが望ましいでしょう。標準ピン径のピンヘッダをブレッドボードに取り付けることはできますが、取り付けがかなり固くブレッドボードが傷んでしまうことがあるためです。

細ピンタイプのピンヘッダと標準ピンタイプのピンヘッダは見分けるのが意外に難しく、入手しづらいかもしれません。ショップ等に見当たらないときは、秋月電子通商に細ピンヘッダがある※1ので、それを入手するのが確実です。

※1　秋月電子通商通販コードC-06631

本書のようにPicoをブレッドボードに取り付ける場合、基板の部品面（LSIなどが取り付けられている面）が上になるようにピンヘッダをはんだ付けします。

●Picoの下側にピンが出るようにピンヘッダを付ける

ピンをよくはんだゴテで温めてから、**スルーホールにはんだを流し込むように**するのがはんだ付けのコツです。次の左図のようにスルーホールにはんだが流れ込み、ピンがはんだで濡れたような感じに仕上げるのがベストです。

●スルーホールの上手なはんだ付け例（左）と、失敗例（右）

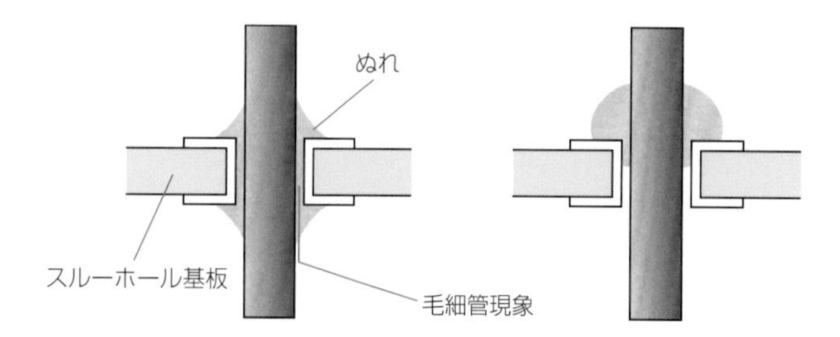

十分にピンを加熱しないと、右図のようにはんだがピンに丸くくっついたような形になります。こうなるとハンダがスルーホールに流れ込んでいないか、または流れ込む量が不足し、ブレッドボードへの抜き差しを繰り返すうちにハンダが割れて接触不良を起こしてしまう恐れがあります。

うまく仕上げるには、ピンをはんだごてでよく温める必要があります。ピンに熱を加えるようにすればPicoが熱で壊れることはありません。しっかりピンを温め、はんだをピンで溶かしてピンに沿わせてスルーホールに流し込んでください。

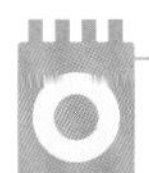

ブレッドボード・ジャンパワイヤ

「**ブレッドボード**」は、一面に空いている穴にPicoやIC、抵抗、トランジスタなどを差し込み、**ジャンパワイヤ**を使って配線する道具です。ブレッドボードを用いれば、はんだ付けをせずに電子回路を組めるので、手軽に電子工作が楽しめます。本書ではブレッドボードを使って主な配線を行います。

ブレッドボードのサイズにはおおまかに小型、中型、大型の3種類があります。試作したい対象の規模に応じた大きさのブレッドボードを使うのが望ましいですが、大は小を兼ねるので、最初は中型以上のものを買っておいたほうがいいかもしれません。

ブレッドボードと同時に、配線に使うジャンパワイヤも必要になります。ブレッドボード単体とジャンパワイヤをそれぞれ個別に買ってもいいですが、最初はセットになった製品を入手するのが楽でしょう。「ブレッドボードセット」などで検索すれば通販サイトから各種セット品が購入できます。秋月電子通商など電子パーツショップでもセット品が売られています。良さそうなものを買っておいてください。

●ブレッドボード

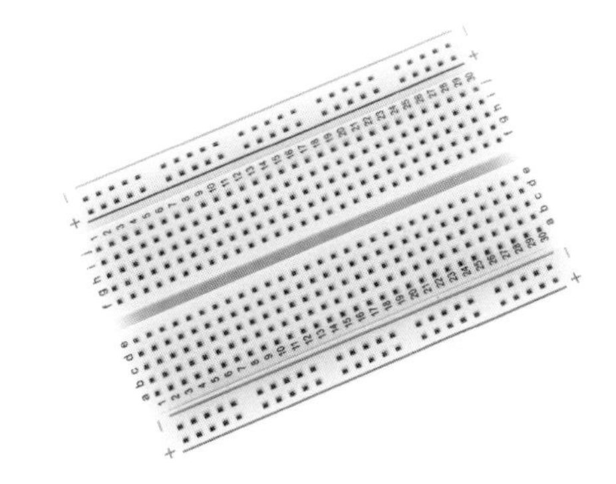

●ブレッドボードセット製品の例　LEOBRO ブレッドボード ジャンパーワイヤキット 830ポイント はんだレスブレッドボード ブレッドボード用ワイヤ 14種類×10本 収納ケース付き ピンセット付き（https://www.amazon.co.jp/dp/B081RG5P3S）

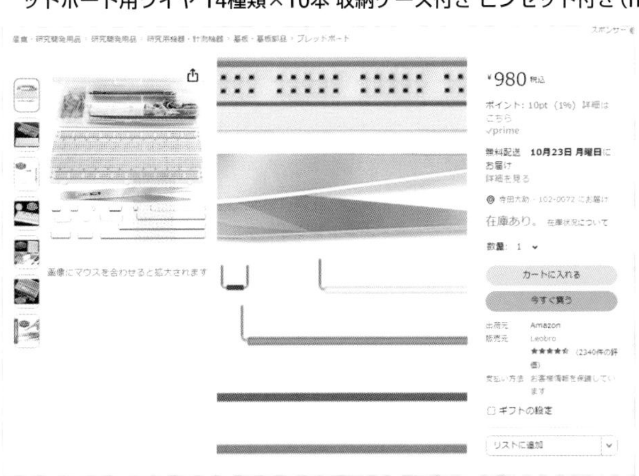

その他の電子パーツ

電子工作ではさまざまな電子パーツを使います。それぞれについては実際に使用するときに説明します。

電子パーツの中でも「**抵抗**」はいくつかの値（抵抗値）のものをたびたび使うので、あらかじめセット品を手に入れておくといいでしょう。「抵抗セット」で検索すると、いろいろな値の抵抗を10本ずつセットにした製品を見つけることができます。こうしたセットを買っておけば、いちいちバラで買う必要がなくなりますし、いざというときに、ちょうどいい抵抗がないと困ることもなくなります。

●抵抗セットの例
「OSOYOO(オソヨー)金属皮膜抵抗器 抵抗セット 10Ω~1MΩ 30種類 各20本入り 合計600本 (600本セット)」
（https://osoyoo.store/ja-jp/products/ggggggggggggggg）

POINT **抵抗の種類と選び方**

抵抗には値（抵抗値）に加えて、容量や使用されている抵抗体、そして精度にいくつかの種類があり、適切な抵抗を選ぶことが必要になります。
容量は、抵抗で消費できる最大の電力です。たとえば1/4Wの抵抗ならば、その抵抗で0.25Wの電力を消費でき、それを超えると焼損します。抵抗で費やされる電力はオームの法則から次の式で計算できます。

$$\text{電流}^2 \times \text{抵抗値}$$

使用する箇所に流れる電流から電力を推定し余裕のある容量の抵抗を用いる必要があります。本書で扱うような回路では、ほとんどの場合は1/4Wの抵抗で十分に対応できます。
抵抗体にはさまざまなものがありますが、小型の抵抗では「**カーボン抵抗**」か「**金属被膜抵抗**」が主流です。抵抗体に炭素を使うのがカーボン抵抗です。もっともポピュラーな抵抗でまた安価です。
金属被膜抵抗は、セラミックに金属を蒸着させた金属膜を抵抗体として使います。カーボンに比べて精度を高くしやすく、また雑音が小さく、温度による抵抗値の変化（温度係数）が小さいという特徴を持っています。ただ、雑音や温度係数は精密なアナログ回路で意味を持ちますが本書で扱うような回路には関係ありません。
こうした特性よりむしろ重要なのは、カーボンと金属被膜では**故障モード**が違うという点かもしれません。カーボンは焼損しても多くの場合は抵抗として機能します（抵抗値はめちゃくちゃになります）が、金属皮膜抵抗が故障すると抵抗値が無限大、つまり断線します。断線が致命的な影響を及ぼすような回路では、金属皮膜抵抗を避けたほうが良いということになります。
抵抗の精度は表記されている抵抗値に対する誤差を表します。カーボン抵抗は一般に±5%で、それを下回る精度のカーボン抵抗は特殊です。一方、金属皮膜抵抗は標準的な製品で±1%、高精度品として±0.5%や±0.1%などがあります。精度が高いに越したことはありませんが、本書で扱うような回路ならば±5%で十分です。

パソコンとMicro USBケーブル

電子工作をする際に、Picoで動作するプログラムを作成する必要がありますが、キーボードやディスプレイがないマイコンではプログラムを作成することができません。そのため、Picoのプログラム作成をするためのパソコンが必要です。

Picoのプログラム開発はWindows、macOS、Linuxのいずれでも行えます。本書では、もっとも利用者が多いと思われるWindows（Windows10以降）を前提に解説します。

パソコンとPicoの間でデータ（プログラム）転送を行うため、**Micro USBケーブル**を接続する必要があります。そのため、パソコンにはUSBポートが必須です。USBポートには複数の種類があるので、注意が必要です。デスクトップパソコンの場合、パソコンのUSBポートは「USB Type-A」です。しかし、一部のノートパソコンには「USB Type-C」ポートのみという製品があります。

PicoのUSBポートはUSB Type-B（Micro USB）なので、USB Type-A—USB Type-BケーブルやUSB Type-C—USB Type-Bケーブルといった具合に、自分の環境に合うUSBケーブルを用意する必要があります。変換コネクタやUSBハブを用いる方法もあります。

●Raspberry Pi Picoとパソコンの接続イメージ

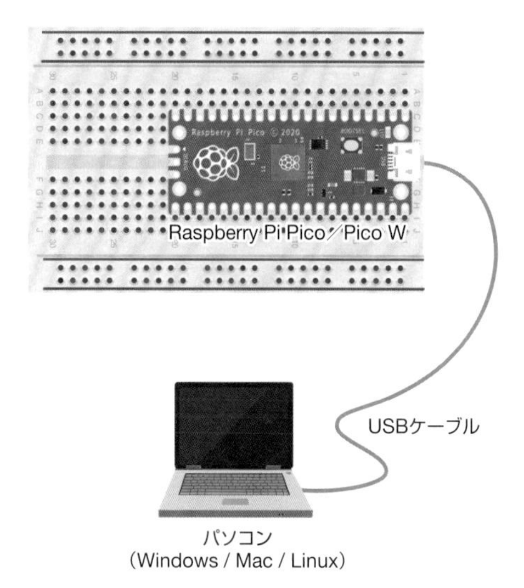

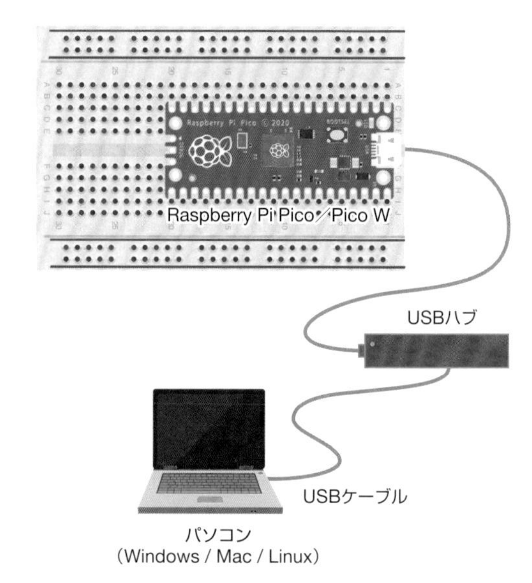

Part 2

Picoで使うプログラムの開発環境

Picoで電子部品を制御するのに、プログラムが必要です。Picoではさまざまなプログラム言語が利用できますが、本書ではデバッグが容易で開発しやすいスクリプト言語であるMicroPythonを用います。Picoと接続して開発ベースとするパソコンのセッティングも行います。

マイコンプログラミングの概要

マイコンはスタンドアロンでのプログラム開発が難しいため、パソコン上でプログラムを作成してマイコンに書き込み、実行する形になります。マイコン上ではOSらしいOSは動いていないので、パソコン上でのプログラムの実行とはやや異なります。

「プログラムを実行する」ということ

多くの人は**プログラムを実行する**ことで何が起きているのか、あまり意識していないかもしれません。パソコン上でプログラムを実行する場合、たとえばWindows上であれば拡張子「.exe」のファイルのアイコンをダブルクリックすればプログラムを実行でき、特に意識する必要はないからです。OSが複雑な手続きを経て実行ファイルを論理メモリアドレス空間に適切に配置し、実行に移します。

しかしマイコンの場合、プログラムを実行するための手続きをOSが行ってはくれません。マイコンであるPicoの場合、どのようにプログラムを実行するのでしょうか。

結論から言うと、パソコンからPicoに転送したプログラムは、Picoの電源投入時に自動的に実行されます。ユーザーが意識的にプログラムを実行する必要はありません。

■Picoがプログラムを実行する仕組み

マイコンのCPUがプログラムを実行する仕組みを簡単に解説します。

CPUはクロックに合わせてメモリから順に命令を読み込み実行していく一種の自動機械です。特別な命令や外部ステートによってCPUを一時停止の状態（HALT状態）に移行させない限り、メモリから順に命令を読み込み実行するという動作を止めることはありません。

プログラムとは、メモリに順に並べられた命令のことです。「あれをやれ、これをやれ」といった一連の手続きをメモリ中にCPUの命令として並べておくことで意味のある手続き、つまりプログラムを実行させます。

電源投入直後のCPUはメモリ中のどの命令を実行するのでしょうか。ハードリセット後の動作はCPUの種類によって多少バリエーションがありますが、Picoに搭載されているCortex-M0+は、メモリのアドレス0番地から書き込まれている**リセットベクタアドレス**から最初の命令を読み取って実行を開始します[※1]。

※1　もう少し具体的に説明を加えておくと、Cortex-M0+では第0番地に初期スタックポインタが、第4番地にリセットベクタアドレスが格納されています。電源オンリセットが発生するとCortex-M0+は、まずスタックレジスタに第0番地の初期スタックポインタを読み込んでから第4番地のリセットベクタアドレスをプログラムカウンタに読み込み実行を移します。

マイコンによっては、この第0番地から始まるリセットベクタアドレスを含む**割り込みベクタテーブル**を含めて、ユーザー自身ですべて作成する必要がある場合もあります。これがマイコンにおけるもっともプリミティブなプログラミングの形で、このようなタイプのマイコンでは、メモリ中に配置するプログラムコードの実行に至るまでのすべてのプログラムコードをユーザーが記述していくことになります。

本書で扱うPicoに搭載されているRP2040は、そのようなプリミティブなマイコンプログラミングよりは、もう少しユーザーに楽をさせてくれる仕組みを提供しています。具体的には、LSI内部に内蔵されている16kBのROMに、初期ベクタアドレステーブルを含む**ブートローダー**というプログラムコードが工場出荷時に書き込まれており、電源オンリセット時にはまず、工場出荷時に書き込まれているブートローダーが実行されます。

RP2040のブートローダーは16kBという小ささながら、とても高機能なものです。USBを使ってユーザー用2MBのフラッシュメモリにファームウェアを書き込む機能も、このブートローダーに組み込まれています。ブートローダーの機能については次ページでも解説します。

RP2040のブートローダーは最低限の初期化やスタックポインタの設定を終えた後、ユーザー用2MBのフラッシュメモリに書き込まれているファームウェアに制御を移します。ブートローダーはOSではありませんが、ユーザーが書き込んだファームウェア（プログラム）に実行を移すという点でのみOS的な働きをしているとも言えます。

NOTE

OSとは何か？

OS（Operating System）は日本語だと「基本ソフト」などと訳されるのが一般的ですが、あまりにざっくりしすぎていて、名称からはその機能や正体がわかりにくい存在です。

本文でも軽く触れているように、コンピュータの中核を担うCPUはメモリに書き込まれているプログラムコードを順に実行していくだけの機械です。最初期のコンピュータはスイッチを使ってCPUに実行させるプログラムコードを2進数でメモリに書き込み、CPUを起動してメモリに書き込んだプログラムを実行するというような操作が必要でした。

このような初期のコンピュータは、あまりにも人間にとって使いにくいものだったため、もう少し人間にとって易しく操作できるようにしようと生まれたソフトウェアがOSです。

OSに必要とされている機能は大きく3つほどに分けられます。1つ目は、メモリを始めとするコンピュータが持つリソース……ストレージやプリンタなどさまざまなリソースに対する入出力機能を提供するという機能です。これを基本入出力システムといいます。

2つ目はユーザープログラムを実行するための土台を提供するというものです。ユーザープログラムをデバイスからメモリに読み込んで実行を移すとか、ユーザープログラムを実行するためのメモリ領域を管理する、あるいはスレッドの管理やスレッド間のメッセージ通信といった機能がそれにあたります。

最後がユーザーに対するインタラクティブなユーザーインタフェースを提供するというものです。ユーザーインタフェースはキーボードとコンソールを使ったキャラクタベースのものから、Windowsのようなグラフィカルなユーザーインタフェースまでさまざまなタイプが開発されてきました。

そのほかには、ネットワーク通信のための機能やセキュリティ機能も最近のOSでは必須の機能になってきていますが、これらは対象となるCPUやプラットフォームによって変化する機能です。

マイコン向けのOSも、もちろん多数存在しています。ただ、マイコン向けOSは上に挙げた機能のうちユーザーインタフェースを除く機能しか提供しないものが主流です。その点がパソコンなどのOSとは大きく異なります。

たとえば、Cortex-M0+などArm社の組み込みCPUコア向けにArmが提供している「Mbed OS」は、基本入出力システムとユーザープログラムを実行するための機能、それにネットワーク機能やセキュリティ機能を持ちますが、ユーザーインタフェースの機能は持っていません。したがって、パソコンユーザーが考えるOSとはかなり趣が異なり、どちらかというとライブラリに近いものです。

ちなみに、Picoを含むArm社のCPUを搭載したArduinoマイコンで利用されているArduinoフレームワークはMbed OSをベースにしています。

POINT

RP2040のブートローダー

RP2040のブートローダーについて軽く説明しましたが、もう少し説明を加えておきます。
RP2040にはオンチップの16kB ROMとSPI接続のユーザー用フラッシュメモリがあります。フラッシュメモリのサイズは最大16MBで、Picoでは2MBのフラッシュメモリチップが外付けされています。
オンチップROMは0番地からの16kBに割り当てられており、工場出荷時にブートローダーが書き込まれますが、これを「Boot stage 1（boot1）」と呼びます。Boot stage 1には初期割り込みベクタテーブルとパワーオンリセット時に実行されるブートコードが含まれます。ブートコーロではまず、BOOTSELボタン押下を調べ、BOOTSELボタンが押されていれば、USB経由でファームウェアをユーザー用フラッシュメモリに書き込むプログラムコードに制御を移します。
BOOTSELボタンが押されていなかったら、RP2040に組み込まれている周辺回路のリセットなど初期化処理を行ってから0x10000000番地～に割り当てられているユーザー用フラッシュメモリの先頭256バイトをメインメモリ（SRAM）領域にコピーし、それに実行を移します。このユーザー用フラッシュメモリの先頭256バイトを「Boot stage 2（boot2）」といい、第2のブートローダーとして働きます。
Boot stage 2はごく小さなプログラムコードで、ユーザーが作成するプログラムにリンクされてユーザー用フラッシュメモリに書き込まれています。Boot stage 2では、SPI接続フラッシュメモリの読み込みモードを、使用されているフラッシュメモリ固有の設定に初期化し、割り込みベクタテーブルをフラッシュメモリ上の0x10000100番地～にセットした後、ユーザープログラムの先頭アドレスに実行を移すという処理を行っています。

●RP2040ブートローダーのメモリマップ

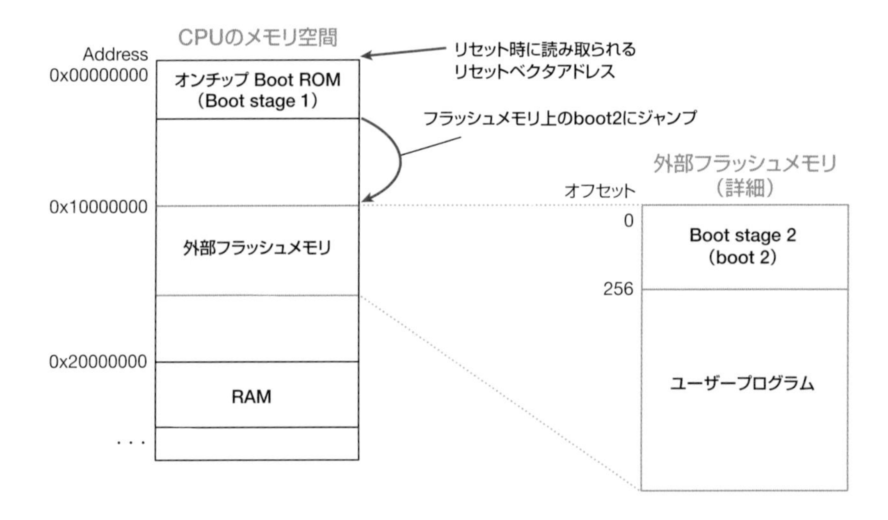

Boot Stage 1、Boot Stage 2ともにRaspberry Pi財団公式のGithubでソースが公開されています。かなり上級者向けにはなりますが、興味がある方は眺めてみるといいでしょう。

Boot Stage 1
https://github.com/raspberrypi/pico-bootrom

Boot Stage 2
https://github.com/raspberrypi/pico-sdk/tree/master/src/rp2_common

マイコンプログラミングの基本はファームウェアの作成

Picoのプログラムを開発するもっとも基本的な方法は、ユーザー用2MBのフラッシュメモリに書き込むファームウェアを作成するというものです。ブートローダーから制御を移されるフラッシュメモリ上のプログラムコードは、CPUが実行できる**ネイティブコード**が必要ですから、C/C++言語に代表される**コンパイル型言語**を使うのが一般的でしょう。

■純正開発キット「Pico C SDK」

Raspberry Pi財団は、C/C++言語を使って開発を行う純正開発キット「**Pico C SDK**」(https://www.raspberrypi.com/documentation/pico-sdk/)を公開しています。この開発キットを利用するのが、もっともベーシックなPico向けのプログラム開発になります。

Pico C SDKは、PicoやRP2040の機能をフルに使うことができる完全にオリジナルの開発環境です。しかし、Pico C SDKがリリースされてからまだ2年ほどで、参考になるソースコード等が豊富とは言えません。開発資料もだいぶ整備されてきたとはいえ、実績が長いマイコンに比べると少し貧弱というのが難点です。

●Pico C SDK(https://www.raspberrypi.com/documentation/pico-sdk/)

■Arduino向け統合開発環境「Arduino SDK」も使える

一方、気軽にネイティブコードを開発する手段として「**Arduino IDE**」とそのフレームワークを用いることもできます。「**Arduino**」は美術系など技術が専門ではない学生が、マイコンを使ってオリジナルの制作を行える環境を整えるべく、2000年代初頭にイタリアでスタートしたプロジェクトです。Atmel（後にMicrochip Technology社が買収したLSIメーカー）製AVRシリーズマイコンを搭載した「Arduino」マイコンボードと、「Arduino IDE」と呼ばれる初心者向けの統合開発環境をリリースしました。

Arduino IDE上で作成するプログラムコードを「Arduino言語」などと呼ぶこともありますが、実際に作られるのはC++言語のプログラムです。Arduinoが提供する高度なマクロと、Arduinoフレームワークと呼ばれる抽象性の高いクラスライブラリによって、C++言語やマイコンの難しさを覆い隠し、初心者でもマイコンのプログラムを容易に作成できるようにしています。

当初は学生やホビー向けだったArduinoですが、幅広い支持を得て現在ではプロ向けの組み込みプロジェクトにまで利用されるようになっています。また、AVRマイコンに加えて、Arm製のプロセッサIPを採用するマイコンを搭載するArduinoボードも登場してきました。たとえば、2023年の時点で最新の主力マイコンボードとなる「Arduino UNO R4」では、Armの組み込み向けプロセッサIP「Cortex-M4」を採用するルネサステクノロジ製の「RA4M1」を搭載しています。

また、最新のArduino IDEではPico向けのプログラム開発もできるようになっています。

●最新のArduino IDEではボードマネージャでPicoを追加できる

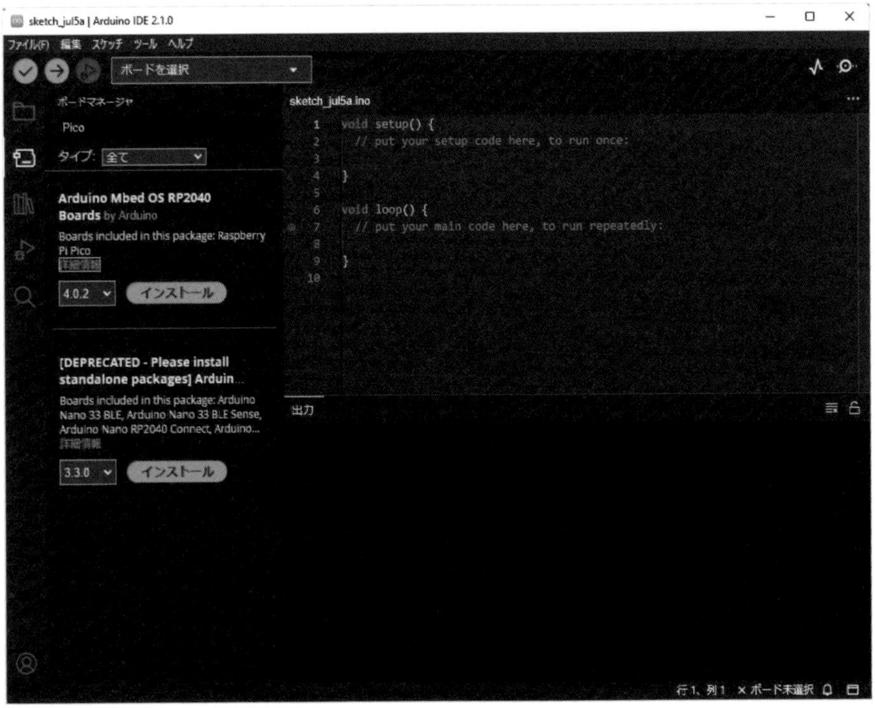

Arduinoの強みは、20年弱にも渡る歴史の間に作成された膨大なライブラリの流用が可能なことです。もちろん、AVRマイコン向けのライブラリをPicoに改変なしに利用できるかどうかはライブラリの機能次第ですが、流用できるライブラリは少なくありません。Arduinoユーザーが蓄積してきたライブラリを組み合わせるだけで、かなり高度なアプリケーションの作成ができてしまうことが魅力の1つです。

また、開発実績が豊富なことから参考になるプログラムコードや資料も膨大です。困ったことが起きても、過去の例から解決することができる可能性が高いということです。

NOTE **その他のネイティブコード開発環境**

PicoやRP2040マイコンは安価で高性能、さらに安定的に供給されていることもあり人気が高まっています。人気に応じて、さまざまな開発環境が登場してきました。
ネイティブコードの開発といえばC／C++言語が定番です。C／C++言語はCPUに近い（低レベルという）プログラムの作成が可能だからです。ただ、その代償としてポインタを始めとするメモリリソースをプログラマ自身が管理する必要があります。C／C++言語を使ったプログラムのバグ（不具合）の多くは、メモリリソースの管理の手落ちによるものと言われています。
人気が急上昇しているプログラミング言語「Rust」は、そのようなC／C++言語の欠点を取り除きながらも低レベルプログラミングを可能にしようというコンセプトで開発されています。ざっくり言えば、メモリリソースに所有権という概念を導入して、メモリリソースのルーズな扱いを行えなくしていることが特徴です。
Rustはさまざまな開発に利用されるようになってきましたが、その性質からマイコンのプログラム開発にも適しています。組み込みマイコン向けのRustの開発が行われており、Picoの開発も行えるよう整備が進んでいます。興味がある人は、次のプロジェクトGithubを見てみるといいでしょう。

https://github.com/rp-rs

手軽なインタープリタ言語「MicroPython」

C/C++言語を使ったネイティブコードは、マイコンが持つ性能をフルに発揮させられます。一方で欠点もあります。それは**デバッグが困難**という点です。

マイコンでは、ネイティブコードに何か問題があれば容易に**暴走**に至ります。たとえば、データを格納するバッファが溢れて、プログラム領域を上書きしてしまったとしましょう。本来書き込まれていたプログラムはデータに置き換えられていますが、CPUはお構いなしに命令として読み取り実行しようとします。

運が良ければ未定義命令（命令セットとして解釈できないコード）に例外が発生して例外処理に飛ぶかもしれません。しかし、バイナリコードがCPUにとって解釈可能な命令なら無意味に実行してしまいます。運が悪ければ、その無意味なコードによって他のデータや命令が上書きされるかもしれません。このようにCPUがメモリ上の無意味なコードを実行している状態を「暴走」と呼びます。

高度なOSの上でプログラムが実行されていれば、仮に暴走に至っても制御がOSに戻り、コンピュータが制御不能に陥ることはありません。

しかしマイコンでは、OSらしいOSがなく、また不正なメモリアクセスを防ぐ機構もありません。そのため、暴走に至っても、それを食い止めることができません[※2]。

※2 暴走を止める最後の手段として多くのマイコンはウォッチドッグタイマ（Watchdog Timer）という機構を持っています。CPUの応答が一定時間なくなると強制的にマイコンをリセットするというのがウォッチドッグタイマ機構の基本的な動作です。RP2040もウォッチドッグタイマ機構を内蔵していて利用することが可能です。

■ネイティブコード開発ではデバッグ作業が難しい

暴走はプログラムの不具合の一例ですが、このように作成したプログラムの不具合は修正しなければなりません。マイコンのネイティブコード開発では、オンチップデバッグ機構を使ったデバッグを行うのが一般的です。Picoは標準でSWD仕様のデバッグインタフェースを持っています。SWD端子にデバッグプローブを接続して開発ホスト機側で対応デバッグソフトを使うことで、ネイティブコードの実行を任意のメモリアドレスで止めたり、そのときのレジスタや変数の内容を確かめたりといったことができます。

オンチップデバッグ機構を使えばデバッグが行えるものの、経験や慣れが必要な作業です。また、デバッグプローブやデバッグソフト※3のセットアップも必要です。こうした作業は初心者にはハードルが高いでしょう。

※3　Picoでは、Picoprobeというデバッグプローブ化ファームウェアをRaspberry Pi財団が開発して提供しています。デバッグ対象とは別にもう1台のPicoを用意して、そのPicoにPicoprobeを書き込んでデバッグプローブ化することで安価なデバッグが可能です。デバッグソフトウェアにはオープンソースのOpenOCD（Open On-Chip Debugger）が利用できます。

■初心者にお勧めな「MicroPython」

Picoでは、初心者向きの開発環境および言語として**MicroPython**を利用できます。MicroPythonは、LinuxやWindowsなど幅広いOS上で利用されている、インタープリタ型のスクリプト言語**Python**のマイコン向けサブセットです。

C/C++言語は、コンピュータで実行するために、ユーザーが記述したプログラムをCPUが実行可能な命令コード列に変換（コンパイル）する必要があります。

一方でインタープリタ型の言語は、ソースコードのコンパイルが不要です。インタープリタと呼ばれるソフトウェアが、ソースコードを1行1行解釈し、インタープリタが逐次実行していきます。したがって、エラーが起きても実行時にその場でエラーが起きたことがわかり、インタープリタソフトウェアと対話しながらエラーを修正することが可能です。

MicroPythonは、広く利用されているPython 3.x系列と**ほぼ**互換性を持っています。したがって、学習にPython 3.x系列の参考書や資料が流用できますし、膨大な既存のPythonコードが存在しているので参考になるソースコードが豊富なことが利点です。

マイコンはパソコンに比べるとメインメモリなどのシステムリソースがはるかに制限されているので、マイコン向けのMicroPythonは標準Pythonとの完全な互換性はありません。あまり意識しなくても済む程度ではありますが、文法および動作面に若干の差異があります。

幸い、MicroPythonはしっかりしたドキュメント※4を整備してくれているので、それを参照すれば標準Pythonとの違いなどを確認することができます。

※4　有志が翻訳している日本語版のドキュメントもあります。https://micropython-docs-ja.readthedocs.io/ja/latest/

●MicroPython公式ドキュメント(https://docs.micropython.org/en/latest/)

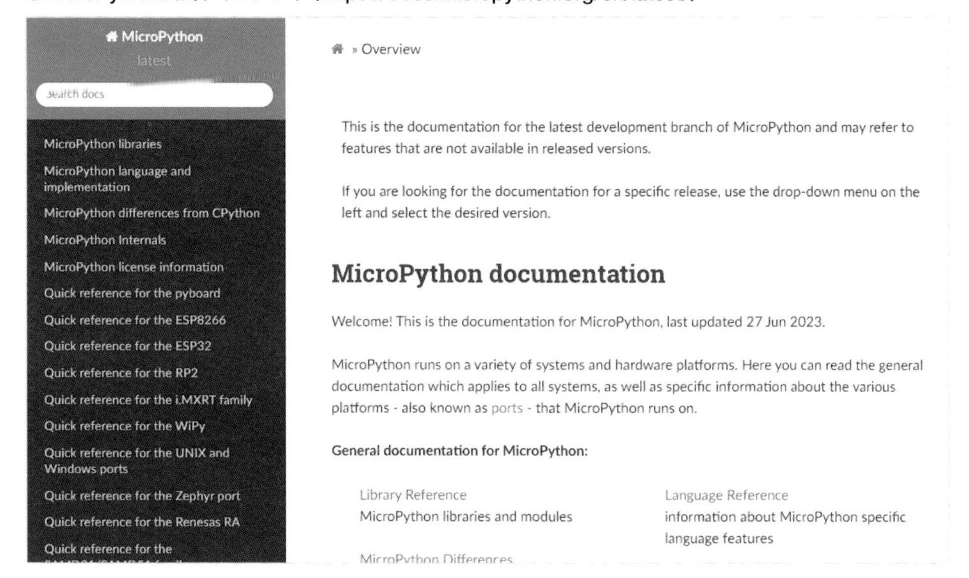

MicroPythonを使ったマイコンプログラミングは、前述のようなファームウェアを自作する標準的なマイコンのプログラム作成とはスタイルが大きく異なります。インタープリタと対話しながらエラーを修正したりプログラムの作成ができるので、初心者でも取り組みやすいと言えるでしょう。Picoを初めて使う人であれば、まずはMicroPythonの利用がお勧めです。本書ではMicroPythonを主な開発言語および開発環境として利用していきます。

優れた特徴を持つMicroPythonですが、次のような欠点もあります。

■ プログラムの速度が遅い

CPUが実行できるネイティブコードを作成するコンパイル型言語に比べると、1行1行コードを解釈し実行していくインタープリタ言語は、圧倒的に実行速度が劣ります。実行内容によっては、MicroPythonでは十分な性能が得られず、コンパイル型言語に切り替える必要が出てくることがあるかもしれません。

■ プログラムの規模に制約がある

Picoはフラッシュメモリ容量2MB、メインメモリ容量は264kBしかありません。その中でMicroPythonインタープリタが動作し、ユーザーのPythonコードはインタープリタが解釈して実行します。MicroPythonはマイコン向けに可能な限り省メモリ省スペースで動作するよう設計されており、またユーザーが作成するPythonコードでもメモリなどの容量を削減できますが、限度がありパソコン上のPythonのようにはいきません。

そのため、大きなプログラムはMicroPythonでは作成できない場合があります。その場合、コンパイル型言語に切り替える必要があるでしょう。

MicroPythonを使おう

MycroPythonの開発環境を整えます。開発環境はパソコン上に用意して、USBケーブルでPicoと接続して作成したプログラムを転送します。本書では主にWIndows環境を前提に解説します。

パソコン上にMycroPython開発環境を整える

Picoに接続するパソコン上で、MicroPythonを利用する環境を整えましょう。

MicroPythonでマイコン用のプログラミングをする場合、まずPicoのユーザー用フラッシュメモリにMicroPythonインタープリタファームウェアを書き込む必要があります。MicroPythonインタープリタファームウェアを書き込んだPicoは、それ以降は電源を入れたりリセットするとMicroPythonインタープリタが起動するようになります。ユーザーは、Pico上で起動しているMicroPythonインタープリタと対話しながら、プログラムを作成していく形になります。

電源を入れるとMicroPythonインタープリタが起動し、ユーザーはインタープリタと対話してPicoを利用することができるのです。

MicroPythonインタープリタファームウェアをPicoに書き込もう

Pico用のプログラムを作成するパソコン（ここではWindowsを使用）でWebブラウザを起動します。

MicroPython公式サイトのダウンロードページ（https://micropython.org/download/）にアクセスします。

●MicroPython公式サイトのダウンロードページ（https://micropython.org/download/）で Pico もしくはPico Wを探す

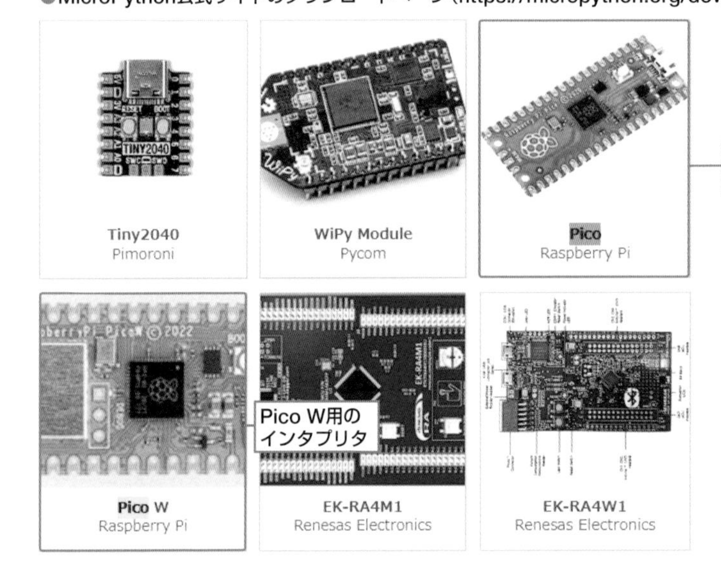

ダウンロードページには、MicroPythonインタープリタをダウンロードできるマイコン製品の名前やイメージが並んでいます。中からPicoもしくはPico Wを探します。PicoとPico WはMicroPythonファームウェアが異なります。異なるインタープリタを書き込んでも動作しないので注意してください。

PicoまたはPico Wのダウンロードページを表示すると、「Installation instruction」に簡単なインストール方法が記載されています。また、「Firmware」以下にPico／Pico Wに書き込み可能なファームウェアファイルが並んでいます。

ファームウェアファイルは、安定版である「Release」と開発途上版にあたる「Nightly Build」の2種類があります。通常はRelease以下の**日付がもっとも新しい最新版**をクリックしてダウンロードしてください。次ページの図の例であれば「v1.20.0 (2023-04-26) .uf2」です。

記事執筆時点、リンクをクリックするとPicoなら「rp2-pico-20230426-v1.20.0.uf2」ファイル、Pico Wなら「rp2-pico-w-20230426-v1.20.0.uf2」ファイルがダウンロードできます。ファイル名の日付部分とバージョン番号はダウンロードした時期によって異なります。本書では以降、このファイルをもとに説明を進めていきますが、ご自身がダウンロードしたファイル名に読み替えてください。

拡張子.uf2ファイルは、Microsoftが主導しているプログラミング学習プラットフォーム「Microsoft Make Code」(https://www.microsoft.com/ja-jp/makecode) のために開発された「UF2」形式のファームウェアファイルです。UF2形式は、USB Storage Classとして扱えるようにしたマイコンのフラッシュメモリに対してファームウェアを書き込むために開発されました。

●Picoのダウンロードページ

Pico

Vendor: Raspberry Pi
Features: Breadboard friendly, Castellated Pads, Micro USB
Source on GitHub: rp2/PICO
More info: Website

Installation instructions ── インストール方法が記載されています

Flashing via UF2 bootloader

To get the board in bootloader mode ready for the firmware update, execute `machine.bootloader()` at the MicroPython REPL. Alternatively, hold down the BOOTSEL button while plugging the board into USB. The uf2 file below should then be copied to the USB mass storage device that appears. Once programming of the new firmware is complete the device will automatically reset and be ready for use.

Firmware

Releases

v1.20.0 (2023-04-26) .uf2 [Release notes] (latest) ── 日付がもっとも新しい最新版をダウンロードします
v1.19.1 (2022-06-18) .uf2 [Release notes]
v1.18 (2022-01-17) .uf2 [Release notes]
v1.17 (2021-09-02) .uf2 [Release notes]
v1.16 (2021-06-18) .uf2 [Release notes]
v1.15 (2021-04-18) .uf2 [Release notes]
v1.14 (2021-02-02) .uf2 [Release notes]

Nightly builds

v1.20.0-261-g813d559bc (2023-06-27) .uf2
v1.20.0-259-g0e215a9fb (2023-06-27) .uf2

Pico ／ Pico Wのブートローダー（Boot stage 1）に組み込まれているフラッシュメモリ書き込み機能は、このUF2ファイルに対応しています。Pico ／ Pico Wを**BOOTSELモード**で起動すると、USBポートがUSB Storage Classデバイスとして機能し、そのストレージにUF2形式のファームウェアファイルを書き込むことでフラッシュメモリへのファームウェアの書き込みが完了する仕組みです。

Pico ／ Pico WのBOOTSELボタンを押しながら、Micro USBケーブルでWindowsパソコンにPicoを接続してください。**BOOTSELモード**でPicoが起動すると、Windows側で「RPI-RP2」というボリューム名でUSBストレージ（Pico ／ Pico W）が認識されるはずです。

●ボリューム名RPI-RP2のUSBストレージが認識される

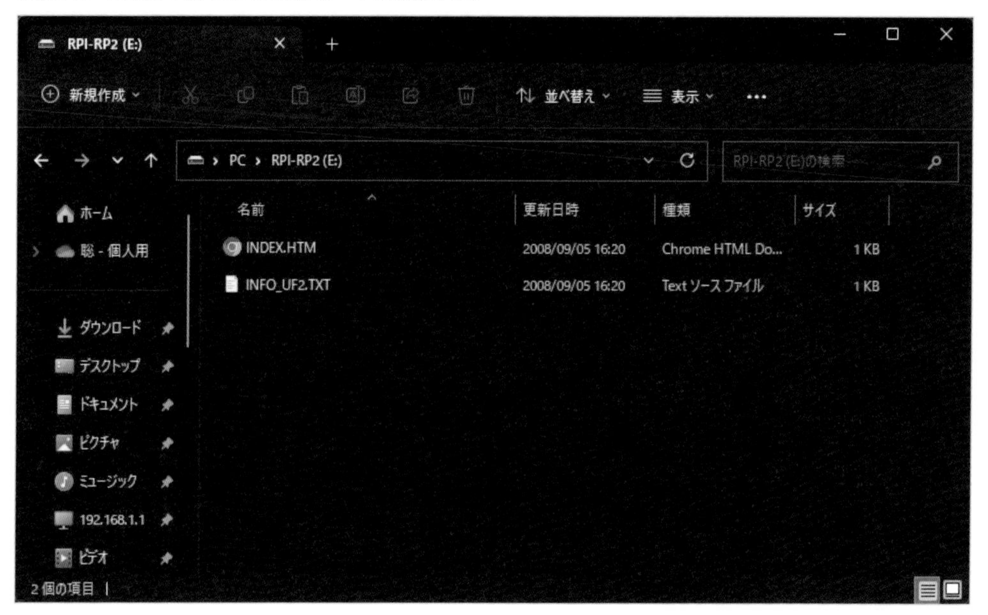

RPI-RP2には上のように2つのファイルが格納されています。INDEX.HTMファイルはPicoの公式サイトへのリンク、INFO_UF2.TXTは説明書です。

「RPI-RP2」ボリュームに対して、ダウンロードした拡張子.uf2のファイルをドラッグ＆ドロップなどでコピーしてください。なお、PicoとPico Wではファイルが異なるので気をつけてください。本書の例ではPicoは「rp2-pico-20230426-v1.20.0.uf2」、Pico Wであれば「rp2-pico-w-20230426-v1.20.0.uf2」です。

ファイルのコピーが終わると、Picoが自動的にリセットされてコピーしたファームウェアが起動します。

MicroPythonインタープリタが起動すると、Windowsパソコンでは新しいUSBシリアルデバイスが認識されます。デバイスマネージャーを開いて確認しましょう。

●デバイスマネージャーで確認する

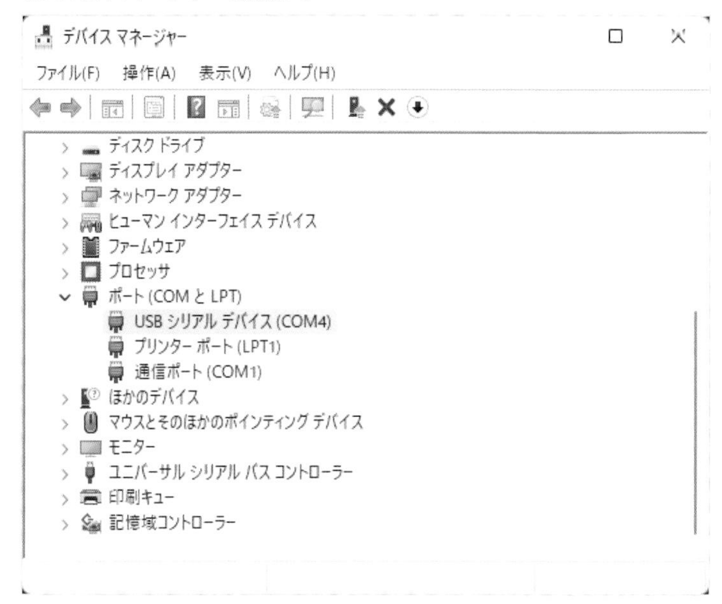

上のように「ポート（COMとLPT）」以下に「USBシリアルデバイス」で始まる新しいシリアルポートが作成されています。COM番号はパソコンによって異なるため、確認したCOM番号を覚えておきましょう。

もし、新しいシリアルポートが作成されていないようなら、Pico上でインタープリタが起動していない可能性があります。Picoをいったんパソコンから取り外し、再度取り付けてみてください。それでもシリアルポートが作成されない場合は、ファームウェアの書き込みに失敗した恐れがあります。あらためてPico ／ Pico WをBOOTSELモードで起動させて書き直してみましょう。

Thonny IDEをセットアップしよう

Pico用のPython向け統合開発ツールとしては、「**Thonny IDE**」（https://thonny.org/）が事実上の標準として利用されています。Raspberry Piシリーズ向けの公式OS「Raspberry Pi OS」にもThonnyがプリインストールされていて、Raspberry Piシリーズを使っている場合は特別な作業なしに利用できます。

ThonnyはLinux版だけでなく、Windows版やMac版もあるため、Pico用のアプリ開発にはThonnyを利用するのがいいでしょう。Thonnyは非常にシンプルで、初心者にも扱いやすい統合開発ツールです。

Thonnyは、公式GithubのReleaseページ（https://github.com/thonny/thonny/releases）から入手できます。記事時点ではversion 4.1.1でした。本書では以降、Thonny IDE version 4.1.1を前提に説明していきます（最新版を使用したり、アップデートしたりした場合は、自分がダウンロードしたバージョンに読み替えてください。ただし、その場合本書の解説にない不具合が起きる可能性がありますので、ご承知おきください）。

GithubのThonny version 4.1.1のページ（https://github.com/thonny/thonny/releases/tag/v4.1.1）へアク

セスすると、「Assets」欄に各種ファイルが並んでいます。これらのうちthonny-4.1.1.exeのファイルがWindows向けのインストーラーで、「thonny-4.1.1-windows-portable.zip」がインストーラーなしのポータブル版（インストールせずに利用できるもの）となっています。

●Thonny 4.1.1ダウンロードページのAssets欄

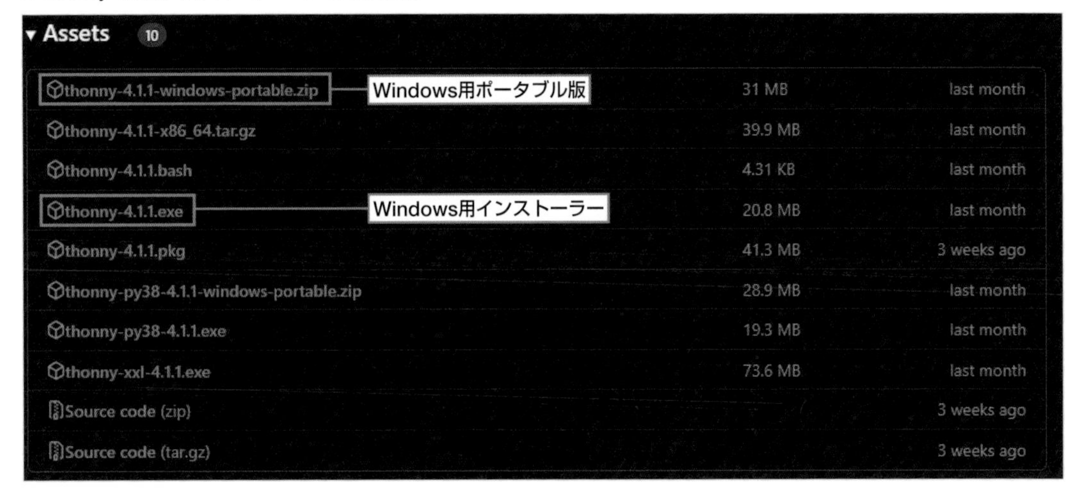

どちらを使っても構いません。本書ではthonny-4.1.1-windows-portable.zip（ポータブル版）を利用する例を紹介します。

ポータブル版の導入は非常に簡単です。任意の場所に適当なフォルダを作り、ダウンロードしたthonny-4.1.1-windows-portable.zipをフォルダ内に展開するだけです。本書ではCドライブ直下に「MyAPP」フォルダを作成し、その中の「thonny-4.1.1」フォルダに一式格納しました。

展開したファイルに含まれる実行ファイル「thonny.exe」がプログラム本体です。このファイルをダブルクリックすれば実行できますし、ファイル上で右クリックして「スタートにピン留めする」を選択してスタートメニューなどに登録しておくといいでしょう。

●thonny.exe をスタートメニューに登録

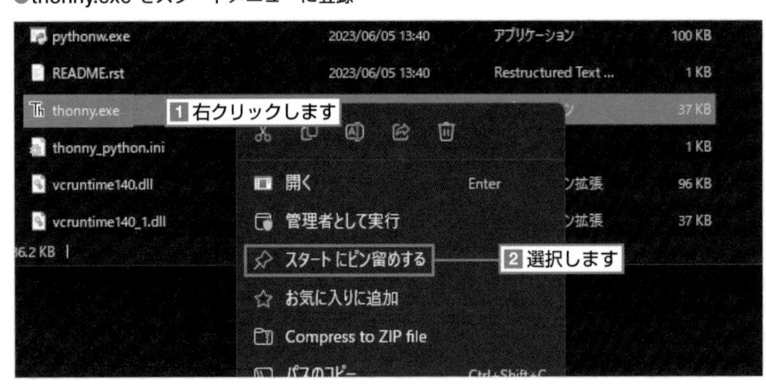

thonny.exeを起動します。初回起動時に、言語とユーザーインタフェースの初期設定を行うダイアログがポップアップします。日本語で使う場合は「Language」欄をプルダウン表示して「日本語[ALPHA]」を選択します。「Initial settings」欄はユーザーインタフェースの初期設定です。「Standard」(標準)と「Raspberry Pi」が選択できます。「Raspberry Pi」はRaspberry Pi OSプリインストール版に合わせた、ボタンが大きな初心者向けのユーザーインタフェース設定です。通常は「Standard」でいいでしょう。

●Thonnyの初期設定ダイアログ

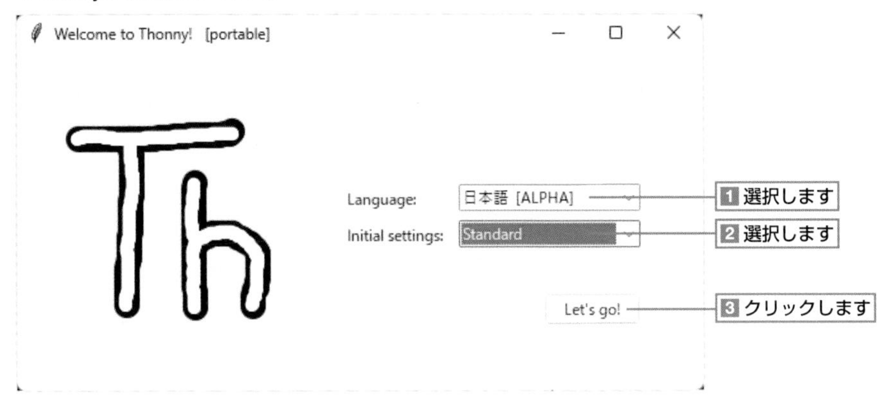

選択が完了したら「Let's go」ボタンをクリックすると、Thonnyが起動します。

●Thonnyが起動した

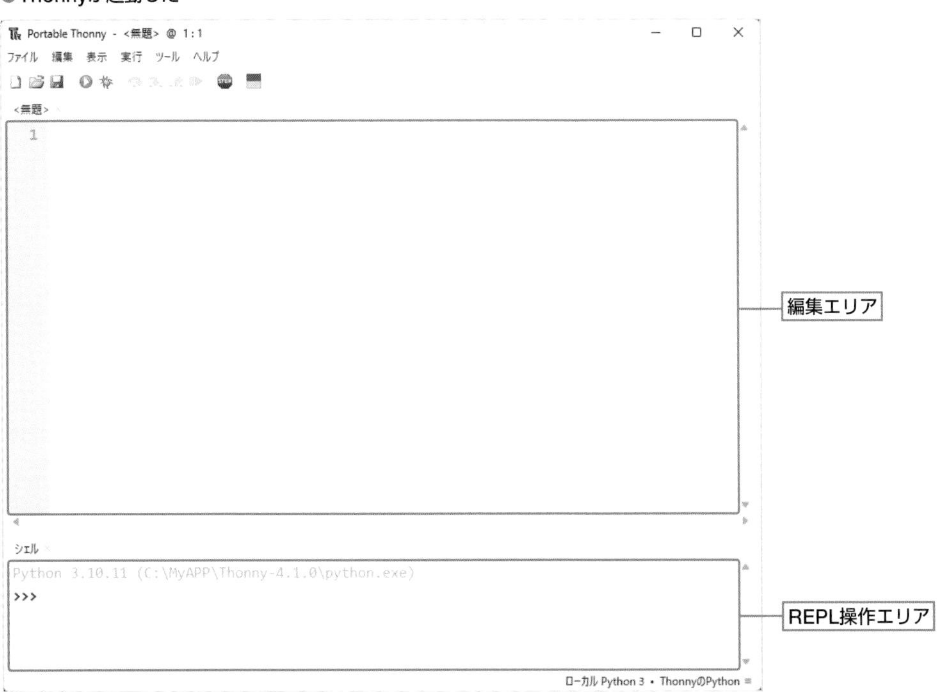

■Thonny 画面（編集エリアとREPL操作エリア）

Thonny のウィンドウの上部「無題」というタブがある部分が**編集エリア**です。実行したいPythonコードをここで作成、編集します。

ウィンドウの下部「シェル」というタブがある部分は、PythonインタープリタによるREPL（Read-Eval-Print Loop）の操作エリアです。Pythonインタープリタは対話的に操作できるREPLをサポートしており、プロンプト（>>>）にPythonコードを入力してその場で実行できます。REPLを利用すると、コードの動作を確認したりちょっとした作業が行えます。

MicroPythonインタープリタ設定

REPLに表示されたメッセージ（図では「Python 3.10.11(C:\MyAPP\Thonny-4.1.0\python.exe)」）でもわかるとおり、初期状態ではThonnyに同梱されているWindows版のPython 3が標準のPythonインタープリタに設定されています。この状態ではMicroPythonのプログラムを作成できないので、インタープリタをMicroPythonに変更する必要があります。そのために次のように実行してください。

WindowsパソコンにMicro USBケーブルでPico ／ Pico Wを接続して、パソコン上のUSBシリアルポートが認識されている状態にします。Thonnyの「ツール」メニューから「オプション」を選択し、「インタプリタ」タブを選択してください。「あなたのコードを実行するために、Thonnyはどの種類のインタープリターを使用する必要がありますか？」をクリックしてプルダウンメニューを表示します。

●インタープリタのプルダウンメニューを表示しMicroPythonインタープリタを選択する

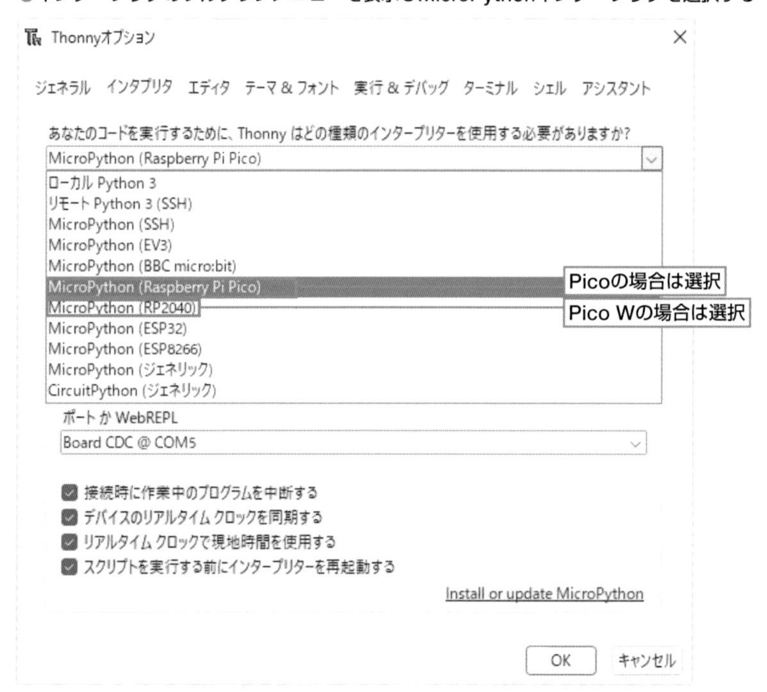

接続しているのがPicoであれば「Micropython（Raspberry Pi Pico）」を選択します。接続しているのがPico Wなら「MicroPython（RP2040）」を選択してください[※1]。間違えると一部の機能が正常に使えないので注意してください。

※1 記事執筆時点の内容です。将来のThonnyにはPico W向けの「Raspberry Pi Pico W」という選択肢が追加される可能性があります。利用しているバージョンのThonnyにRaspberry Pi Pico Wという選択肢がある場合はそれを選択してください。

シリアルポート設定

インタープリタの選択後、「ポートかWebREPL」欄をプルダウン表示して「Board CDC @ COM」で始まるシリアルポートを選択します。ほかに「<ポートの自動検出を試す>」を選択しても機能する可能性はありますが、自動検出に失敗することがあるのでCOMポート番号を指定しておいたほうが確実です。

●MicroPythonのCOMポートを設定する

設定が完了したら「OK」ボタンをクリックしてダイアログを閉じます。

REPL欄に「MicroPython v[バージョン番号] ...... Raspberry Pi Pico with RP2040」（Pico Wの場合は「MicroPython v[バージョン番号] ...... Raspberry Pi Pico with RP2040」）というメッセージが表示されれば、インタープリタの切り替えに成功しています。

●インタープリタがMicroPythonに切り替わった

```
シェル
MicroPython v1.20.0 on 2023-04-26; Raspberry Pi Pico with RP2040
Type "help()" for more information.
>>> |
                              MicroPython (Raspberry Pi Pico) • Board CDC @ COM5 ≡
```

なお、インタープリタがMicroPythonに切り替わるためには、USBシリアルデバイスが認識されている必要があります。MicroPythonインタープリタのファームウェアを書き込んだPico Wが接続されていなかったり、何らかの理由でUSBシリアルデバイスが認識されない場合はエラーになるので注意してください。

ThonnyでMicroPythonを体験してみよう

Thonnyの「シェル」欄のプロンプト（>>>）は、Pico W上で動作しているMicroPythonインタープリタによるREPLのプロンプトです。したがって、このプロンプト上で実行するPythonコードはPico上で動作します。

シェルのプロンプトで「print('Hello, world')」と入力して Enter キーを押してみてください。「Hello, world」と表示されます。これはPico上で実行されています。

●REPLでprint関数を実行した様子

```
シェル
>>>
>>> print('Hello, world')
 Hello, world
>>>
>>> |
                              MicroPython (Raspberry Pi Pico) • Board CDC @ COM4 ≡
```

本書はPythonの入門書ではないので、Pythonの文法や書き方については必要に応じてのみ解説します。公式ドキュメント（https://docs.python.org/ja/3/）などを参照しながら読み進めていくといいでしょう。なお、MicroPythonは標準Pythonと完全互換ではありません。標準Pythonに沿ってコードを書いたのに期待したように動かない場合は、MicroPython公式ドキュメントにある「MicroPython differences from CPython」という項目も参照するといいでしょう。

MicroPythonでは、ビルド時に同梱されたモジュールをimportできます。本書の例のようにネットからMicroPythonインタープリタを入手して利用する場合、自分でビルドしたものではありません。そのため、まずは同梱されているモジュールを知っておくと便利です。

REPL上で「help('modules')」と入力して Enter キーを押してみてください。importできるモジュールが一覧表示できます。

●importできるモジュール一覧

```
シェル
MicroPython v1.20.0 on 2023-04-26; Raspberry Pi Pico with RP2040
Type "help()" for more information.
>>> help('modules')
  __main__          framebuf          uasyncio/funcs    ujson
  _boot             gc                uasyncio/lock     umachine
  _boot_fat         math              uasyncio/stream   uos
  _onewire          micropython       ubinascii         urandom
  _rp2              neopixel          ucollections      ure
  _thread           onewire           ucryptolib        uselect
  _uasyncio         rp2               uctypes           ustruct
  builtins          uarray            uerrno            usys
  cmath             uasyncio/__init__ uhashlib          utime
  dht               uasyncio/core     uheapq            uzlib
  ds18x20           uasyncio/event    uio
  Plus any modules on the filesystem

>>>
MicroPython (Raspberry Pi Pico) • Board CDC @ COM5 ≡
```

モジュール名が「u」で始まるモジュールの多くはPython標準モジュールのMicroPython版サブセットです。たとえば「usys」はsysモジュール、「uos」はosモジュールのサブセットとなっています。これらはPython標準モジュールと同名のエイリアスがあり、たとえば「import os」とすればuosモジュールがimportされます。

サブセットなので、標準Pythonのモジュールと同一の機能が提供されているわけではありません。標準Pythonライブラリとの違いは公式ドキュメントの「MicroPython Libraries」以下の説明を参照してください。

■コードを即時に実行して動作確認する

REPLは、コードの動作を確かめたりするのにも利用できます。

Pythonコードは Thonny上段のエディタ部分に入力します。ツールバーの実行ボタンをクリックするとすぐに実行できます。STOPボタンで停止させられます。

●Pythonコードを実行した例

```
Portable Thonny - <無題> @ 7:1
ファイル 編集 表示 実行 ツール ヘルプ
現在のスクリプトを実行 (F5)
<無題> *
1  import time
2
3  while True:
4      print('Hello')
5      time.sleep(1)
6
7

シェル

 MPY: soft reboot
 Hello
 Hello
 Hello
 Hello

MicroPython (RP2040) • Board CDC @ COM4 ≡
```

編集エリアに記述したPythonコードは、Windowsパソコン上とPico上の双方に保存できます。Picoに保存する場合は、MicroPythonインタープリタがフラッシュメモリ上に確保している仮想的なストレージ領域に保存されます。Thonnyの「ファイル」メニューから「名前をつけて保存」を選択すると、次の図のように保存場所を選択するダイアログが表示されます。

●プログラム保存先の選択

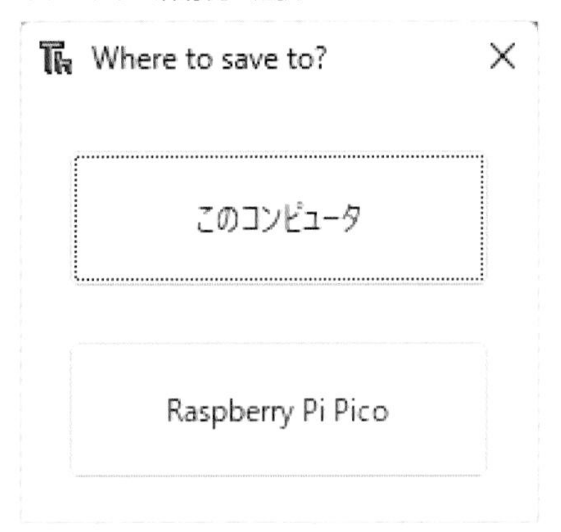

保存先を選択し、ファイル名を設定して保存します。Picoに保存したコードは別のMicroPythonコードにインポートしたり、REPLから実行したりできます。起動時に自動実行させることもできますが、それについてはPart3以降で実際に使うときに説明します。

なお、Picoに保存したコードは電源を切っても消えません。ただし、Picoのファームウェアを更新したときなどに失われるケースがあります。そのため、開発中のコードはパソコンとPicoの両方に保存するように心がけてください。

Part 3

ラーメンタイマーで電子工作の基本を学ぼう

Part3では、Pico／Pico Wを使って「ラーメンタイマー」を作っていきます。カップ麺の完成を知らせるタイマーです。
ラーメンタイマーの制作を通じて、電子工作の基礎を学びます。タイマーをスタートさせるためのスイッチや、完成を知らせるデバイスをPicoで扱うという、電子工作の基本要素が含まれます。

本章で作るラーメンタイマー

まずPart3でどんなものを作るのかを押さえておくことにしましょう。それほど複雑なものではありません。「お湯を入れてスイッチを押すと、3分後に知らせてくれる」というガジェットを作っていきます。

スイッチの制御やLED、ブザーなどの制御を学べる

ラーメンタイマーには3つの要素があります。1つ目は**スイッチを押す**という要素。ユーザーがスイッチを押したことをPico側で検知する必要があります。

2つ目は**時間を計る**という要素。Picoで時間を測定する方法はいくつかありますが、そのうちの代表的な方法を本章で説明します。

最後は**3分が経過したらユーザーに知らせる**という要素。知らせる方法としては音や光、ディスプレイを使った情報表示といった手法が考えられますが、本章ではもっとも基本的な**光と音**を使って知らせる方法を取り上げます。

光には**LED**を、音には電子ブザーを使います。Pico ／ Pico Wにはオンボードに LEDがあるので、まずはオンボードLEDの使い方を説明し、そのうえでより明るく視認性が高い5mm径LEDの使い方を説明していきます。

●本章で作るラーメンタイマーのイメージ

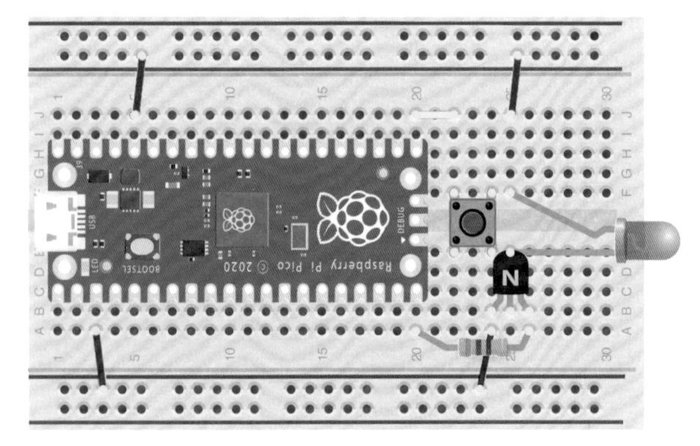

本章で取り上げていく要素をまとめておきます。

- Picoでスイッチ入力を行う方法
- PicoのオンボードLEDの使い方
- PicoでLEDを点灯させる方法
- 電子ブザーの使い方

Picoでスイッチのオン・オフを判断する

ラーメンタイマーでは、ボタンを押してカウントを開始します。そのためラーメンタイマーには必ずボタン、つまりスイッチが必要です。本節ではスイッチの制御を学びます。

タクトスイッチ（タクタクルスイッチ）

スイッチは単純のようで実はかなり扱いにくい電子部品であり、見かけほど簡単ではありません。ブレッドボードに取り付けられる**タクトスイッチ**（**タクタクルスイッチ**）を利用していきます。

タクトスイッチは、次の図のような小型**プッシュスイッチ**※1の一種です。プッシュスイッチは押している間、電気が通じるタイプのスイッチです。タクトスイッチからは4本の端子が出ていますが、うち2本ずつが内部でつながっていて、実質的な端子は2つです。

●タクトスイッチ（黒）

●タクトスイッチの俯瞰図（左）と回路記号（右）

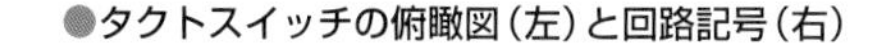

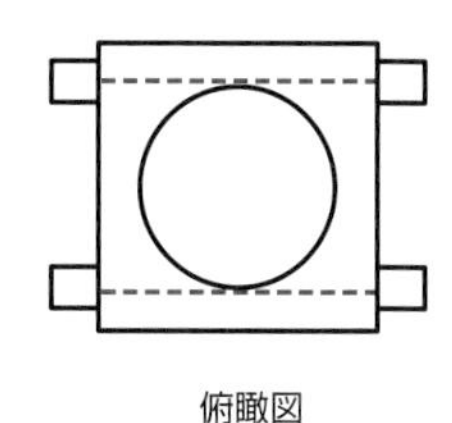

俯瞰図

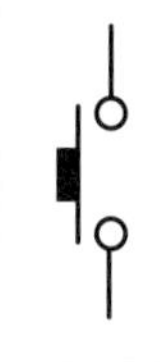

回路記号

※1　スイッチには他にプッシュスイッチ、スライドスイッチ、トグルスイッチ、ロータリースイッチ、DIPスイッチなどがあります。

俯瞰図の赤い点線で結んだ端子が内部でつながっており、プッシュするとつながっていない端子が導通する仕組みです。

2本で機能する端子が4本ある理由は、基板への取り付け強度を高めるとともに基板上での配線の取り回しを容易にするためです。タクトスイッチは電子部品ショップや通販ショップで安価に入手できます。色バリエーションも豊富なので、お好みの色のスイッチを購入してください。

GPIOにスイッチを取り付ける

スイッチのオン・オフ判定のようなデジタル的な入力や、後で取り上げるLEDのオン・オフといったデジタル的な出力を扱うのが「**GPIO**（General Purpose Input/Output：**汎用入出力**）」です。GPIOは使用頻度の高い外部入出力インタフェースで、Picoは最大26本のGPIOを利用することができます。

なお、PicoではGPIOの端子名として「GP数字」が使われています。たとえば、「GP0」はGPIOの0番を示し、端子図を見るとピンヘッダの1番端子に割り当てられています。

●PicoのGPIO端子名

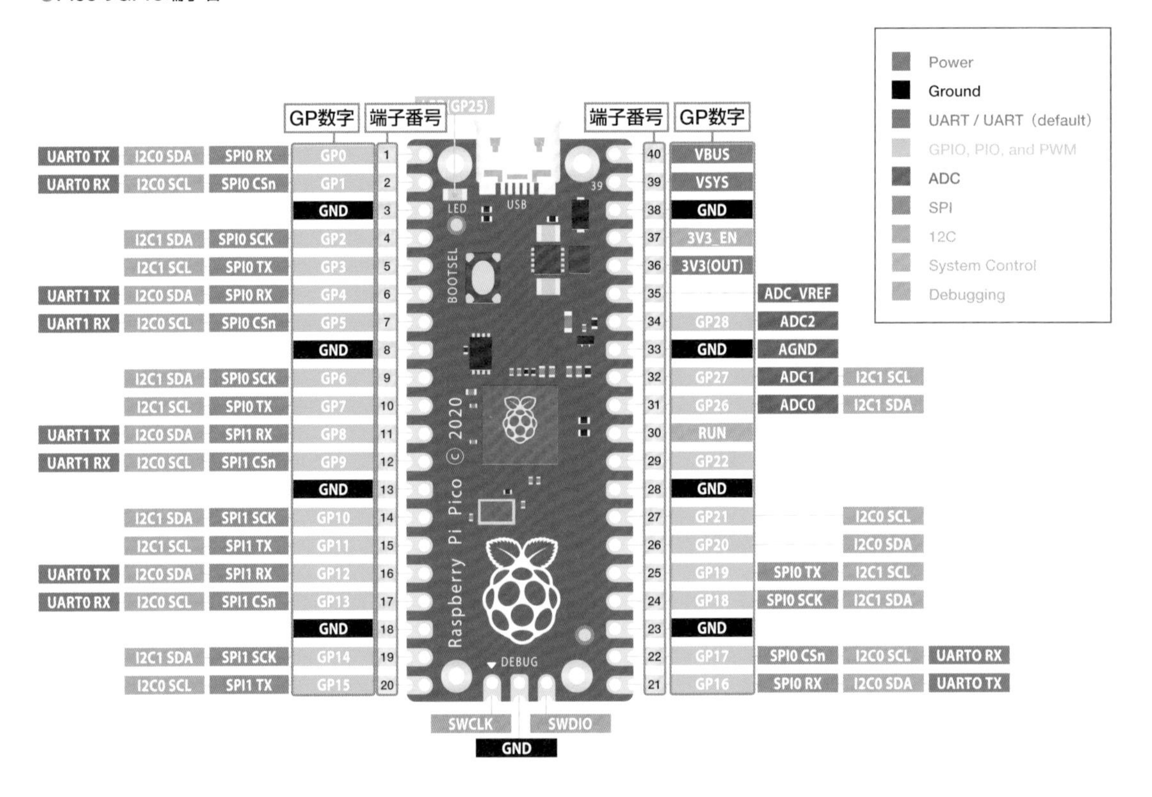

ブレッドボードの使い方

Picoとタクトスイッチの接続には**ブレッドボード**と**ジャンパワイヤ**を使います。

ブレッドボードは一面に空いた穴に部品の端子を差し込んで配線するための道具です。ブレッドボードの穴は、次の図の線のようにブレッドボード内で接続されています。

ブレッドボードは中央の溝を中心に上下対象に作られています。中央の溝を挟み上下に連なる穴は、縦方向に内部で接続されています。

ブレッドボードの上と下に横方向に並ぶ2列の穴は、横方向に内部で接続されています。この横につながった穴は電源用に使います。2列は横方向を一線で結んでいるので、ブレッドボード全体に電源を供給できるわけです。通常、上下2列の穴には青と赤のラインが入っていると思いますが、青いラインを電源のマイナス（グランド、GND）を、赤いラインを電源のプラスに接続して使うのが一般的です。

●ブレッドボード内部のつながり

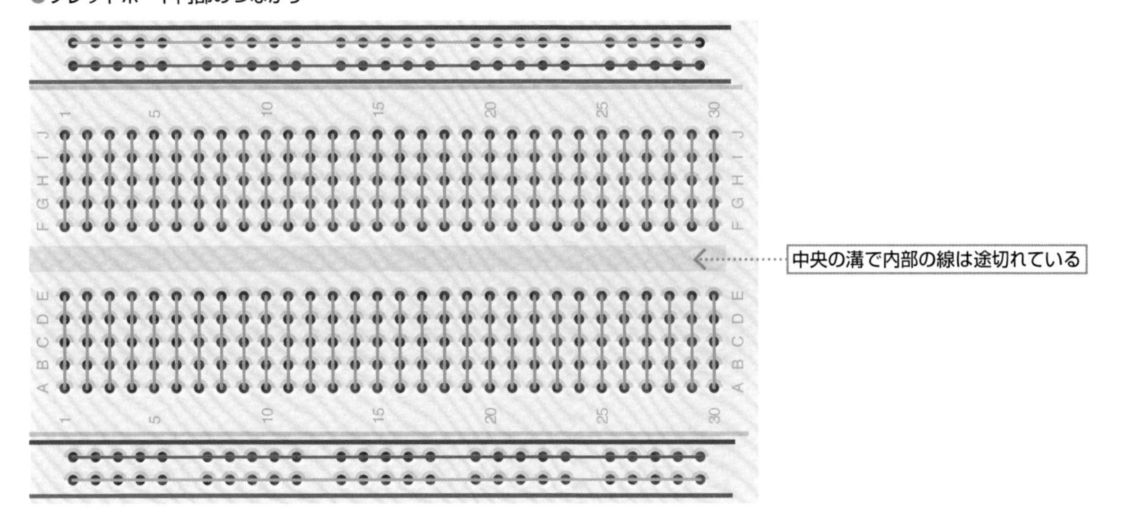

■ Picoとタクトスイッチをブレッドボードに取り付ける

Pico／Pico Wはブレッドボードに取り付けて使用します。そうすることで、ブレッドボードを介して他の電子部品と接続できるため、はんだ付けをしないで電子工作ができるからです。

Picoを取り付けるときは、ブレッドボード中央の溝をまたぐように取り付けます（そうしないとPicoのGPIO端子が直結してしまいます）。

タクトスイッチも溝をまたぐように取り付けます。この際、導通している端子が溝をまたぐように設置します。

タクトスイッチを取り付けるGPIOはどこでも構いません。ここでは配線しやすいGPIOを使います。

次ページの図が、ブレッドボード上にPicoとタクトスイッチを配置した配線例です。

●本節で扱うブレッドボードの配線図

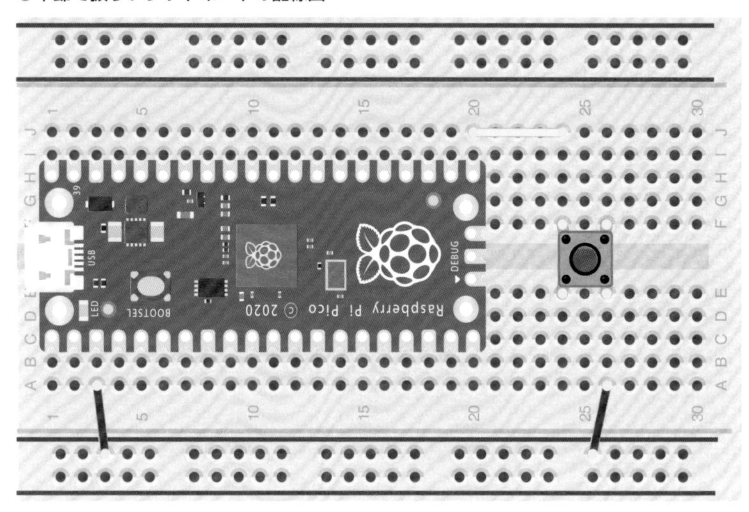

下の図は、ブレッドボード内の接続を可視化したものです。

●ブレッドボード内の線の接続を可視化したもの

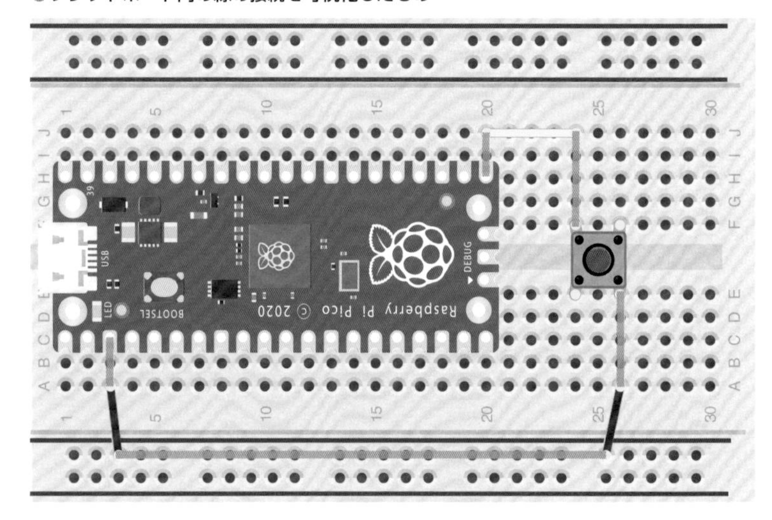

●部品表（Pico、ブレッドボードなどの記載は以降省略します）

部品名	数量	入手先
Raspberry Pi Pico ／ Pico W	1個	任意
ジャンパワイヤー（オス―オス）	3本	任意
ブレッドボード	1個	任意
タクトスイッチ	1個	任意

タクトスイッチはPicoの基板の一番端にある21番端子（GP16）に取り付けます。タクトスイッチが押された

ら、GP16がGND、つまり電源のマイナス（0V）に接続されるようにしています。ブレッドボードとジャンパワイヤ、そしてタクトスイッチを使って、この図のように配線を行っておいてください。

GPIOの電圧を考えてみる

前ページの配線図を回路図風に書き直したのが次の図です。

スイッチ（PUSHSW）が押されたときにGP16がGND（0V）につながることがわかりますよね。一方、スイッチが押されていないとき、GP16はどこにもつながっていない状態、つまり**開放状態**になります。電気的にどこにもつながっていない状態を**浮いている**などと表現することもあります。

●スイッチの回路図

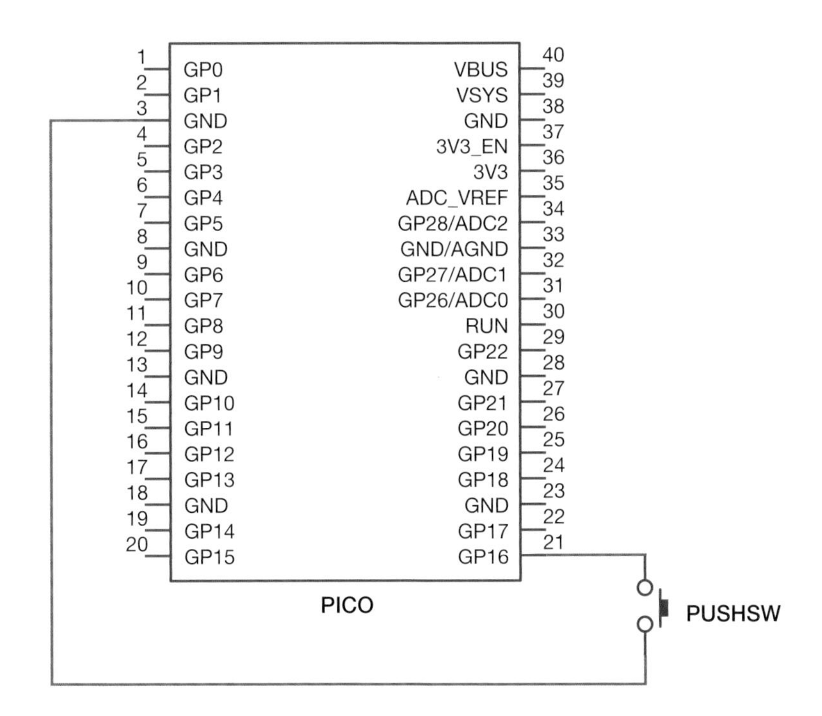

入力に設定したGPIO端子は、初期状態で直流的にはどこにもつながっていない開放状態とみなすことができます。

現在のLSIの内部には、MOS（Metal Oxide Semiconductor）型の**電界効果トランジスタ**（Field Emission Transistor：**FET**）を用いた回路が集積されています。金属酸化膜を使った電界効果トランジスタです。

MOS FETのざっくりとした構造を次ページの図にしました。「P」は**P型半導体**、「N」は**N型半導体**を表します。

●N型MOS FETの構造

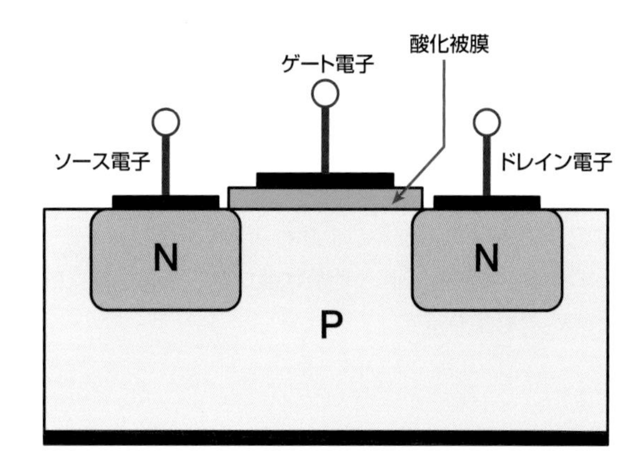

N型のMOS FETは**ドレイン端子からソース端子に流れる電流の大きさをゲート端子の電圧によって生じる電界で制御できる**トランジスタです。ゲート端子は図のように電流が流れる土台となるP型半導体から金属酸化被膜で**絶縁**された形になっています。

金属酸化被膜は電気を通しません。GPIO端子を入力に設定するとLSI内部回路のMOS型FETのゲートに接続されるので、その端子はどこにもつながっていない開放状態となるのです[※2]。

※2 直流的には開放状態ですが、ゲートは静電容量を持つので交流的には開放状態とはいえません。

電気的に見ると開放状態の端子の電圧は**不定**とみなすことができます。たとえば、オームの法則では「電圧 = 電流 × 抵抗値」ですね。開放状態にある端子は、回路から見て抵抗値が無限大ですから「電圧 = 電流 × 無限大」となります。物理的な数式の中に無限大が出てきたときには、その計算の結果が当てにならない状況にあるとみなすことができます。

みなすことができるだけでなく、現実に開放状態のGPIO端子は非常に不安定で、電圧を検出するたびに10Vだったり3Vだったり0Vだったりと不定な電圧を示します。結果、ランダムに[※3]オンになったりオフになったりと安定しません。

※3 空気中の静電気の影響を受けるので、手を近づけたりすると値が変わります。

プルアップ／プルダウン

開放状態のGPIOは不安定ですが、PicoのGPIOには**内部プルアップ／内部プルダウン**の仕組みが備わっています。それを有効化することで回路が成立します。

抵抗を介してGPIOをプラスの電源に接続するのが**プルアップ**です。Picoの標準の入出力電圧（IO電圧）は3.3V※4なので、抵抗を介してGPIOを3.3Vに接続することになります。GPIO端子を内部プルアップすると次の図のように回路が成立します。

※4 Chapter1で示した通り、Picoは電源電圧最小1.8Vから動作しますが、Picoの基板上の昇圧・降圧レギュレータによってRP2040には3.3Vが供給されます。よってGPIOの電源となるIO電源（IOVDD）は、電源電圧によらず3.3Vとなっています。

●内部プルアップを有効化した回路

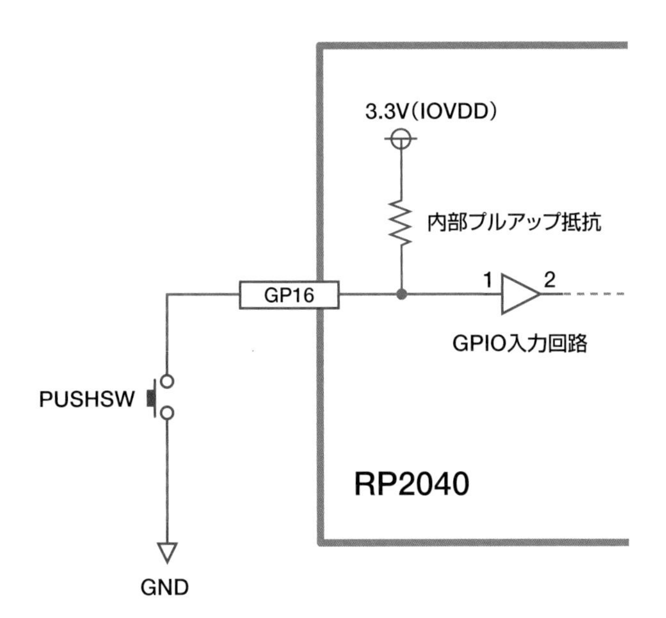

スイッチを押していない状態ではGPIO入力回路が内部IOVDDの3.3Vに接続されているので、3.3Vの状態です※5。スイッチを押すとGNDにつながるのでGPIO入力回路は0Vとなります。スイッチを押していないときにハイレベル、押したらローレベルですね。

※5 電気に馴染みがない人の中には、3.3VとGPIOの間に抵抗を介しているのだから電圧は3.3Vよりも低いのではと疑問を持つ場合があるようです。念のために説明しておくと、抵抗によって低下する電圧（抵抗の両端電圧）はオームの法則から「電圧＝電流×抵抗値」で、本文で説明しているようにGPIO入力回路には電流が流れず、スイッチも押されていなければ電流が流れないので、電流値は0となります。よって抵抗によって低下する電圧は0Vで、GPIO入力回路の電圧は3.3Vです。

一方で、GPIOを抵抗を介してGNDに接続するのが**プルダウン**です。前ページの回路はプルダウンだと成立しませんが、スイッチをGNDではなく電源（3.3V）との間に入れるようにすればプルアップによるスイッチ回路が成立します。

●内部プルダウンによるスイッチ入力

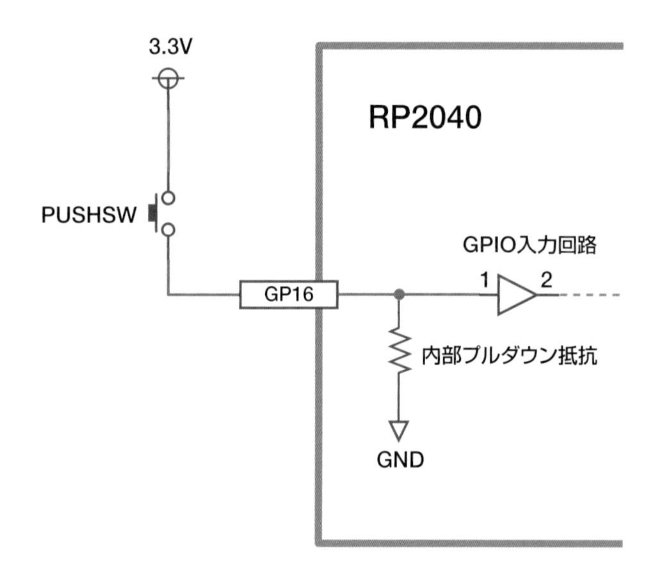

上図のように接続すると、スイッチを押していないときはGPIO入力が内部プルダウン抵抗を介してGNDに接続されるので0V、スイッチを押すと3.3Vにつながるので3.3Vですね。スイッチを押していないときはローレベル、押すとハイレベルで前ページの回路とは逆です。これを「論理が逆」などと言います。

プルダウンのほうがより安全

プルアップ、プルダウンのどちらを使っても、スイッチのオン・オフの判断は論理が反転するだけで可能です。上の配線でプルダウンを使っている理由は、配線ミスによる事故の影響が小さいためです。プルアップの場合、スイッチに3.3Vの電源ラインを接続しなければなりませんね。その配線をミスしてGNDに落としてしまうと、3.3Vを供給するPicoオンボードの電源回路がショート（短絡）してしまいます。電源回路は過電流防止機能があるのですぐに壊れるということはないものの、ショートは望ましいことではありません。

プルダウンならば電源ラインを引き回す必要がなく、仮にミスをしても大きな電流が流れることはないので、より安全というわけです。

抵抗を使って自分でプルアップ／プルダウンしてもいい

ここまでPico内蔵の内部プルアップ／プルダウンを説明してきましたが、内部プルアップ／プルダウンを使用せずに、抵抗を使って自分でプルアップ／プルダウンしてもかまいません。内部のプルアップ／プルダウン機構を利用すれば抵抗を1本節約できるので、使える場合は使ったほうがいいでしょう。

Picoの内部プルアップ／内部プルダウンの抵抗値は、データシートによると50k～80kΩです。内部プルアップ／プルダウン抵抗はソフトウェアから切り替えられる半導体の回路を介しているため、普通の抵抗のような線形の特性を示さないことがあります。厳密な抵抗値を期待しないほうがいいでしょう。

プルアップ／プルダウン抵抗を自分で外付けする場合、抵抗値は10k～100kΩの間の適当な値を選んでおきます。小さくしすぎると無駄に電流が流れよくありません。大きくしすぎると安定性が低下します。電圧の変化ΔEは抵抗と電流の変化ΔIの積ですから、抵抗値が大きいほど電圧の変化が大きく、つまり不安定になるのです。100kΩ程度までなら安定性の問題は生じませんが、数百kΩやそれ以上にすると動作がクリティカルになる恐れがあります。

MicroPythonでスイッチの動作を確かめよう

54ページのスイッチ回路で、スイッチのオンオフが判定できるかを、MicroPythonで確かめることにしましょう。配線を終えたPicoをMicro USBケーブルでパソコンに接続して、Part2でセットアップしたThonnyを起動します。

MicroPythonはPicoだけでなく多数のマイコンボードに移植され動作しています※6。マイコンは製品ごとにCPUコアやペリフェラルが異なりますが、ほとんどのマイコンに共通するインタフェースもあります。GPIOも同様で、GPIOを1本も持たないマイコンはおそらく存在しません。

※6 MicroPythonはもともとpyboardという独自のマイコンボード製品で動作させるために開発されたインタープリタです。Picoなど他のマイコンボードは移植版という位置づけです。

GPIOを制御するハードウェアはマイコン製品ごとに異なります。しかし、GPIOの外面的な機能は（多少の違いはありますが）共通です。MicroPythonでは、GPIOのようにおおまかに共通するインタフェースに対する制御を抽象化したクラスを**machineモジュール**として提供しています。

GPIOを制御するクラスは**machine.Pinクラス**です。machine.Pinクラスを利用してスイッチを扱う方法を、REPLを使って確かめます。

まず、REPLのプロンプト（>>>）に「from machine import Pin」と入力してmachine.Pinクラスをインポートします。

```
from machine import Pin [Enter]
```

GP16に対応するPinのインスタンスp16を作成します。REPLプロンプトに「p16 = Pin(16, Pin.IN, Pin.PULL_UP)」と入力すると、GP16を入力として初期化（Pin.IN）し、内蔵プルアップ抵抗を有効化（Pin.PULL_UP）したインスタンスp16を作成できます。

```
p16 = Pin(16, Pin.IN, Pin.PULL_UP ) [Enter]
```

これでインスタンスp16を通じて、現在のGP16の状態を読み取ることができます。value()メソッドを呼び出してみましょう。「p16.value()」と実行します。

```
p16.value() Enter
```

すると、次の図のように「1」とシェルに表示されます。1はハイレベルを意味しています。スイッチを押していないときは、プルアップ抵抗を介して3.3Vにつながっていますからハイレベルになっているわけです。

●スイッチを押していないときのp16.value()

```
シェル
  MPY: soft reboot
  MicroPython v1.20.0 on 2023-04-26; Raspberry Pi Pico with RP2040
  Type "help()" for more information.
>>> from machine import Pin
>>> p16=Pin(16, Pin.IN, Pin.PULL_UP)
>>> p16.value()
1
>>>
                                MicroPython (Raspberry Pi Pico) • Board CDC @ COM5 ≡
```

次に、タクトスイッチを押しながらvalue()メソッドを呼び出してください（「p16.value()」と実行）。なお、プロンプトでカーソル上キーを押すとコマンド実行履歴（ヒストリ）が呼び出せます。

スイッチを押しながらの場合、p16.value()の値は0になります。

●スイッチを押しながらp16.value()を確認

```
シェル
  Type "help()" for more information.
>>> from machine import Pin
>>> p16=Pin(16, Pin.IN, Pin.PULL_UP)
>>> p16.value()
1
>>> p16.value()
0
>>>
                                MicroPython (Raspberry Pi Pico) • Board CDC @ COM5 ≡
```

タクトスイッチを押すとGP16がGNDにつながるのでローレベル、つまり0になるわけです。これでスイッチの入力ができるようになりました。

ラーメンタイマーを試作しよう（チャタリングなどによる失敗）

ラーメンタイマーをスタートさせるためのスイッチのオンオフの判定ができるようになりました。次は**時間を計る方法**を試してみましょう。ユーザーにラーメンの完成を知らせるのは、コンソールに表示する方法で代用します。

MicroPythonで時間を計る方法はいくつかあります。まず正攻法として**timeモジュール**を使った方法を紹介します。

MicroPythonのtimeモジュールは標準Python版timeの**サブセット**です。標準Python版timeにある多くの機能が実装されていない一方、MicroPython固有の関数が実装されています※7。MicroPython版time固有の関数にtime.ticks_ms()とtime.ticks_ns()という時間経過を知るための関数があります。

※7　https://docs.micropython.org/en/latest/library/time.html

time.ticks_ms()は、マイコン内部のタイムカウンタをもとにした電源オンから現在までの時間をミリ秒（1/1,000秒）で返す関数です。time.ticks_ns()は同じものをナノ秒で返す関数です※8。

※8　正確にはtime.ticks_ms()やtime.ticks_ns()のカウント開始時間はマイコンの実装に依存します。Pico（RP2040）は電源オンでカウントを開始しますが、他のマイコンはそうではないかもしれません。time.ticks_ms()/time.ticks_ns()の開始時間は任意の時間であるくらいに考えておいてください。

REPLで「import time」と実行してtimeをimportします。time.ticks_ms()を参照した例が次の図です。

●time.ticks_ms()の参照例

```
シェル

MicroPython v1.20.0 on 2023-04-26; Raspberry Pi Pico with RP2040
Type "help()" for more information.
>>> import time
>>> time.ticks_ms()
24469
>>> time.ticks_ms()
28399
>>> 
```

この関数を使えば、経過時間を計ることができます。開始時間をtime.ticks_ms()で得て、time.ticks_ms()と開始時間の差分を取れば経過時間がミリ秒でわかります。

ラーメンタイマーなら3分（180秒×1,000）の経過がわかればいいので、次のプログラムのようにすればいいはずです。

●ラーメンタイマーの擬似コード

```
import time

start_time = time.ticks_ms()
while True:      # ループさせて3分経過を待つ
    # start_timeからの経過時間（ミリ秒単位）をpast_timeに代入
    past_time = time.ticks_ms() - start_time
    if past_time > (180 * 1000):
        break    # 180秒以上経過したらループから抜ける
# ループから抜けたらラーメン完成!!
```

これでpast_timeにミリ秒単位のstart_timeからの経過時間が得られ、3分経過が計れそうに思えますが、実は正しくありません。time.ticks_ms()やtime.ticks_ns()には最大値があり、最大値を超えると0に戻るためです。最大値はマイコンに依存しますが、Picoを含めて多くのマイコンでは32bit符号なし整数が使用されています。32bit符号なし整数で表現できる最大値は4294967295（ミリ秒）であるため、電源投入から約49日が経過すると0に戻ってしまうのです。

つまり、ラーメンタイマーの電源を49日以上オンにし続けていて、なおかつtime.ticks_ms()が0に戻るタイミングでラーメンタイマーをスタートさせる条件が成立すると、上のコードの引き算が成立しなくなります。

そこで、MicroPythonのtimeモジュールには、time.ticks_diff()という関数があります。

```
time.ticks_diff(tick1, tick2)
```

この関数は「tick1 -tick2」を計算して返します。仮にime.ticks_ms()が一周回って0に戻っても正しく計算してくれるのが単純な引き算とは異なる点です。これを使って経過時間を得れば万全です。

暫定版ラーメンタイマーに必要な要素が揃いました。暫定ラーメンタイマーは、タクトスイッチが押されたらタイマーをスタートさせ、3分経過したらコンソールに「Noodle is ready!!」という文字列を表示させる仕様にします。また、途中でキャンセルできないと不便なので、タイマー起動中にタクトスイッチが押されたらキャンセルする仕様にします。

暫定タイマーのMicroPythonスクリプト「noodle_timer.py」を示します。

●ラーメンタイマーの試作

sotech/3-2/noodle_timer.py

```
from machine import Pin
import time

p16=Pin(16, Pin.IN, Pin.PULL_UP)

# 永久ループ
while True: ①
    if p16.value() == 0: # ラーメンタイマースタート ②
        print("Noodle Timer start!!")
        past_time = 0           # 経過時間
        start_time = time.ticks_ms()      # 開始時間（ミリ秒）
        while True:
            past_time = time.ticks_diff(time.ticks_ms(), start_time)
            if past_time > (180 * 1000): # 3分経過？ ③
                break                       # ループから抜ける
            if p16.value() == 0: # スイッチが押された？
                print("Time canceled")      # キャンセルされたためループから抜ける
                break

        if past_time > (180 * 1000):        # past_timeが3分経過していればラーメン完成 ④
            print("Noodle is ready!!")
```


①このプログラムは1つの大きな永久ループで繰り返されるので、スクリプトの実行が終わることはありません。マイコンのほとんどのプログラムは永久に動き続けるように作成するのが一般的です。パソコン上では複数のソフトウェアが同時利用できるのでそれぞれのソフトウェアに「終了」の概念があります。しかし、マイコンでは基本的に1つのプログラムしか動かないので終わる必要がないわけです。

MicroPython上で動作するスクリプトは、Thonnyのようなパソコン上のシリアル端末機能を持つソフトを利用すれば対話的に利用できます。そのためスクリプトを終わらせることは可能で、MicroPython上のPythonスクリプトが終了するとインタープリタに制御が戻ります。

実際にマイコンを応用するとき、たとえばテーブルの上に置くラーメンタイマーをパソコンにつないで使うのは不便です。ラーメンタイマーはスタンドアロンで動くようにする必要があります。したがって、ラーメンタイマーは時間計測が終わったら、次の時間計測に備えてタクトスイッチが押されるのを待つよう作らなければなりません。そのため永久ループで囲む形になります。

②プログラムでは、大ループの先頭でp16.value()を調べ、0ならタクトスイッチが押されたので3分間の時間測定ループに入っています。

③時間測定ループ内でもp16.value()を調べて押されていればキャンセルとしてループからbreakで抜けます。

④時間測定ループから抜けた後、past_timeが180秒を超えていたらラーメン完成メッセージを表示する、という形になっています。

上のプログラムをThonnyの編集エリアに入力します。暫定版なので保存する必要はありませんが、保存する場合はローカルでいいでしょう。

入力後、実行ボタンを押すとタクトスイッチの押下待ちに入ります。タクトスイッチを押してみましょう。

●タクトスイッチを押した結果

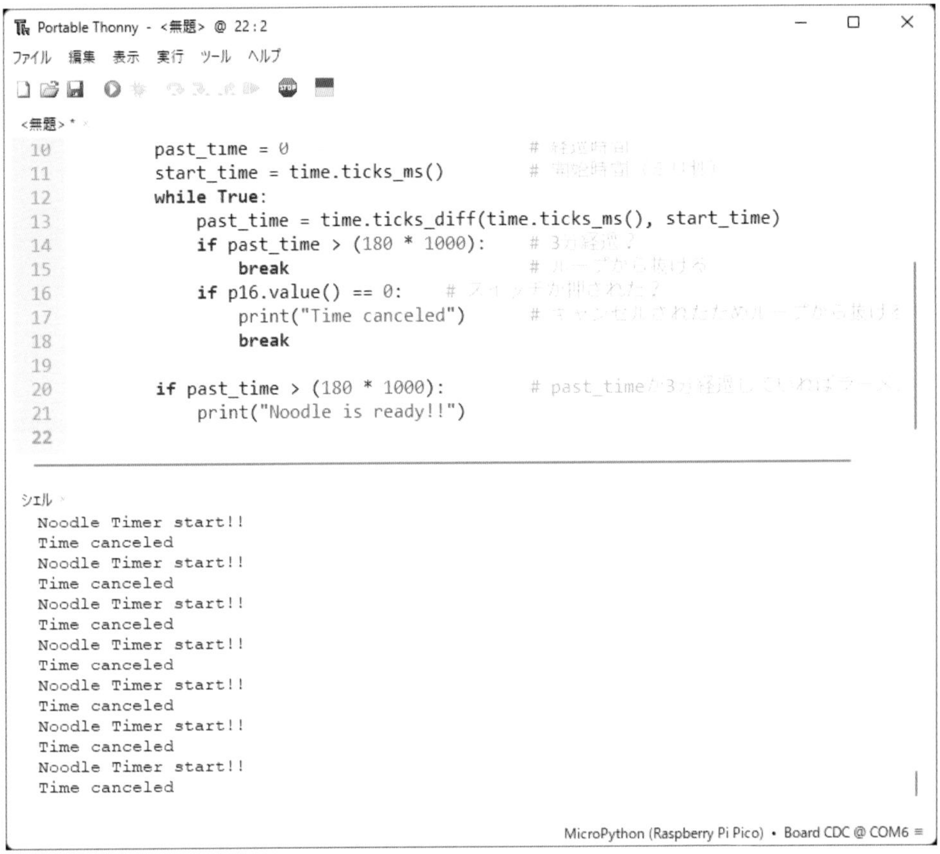

Portable Thonny - <無題> @ 22:2

ファイル 編集 表示 実行 ツール ヘルプ

<無題> *

```
10        past_time = 0                          # 経過時間
11        start_time = time.ticks_ms()           # 開始時間（ミリ秒）
12        while True:
13            past_time = time.ticks_diff(time.ticks_ms(), start_time)
14            if past_time > (180 * 1000):       # 3分経過？
15                break                          # ループから抜ける
16            if p16.value() == 0:     # スイッチが押された？
17                print("Time canceled")         # キャンセルされたためループから抜け
18                break
19
20        if past_time > (180 * 1000):           # past_timeが3分経過していればラーメ
21            print("Noodle is ready!!")
22
```

シェル

```
Noodle Timer start!!
Time canceled
Noodle Timer start!!
Time canceled
Noodle Timer start!!
Time canceled
Noodle Timer start!!
Time canceled
Noodle Timer start!!
Time canceled
Noodle Timer start!!
Time canceled
Noodle Timer start!!
Time canceled
```

MicroPython (Raspberry Pi Pico) • Board CDC @ COM6 ≡

「Noodle Timer start!!」「Time canceled」が繰り返し繰り返し表示されてまともに機能しません。

■暫定版ラーメンタイマーが機能しない理由

暫定版ラーメンタイマーがうまく動かない理由は大きく2つあります。

1つは**人間の動作に比べてマイコンはとても高速**だからです。

人間が軽くスイッチを押したつもりでも、おおむね数十ミリ秒くらいの間はスイッチの接点が接触しています。一方で、PicoのCPUの動作クロックは最大133MHzで、1MHzあたり0.93DMIPSの命令実行が可能です。1命令を平均約8ナノ秒（ナノは10^{-9}）で実行できます。

この命令とはCPUの命令で、MicroPythonのスクリプト1行を実行するには多数のCPUの命令が実行されています。1行のスクリプト実行に数百のCPUの命令を費やしたと仮定しても、1行あたりマイクロ秒オーダーの時間しかかかりません。人間がスイッチを押している数十ミリ秒の間に数千行から数万行のMicroPythonコードを実行できるわけです。

このように、スイッチのような人間相手のデバイスを制御するときには、人間の動作の速度を考慮しなければなりません。人間が押すスイッチのようなものの場合、だいたい100ミリ秒（0.1秒）に1回くらいの割合で押されているかを判断すれば十分で、それを下回る頻度でチェックすると1回の押下で複数回の入力が行われてしまいます。

もう1つの理由が、メカニカルスイッチでは避けられない**チャタリング**です。チャタリングはスイッチがオンになる瞬間およびオフになる瞬間に極めて短時間にオン・オフが繰り返される現象です。

チャタリングは、金属接点の接触に伴う振動や接点の接触を妨げる微細なホコリや金属表面の酸化膜に起因しています。金属の接点を使うスイッチでは、スイッチの押し方や品質による差はあっても、チャタリングを皆無にはできません。

チャタリングを抑える方法には、ソフトウェア的な方法とチャタリング防止回路を用いる方法の2通りがあります。ただし、先述のようにたとえば100ミリ秒に1回という低頻度でスイッチの押下をチェックすれば、必然的にチャタリングの影響を受けなくなります。チャタリングによるオン・オフの繰り返しはせいぜいマイクロ秒オーダーの現象だからです。

念を入れるのであれば、たとえば10ミリ秒の時間を開けて2回、スイッチ入力を取り込んで2回ともにスイッチが押されていれば押されたと判断すればいいでしょう。これでほとんどチャタリングの影響を受けることがなくなります※9。

※9　スイッチがつながっているGPIOのチェック頻度を低下させることはつまり、サンプリング周波数を下げることであり、サンプリング周波数を下げることによって高い周波数のチャタリングを排除するというふうに解釈することも可能です。

チャタリングが大きな問題になるのは、68ページで解説するGPIO割り込みを用いるときです。具体的な対策はそこで説明します。

修正を加えた暫定版ラーメンタイマー

以上の原因に対応したプログラムを作成すれば、暫定版ラーメンタイマーは正常に動作します。

タクトスイッチの押下をチェックする頻度を100ミリ秒程度の頻度にします。間を開けすぎるとタクトスイッチの反応が悪くなり、間を短くしすぎると誤判定が増えます。だいたい100ミリ秒くらいが適当と考えておけばいいでしょう。

念のために10ミリ秒の間を空けて2回、p16.value()を調べて2回ともに押されていれば押されたと判断します。

switch_state()という関数を作成してそこでp16.value()をチェックする形にします。次にその例を示します。

●ラーメンタイマー暫定版

sotech/3-2/noodle_timer2.py

```
from machine import Pin
import time

# スイッチ入力判定関数
def switch_state(pin):  ①
    time.sleep_ms(100)       # 読み取る前に90msの時間を空ける  ②
    v1 = pin.value()         # 10msの間を空けて2回読む  ③
    time.sleep_ms(10)
    v2 = pin.value()

    return (v1 | v2)         # 2回の論理和を結果とする  ④


p16=Pin(16, Pin.IN, Pin.PULL_UP)
while True:
    if switch_state(p16) == 0:                    # ラーメンタイマースタート
        print("Noodle Timer start!!")
        past_time = 0                             # 経過時間
        start_time = time.ticks_ms()              # 開始時間（ミリ秒）
        while True:
            past_time = time.ticks_diff(time.ticks_ms(), start_time)
            if past_time > (180 * 1000):          # 3分経過？
                break;
            if switch_state(p16) == 0:            # スイッチが押された？
                print("Time canceled")
                break

        if past_time > (180 * 1000):
            print("Noodle is ready!!")
```

①メインの大ループの中でp16.value()をチェックする代わりにswitch_state()を呼び出しています。

②switch_state()では、まずミリ秒のウェイト（待ち）を行うtime.sleep_ms()を使って100ミリ秒待ちます。

ちなみに、標準Pythonのtimeモジュールのsleep()関数と同様に、MicroPythonでもtime.sleep()に浮動小数点数を指定できます。したがって、time.sleep()に1未満の値を指定すれば1秒未満のウェイトを実行できます。100ミリ秒のウェイトならtime.sleep(0.1)とすればいいわけです。

しかし、MicroPythonのtimeモジュールにはMicroPython版固有の関数としてミリ秒単位のウェイトを実行するtime.sleep_ms()と、ナノ秒単位のwaitを実行するtime.sleep_ns()も用意されています。MicroPythonで浮動小数点数を使用すると実行速度が低下するので、整数で1秒未満の時間が指定できるこれらを使ったほうがいいでしょう。

③100ミリ秒経過したら10ミリ秒の間を空けて2回、GPIOの値を取得します。

④ラーメンタイマーのスイッチは**押されたらGPIOの値が0**ですから2回の結果の論理和を取ることで、2回ともに0なら0という結果が得られるので、それをswitch_state()の結果として返しています。

このプログラムをThonnyのエディタ欄に入力して、実行ボタンをクリックします。今回はタクトスイッチを押すとラーメンタイマーがスタートします。3分経過すると「Noodle is Ready!!」という表示がシェルに表示さます。

●暫定版ラーメンタイマーが動作した

Portable Thonny - D:\Users\yoneda\Documents\Pico_Book\Chapter2\list2_02.py @ 31 : 9

ファイル 編集 表示 実行 ツール ヘルプ

<無題> list2_02.py

オブジェクトインスペクタ

データ ア

```
 1  from machine import Pin
 2  import time
 3
 4  # スイッチ入力判定関数
 5  def switch_state(pin):
 6      time.sleep_ms(100)    # 読み取る前に90msの時間を空ける
 7      v1 = pin.value()     # 10msの間を空けて2回読む
 8      time.sleep_ms(10)
 9      v2 = pin.value()
10
11      return (v1 | v2)     # 2回の論理値を結果とする
12
13  p16=Pin(16, Pin.IN, Pin.PULL_UP)
14
15  while True:
16      if switch_state(p16) == 0:  # ラーメンタイマースタート
17          print("Noodle Timer start!!")
18          past_time = 0                # 経過時間
```

シェル

```
>>> %Run -c $EDITOR_CONTENT

MPY: soft reboot
Noodle Timer start!!
Noodle is ready!!
```

MicroPython (Raspberry Pi Pico) • Board CDC @ COM5 ≡

GPIOの割り込み処理

暫定版ラーメンタイマープログラムを少し使ってみると、タクトスイッチの反応が今ひとつと感じるかもしれません。ウェイトを減らすと判定が速すぎて誤キャンセルが頻発する一方で、ウェイトを増やすとタクトスイッチの反応が鈍くなるという具合に、なかなか調整も難しいことがわかるでしょう。

この、GPIOの状態を定期的に読み取って監視する方法を「ポーリング」と言います。ポーリングは有効な手段ですが、プログラムの内容によっては定期的にポーリングするのが難しい場合があるほか、今回のタクトスイッチ押下のような**いつ起きるかわからないイベント**を監視するのにはあまり向いていません。いつ起きるかわからないイベントをポーリングで待ち受けるためには、ポーリングし続ける必要があるからです。

マイコンの主用途は「機器の制御」です。制御では**外界で発生するイベントに対応する**という処理がとても重要です。マイコンで外界のイベントに対応するのが**割り込み処理**です。

GPIOにおける割り込み処理では、GPIOの状態変化をキャッチして、その変化に応じた処理を行うことができます。タクトスイッチのようなGPIO入力の場合は、GPIOの入力がハイレベルになったときと、ローレベルになったときをキャッチできます。

実際に割り込みを使ってみましょう。次のプログラム（gpio_int.py）は、タクトスイッチを押すとgpio_irq_hander()関数が実行される割り込みの利用例です。Thonnyの編集エリアに入力して実行してみてください。

●GPIO割り込み

sotech/3-2/gpio_int.py

```
from machine import Pin

# GPIO割り込みハンドラ
def gpio_irq_handler(pin):
    print("%s is falling down" % pin)


p16=Pin(16, Pin.IN, Pin.PULL_UP)
p16.irq(gpio_irq_handler, trigger=Pin.IRQ_FALLING)

while True:
    pass   # 何もしない
```

このプログラムを実行してタクトスイッチを押します。すると、次ページの図のように「Pin(GP16....) is falling down」と表示されます。スイッチが押されたことによるGPIOの状態変化でgpio_irq_hander()が呼び出されたわけです。

1回押しただけなのに2行以上続けて表示されることがあるかもしれません。これはチャタリングの影響です。チャタリング対策は後ほど解説します。

●gpio_irq_test.pyの実行例

Portable Thonny - D:\Users\yoneda\Documents\Pico Book\Chapter2\list2_03.py @ 10 : 1

ファイル 編集 表示 実行 ツール ヘルプ

list2_03.py

オブジェクトインスペクタ

データ ア

```
1  from machine import Pin
2
3  def gpio_irq_handler(pin):
4      print("%s is falling down" % pin)
5
6
7  p16=Pin(16, Pin.IN, Pin.PULL_UP)
8  p16.irq(gpio_irq_handler, trigger=Pin.IRQ_FALLING)
9
10 while True:
11     pass        # 何もしない
12
```

シェル

```
>>> %Run -c $EDITOR_CONTENT

 MPY: soft reboot
 Pin(GPIO16, mode=IN, pull=PULL_UP) is falling down
 Pin(GPIO16, mode=IN, pull=PULL_UP) is falling down
```

MicroPython (Raspberry Pi Pico) • Board CDC @ COM5 ≡

割り込み処理はPinクラスのirq()メソッドで設定します。irqはInterrupt Request（割り込み要求）の略です。

```
Pin.irq(IRQハンドラ,trigger=割り込みトリガ)
```

IRQハンドラは、割り込みイベントが発生したときに呼び出される関数です。gpio_irq_hander()関数を設定しています。

割り込みトリガにはハンドラを呼び出す引き金となるイベントを設定します。PicoではトリガとしてGPIOがハイレベルからローレベルに遷移したことを意味するPin.IRQ_FALLINGと、ローレベルからハイレベルに遷移したことを意味するPin.IRQ_RISINGが指定できます※10。

※10 MicroPythonではその他にPin.IRQ_LOW_LEVELとPin.IRQ_HIGH_LEVELが定義されています。この2つは入力モード時の定義です。

割り込みハンドラには割り込みが発生したPinオブジェクトが渡されます。したがって、たとえば複数のスイッチがあり、複数のGPIOに接続しているような場合でも割り込みハンドラ内で割り込みが発生したGPIOを識別すれば、1つの割り込みハンドラで対応できます。

●割り込み処理が呼び出されるタイミング

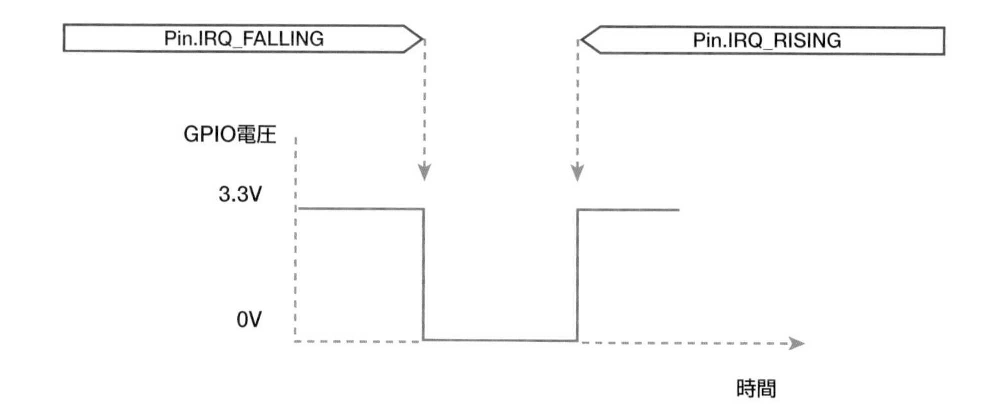

タクトスイッチの場合、スイッチを押したときにPin.IRQ_FALLING、スイッチを離したときにPin.IRQ_RISINGに相当するイベントが発生するので、どちらをトリガとして使ってもスイッチ押下を捉えることができます。

チャタリングに対応する

GPIO割り込みを使う場合は、割り込みハンドラがチャタリングによって1回の押下で複数回呼び出されるために対策が必要になります。

次ページの図は、今回の回路で発生したチャタリングをオシロスコープで調べたものです。

●オシロスコープで捉えたチャタリング

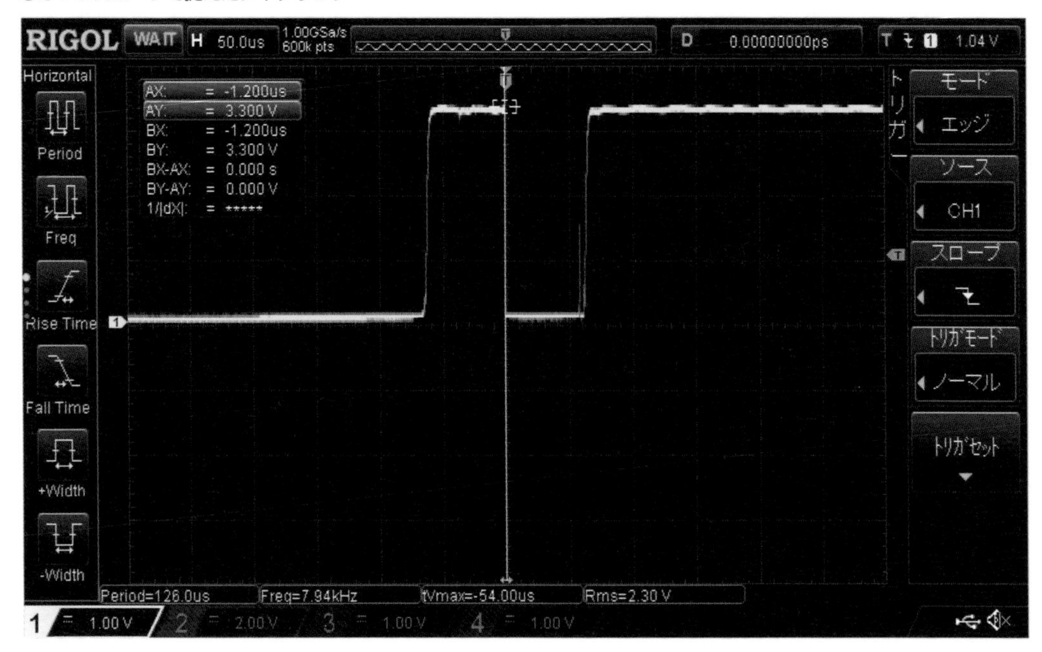

これはスイッチをオフにする瞬間に観測されたチャタリングです。オンのときもランダムに似たようなチャタリングが発生します。横軸1目盛りが50マイクロ秒で、オフにする瞬間に50マイクロ秒強の間隔で2回、オン・オフが繰り返されました。

1命令を平均8ナノ秒で実行するマイコンのCPUにとって、50マイクロ秒は十分すぎるほど有意な時間です。スイッチを押したときにこのようなチャタリングが発生すると、割り込みハンドラが50マイクロ秒おきに2回、呼び出されてしまいます。

チャタリング対策としては、ソフトウェア的な方法とハードウェア的な方法があります。後述しますがハードウェア的な方法は限界があり、ハードウェア的な方法だけでの対策は難しいと考えてください。

■チャタリングのソフトウェア的な対策

利用方法によります※11が、一般に人間が操作するスイッチが数百ミリ秒以内に2回も押されることはなく、誤操作かチャタリングかのどちらかと判断できます。

※11 たとえば、パソコンのキーボードは打鍵の速い人だと100ミリ秒前後以内にオンオフする可能性があります。そのようなスイッチの処理ならば、割り込みハンドラをキャンセルする時間を短くする必要があるでしょう。

したがって、割り込みハンドラが続けて100ミリ秒程度以内に呼び出されたときは、誤操作またはチャタリングとして無視するようにプログラムします。時間を測るのはtimeモジュールのticks_ms()関数を使います。割り込みハンドラが呼び出された時間を保存しておき、前回の呼び出し時間に対して一定の時間以内ならば割り込みハンドラでは何もせずに戻ればいいわけです。

ラーメンタイマーの場合、割り込みハンドラを無視する時間を長めに取ったほうが誤操作を防止しやすく、200ミリ秒前後以内の呼び出しを無視すると操作がスムーズになるようでした。

変更を加えたのが次のgpio_irq_test.pyです。

●GPIO割り込み（チャタリング対策版）

sotech/3-2/gpio_irq_test.py

```
from machine import Pin
import time

prev_irq_ticks = 0                      # 1つ前の呼び出し時間を保存する変数  ①
# 割り込みハンドラ
def gpio_irq_handler(pin):
    global prev_irq_ticks

    cur_ticks = time.ticks_ms()         # 呼び出された時間を調べる ②
    # 200ミリ秒以上が経過していればOK
    if time.ticks_diff(cur_ticks, prev_irq_ticks) > 200:
        print("%s is falling down" % pin)
    # 次回に備えて現在の時間を変数に保存しておく
    prev_irq_ticks = cur_ticks


p16=Pin(16, Pin.IN, Pin.PULL_UP)
p16.irq(gpio_irq_handler, trigger=Pin.IRQ_FALLING)
while True:
    pass   # 何もしない
```

①prev_irq_ticksという割り込みハンドラ関数外の変数に割り込みハンドラが呼び出された時間を保存しています[※12]。

②time.ticks_ms()からprev_irq_ticksを引いて200ミリ秒以上経過していれば、タクトスイッチが押されたと判断します。これで誤操作やチャタリングをはじくことができるわけです。

100ミリ秒ほどを開けてのポーリングだと、p16.value()を読み出していない間にスイッチが押されると、スイッチが反応しないということが起こり得ます。ユーザーにとってはスイッチの反応が悪いとなりますね。

割り込みはスイッチが押されたら必ず発生します。スイッチが無反応になるのはスイッチが押されてから200ミリ秒以内だけなので、ユーザーがスイッチの反応が悪いと感じることはまず起きないでしょう。その点でポーリングより優れています。

※12 Pythonに詳しい人ならば、標準Pythonでは関数に固有プロパティを設定でき、プロパティを関数所有のスタティックな変数として利用できることを知っているかもしれません。残念ながら、MicroPythonは関数固有のプロパティをサポートしていないので、prev_irq_ticks変数を外部変数として定義しています。もっとも、標準Pythonであっても関数プロパティを利用している例をほとんど見かけないので知っている人が少ないかもしれません。

■コンデンサを用いたチャタリングのハードウェア的な対策

ラーメンタイマーのスイッチに高速レスポンスは求められませんが、ゲームパッドのトリガーやパソコンのキーボードで200ミリ秒もの無反応時間を設定したら使い物になりません。

反応の良さが求められるスイッチでのチャタリング対策は、ハードウェア的な方法とソフトウェア的な方法を併用します。ラーメンタイマーではハードウェア的な対策は行いませんが、後々必要になるので解説します。

チャタリング防止回路に用いるのは「**コンデンサ**」という部品です。典型的なチャタリング防止回路は次のとおりです。「0.1 μF」と書かれている2本の平行線の記号がコンデンサです。

●典型的なチャタリング防止回路

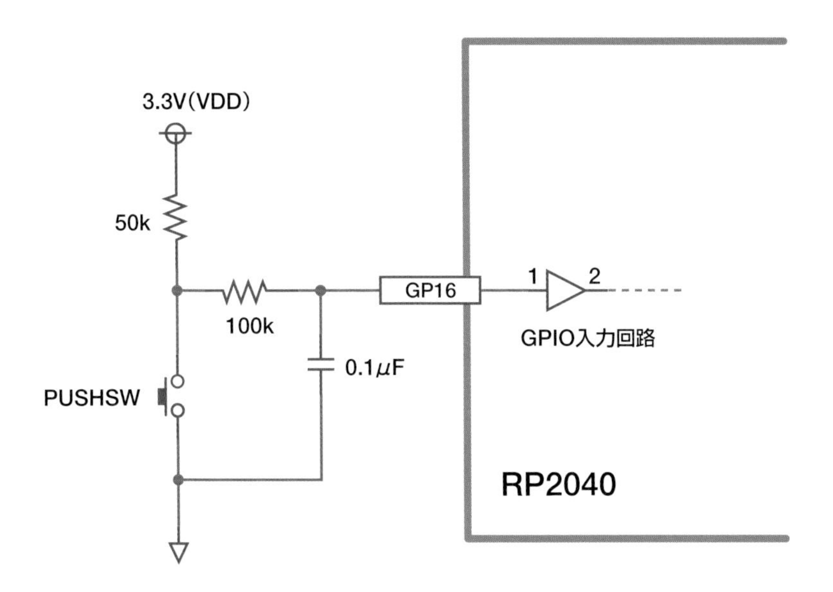

●デジタル回路でよく使うセラミックコンデンサ

●コンデンサの概念図

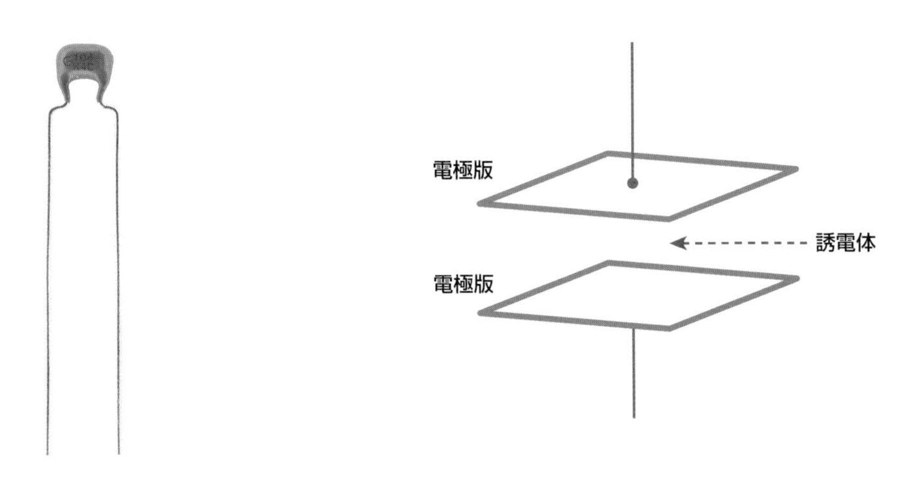

コンデンサは**電荷を蓄積する**電子部品です。単純化すると前ページの概念図のように、2枚の電極板で**誘電体**を挟み込んだものです。誘電体というのは絶縁体ですが、電気を与えると**誘電分極する**傾向を持つ絶縁体と考えてください。

このような電極板に電圧を与えると、電極板に電荷が蓄積されます。ざっくり「電気が貯まる」と考えても間違いではありません。

電気が貯まるという点では蓄電池に似ていますが、電極板に貯まる電荷は静電気のようなもので、両端をショートさせると一瞬で電極板から抜けていきます。コンデンサには電気を貯める量を示す**容量**（静電容量）があります。単位は19世紀最大の科学者マイケル・ファラデーにちなむ**ファラッド**（F）です。1ファラッドは、電極板に**1クーロンの電荷を蓄積すると1ボルトの電圧を生じる容量**と定義されています。

1ファラッドという静電容量はかなり大きく、ファラッドオーダーの容量を持つのは**電気二重層コンデンサ**のような、バッテリ的に使われる特殊なコンデンサに限られます。電子部品として一般に使われるコンデンサはせいぜいμF（マイクロファラッド、10^{-6}ファラッド）単位です。pF（ピコファラッド、10^{-12}ファラッド）のコンデンサもよく使われます[※13]。

※13 nF（ナノファラッド、$10^{-9}F$）という単位も回路図中ではよく使われますが、電子部品の表示単位としてはなぜかあまりポピュラーではなく、μFの下はpFになることが多いです。

デジタル回路でよく利用されるのは、誘電体にセラミックを用いた**セラミックコンデンサ**です。セラミックコンデンサは**極性**（端子のプラスマイナスの別）を持たず、一般に容量は1μF程度以下です。ただし、**積層セラミックコンデンサ**と呼ばれる電極とセラミックを積層した構造を持つセラミックコンデンサの一種では100μFやそれ以上の容量があるものもあります。

外付けプルアップ抵抗

チャタリング防止回路を組み込むと、内蔵プルアップ抵抗を使うことができません。そのため、3.3Vの間に50kΩの外付けプルアップ抵抗を入れています。

スイッチが押されていないとき、GP16には3.3Vの電圧がかかります。スイッチが押されると、まず0.1μFのコンデンサに蓄積された電荷が100kΩの抵抗を介してGNDに流れます（次ページの図）。

●スイッチが押されるとコンデンサの電荷が100kΩを介してGNDに流れる

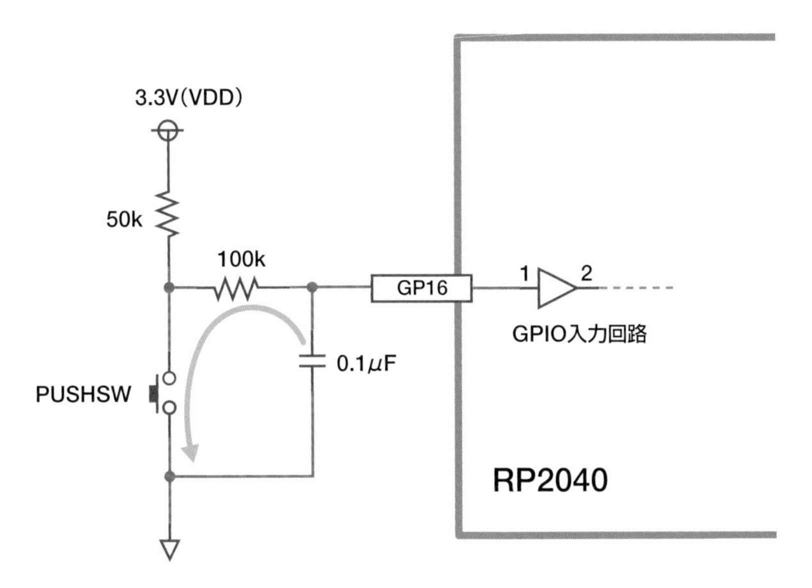

100kΩの抵抗があるため。コンデンサの両端電圧が低下するのに若干の時間がかかります（次の図）。これがチャタリング防止回路の胆です。

●コンデンサとGNDの間に100kΩの抵抗があるのでGP16の電圧が瞬時には下がらない

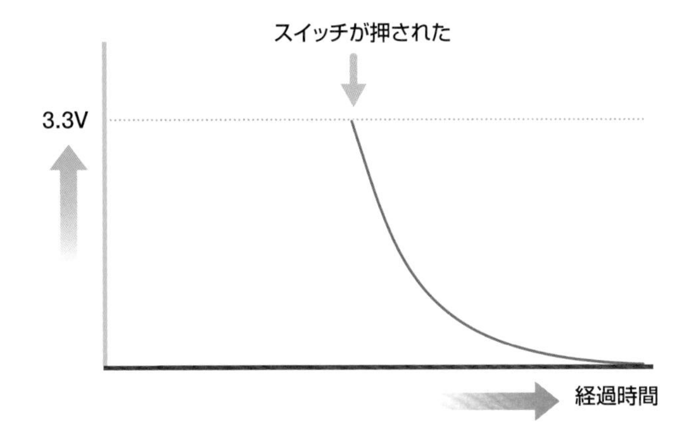

コンデンサ＋抵抗の影響でGP16の電圧がGPIOのオン・オフを区別する閾値※14にまで低下するのに少し時間がかかるわけです。その間にチャタリングでスイッチのオン・オフが繰り返されても、GP16の電圧は閾値以上を保つので、チャタリングの影響を免れることになります。

※14 デフォルトは1.8V

時定数でコンデンサと抵抗の値を求める

コンデンサと抵抗の値はどのように決めればいいのでしょうか。コンデンサと抵抗によって電圧が低下する速度を計算して決めることができるのですが、厳密に計算するのは少しややこしいので、ここでは目安を示しておくことにします。

この種の回路（CR回路）において、コンデンサの容量と抵抗の値を掛け合わせた値を**時定数**といいます。時定数は**スイッチが押された瞬間における電圧低下の接線の傾きの大きさ**に相当します。

●時定数は接線の傾きの大きさ

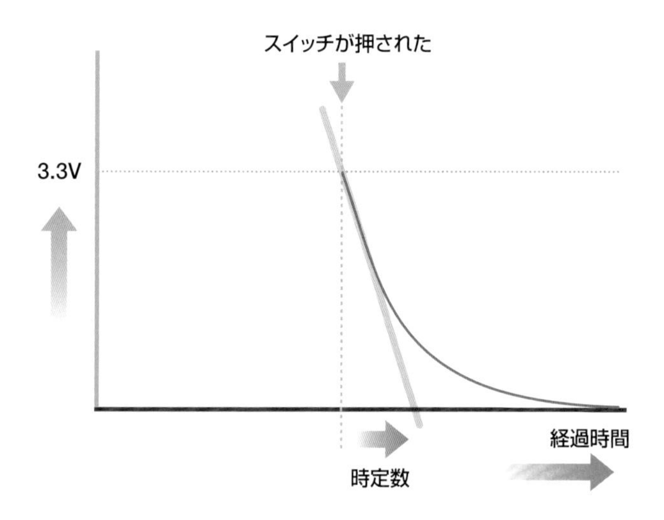

チャタリング防止用のCR回路の時定数は次の式で求められます。

$$10^{-1}\times10^{-6}F\times10^{2}\times10^{3}\Omega=10^{-2}$$

0.01ですね。時定数は時間に相当するため、単位は**秒**です。時定数だけ時間が経過してもグラフの通り電圧が0になるわけではありませんが、**時定数だけ時間が経過すると初期電圧の約37%まで電圧が低下する**とおぼえておくと抵抗とコンデンサの値を決めるときの目安になるでしょう。

ここまでの例であればスイッチを押してから10ミリ秒（0.01秒）後に電圧が約1.2Vまで低下します。RP2040はローレベルと判断する閾値が1.8V以下ですから前出のチャタリング防止回路ならば数ミリ秒程度以内に発生するチャタリングを抑止できると推定できます。

時定数を大きくする、つまり抵抗とコンデンサの値を大きくすれば、それだけ電圧の低下が遅くなり、チャタリングを抑止する効果が高くなる一方でスイッチの反応が悪くなります。ただ、コンデンサは一般に容量が大きいものほどサイズが大きくなり価格も高くなるので、部品を取り付けるスペースやコストの制約から容量を大きくするといっても限度があります。

また、チャタリング防止回路はソフトウェア的な対策と違って、いったん配線してしまうと調整が効かない、調整しづらいという欠点があります。そのためチャタリング防止回路だけで対策するのはあまり現実的ではなく、ソフトウェアと併用するのが一般的です。

GPIO割り込み版ラーメンタイマー

次のnt_with_irq.pyは、ここまで説明してきたGPIO割り込みと、チャタリング対策を組み込んだラーメンタイマーです。

●ラーメンタイマー（GPIO割り込み版）

sotech/3-2/nt_with_irq.py

```
from machine import Pin
import time

# TactSwitchクラス
class TactSwitch: ①
    PUSH = 1              # 押された
    RELEASE = 0           # 押されていない
    # コンストラクタ
    def __init__(self, pin_no):
        # Pinオブジェクトを作り割り込みを設定
        self.pin = Pin(pin_no, Pin.IN, Pin.PULL_UP)
        self.pin.irq(self.irq_handler, trigger=Pin.IRQ_FALLING)
        # インスタンス変数を初期化
        self.prev_ticks = 0
        self.state = self.RELEASE

    # 割り込みハンドラ
    def irq_handler(self, p):
        cur_ticks = time.ticks_ms()
        if time.ticks_diff(cur_ticks,self.prev_ticks) > 200:
            self.state = self.PUSH
        self.prev_ticks = cur_ticks

    # スイッチのステータスを得る関数
    def get_state(self):
        val = self.state
        # ステータスが読み出されたらstateをクリアする
        self.state = self.RELEASE
        return val

# TactSwitchのインスタンスをGPIO16で作成する
sw = TactSwitch(16)
while True:
```

```
    if sw.get_state() == TactSwitch.PUSH: # ラーメンタイマースタート
        print("Noodle Timer start!!")
        past_time = 0      # 経過時間
        start_time = time.ticks_ms() # 開始時間（ミリ秒）
        while True:
            past_time = time.ticks_diff(time.ticks_ms(), start_time)
            if past_time > (180 * 1000): # 3分経過？
                break;
            if sw.get_state() == TactSwitch.PUSH: # スイッチが押された？
                print("Time canceled")
                break

        if past_time > (180 * 1000):
            print("Noodle is ready!!")
```

①ここまでのまとめとして、GPIO割り込みを使ってタクトスイッチを扱うTactSwitchクラスを作成しました。次のようにして指定したGPIO番号のインスタンスを作成できます。

```
sw = TactSwitch(16)
```

クラスにする理由は、prev_irq_ticksのような（目障りな）グローバル変数が不要になるからです。仮に72ページのgpio_irq_test.pyのような方法で複数のスイッチを扱うと、prev_irq_ticksのようなグローバル変数をスイッチの数だけ用意しなければならなくなりソースの見通しが悪くなります。prev_irq_ticksにあたる変数をインスタンス変数にすれば、扱うスイッチの数だけインスタンスを作成するというスッキリした方法で複数のスイッチに対応できます。

TactSwitchクラスでは、get_state()メソッドがTactSwitch.PUSHを返したらget_state()メソッドが呼び出される前にタクトスイッチが押されていたと判断できる仕様にしました。TactSwitchクラスで行っていることは、ここまで説明してきたことの集大成ですから多くの説明は不要でしょう。

Thonnyの編集エリアに入力して実行ボタンを押してみてください。暫定版タイマーよりもスイッチの反応がよく、また誤動作が減っていることが実感できるはずです。

LEDを使おう

暫定版ラーメンタイマーはラーメンの完成をコンソールの文字列で知らせていますが、これではスタンドアロンで利用できないですから実用性が皆無です。実用性を持たせるためには、ラーメンの完成を別の方法で知らせる必要があるでしょう。
人の注意を引く方法としては音や光を使うというのが一般的ですが、まずは光、つまりLEDの発光を使ってラーメンの完成を知らせることにします。

オンボードLEDを使う

Picoはオンボードに LEDを搭載しています。まずはオンボードのLEDを使ってみましょう。

オンボードLEDを利用する際に注意点があります。PicoとPico Wで、接続されているGPIOが異なる点です。

PicoではRP2040のGP25にLEDが接続されています。そのためGP25を制御するだけで簡単に点灯・消灯できます。

一方、Pico WではGP25がWi-Fiモジュール用に使用されています。そこで、Pico WではWi-FiモジュールCY43439が持つGPIOにLEDが接続されています。したがって、Pico WのオンボードLEDの場合、単純にGPIOを制御するだけでは点灯・消灯を制御できません。

このように、本来はPico WでオンボードLEDを制御するにはCY43439をコントロールするという難易度の高いプログラミングが必要なのですが、幸いなことにMicroPythonがPico WとPicoのオンボードLEDの違いを吸収してくれる仕組みを提供しています。MicroPythonを使う限りPico WとPicoのオンボードLEDを同じように扱うことができます。

オンボードLEDもmachineモジュールのPinクラスが対応しています。右のようにPinクラスのインスタンスを作成します。

```
from machine import Pin
led = Pin("LED", Pin.OUT)
```

スイッチはGPIOの入力でしたが、LEDは電圧をオン・オフする出力なので、Pin.OUTで初期化します。GPIO番号の代わりに文字列「LED」を使用することで、Picoの場合はGP25が初期化され、Pico WではCY43439のGPIO0が初期化されます。

LEDの点灯はLEDのPinオブジェクトの値を1（ハイレベル）にし、消灯は0（ローレベル）にするだけです。

Pinクラスは出力に設定したGPIOに対してvalue()メソッドに変わるon()/off()メソッドを用意しています。LEDの場合はこれを用いたほうがわかりやすいかもしれません。

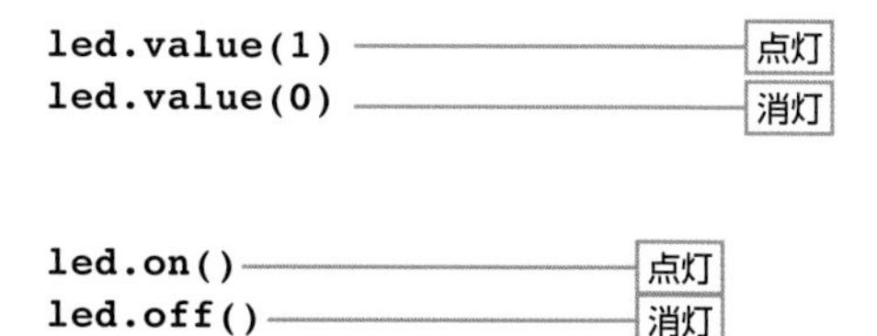

on()/off()メソッドは名前が違うだけでvalue(1)/value(0)とまったくの等価です。お好みで使い分ければいいでしょう。

■オンボードLEDで完成を通知するラーメンタイマー

次のnt_with_microled.pyはオンボードLEDを使うラーメンタイマープログラムです。

●ラーメンタイマー（オンボードLED版）

sotech/3-3/nt_with_microled.py

```
from machine import Pin
import time

class TactSwitch: ①
    <省略>

sw = TactSwitch(16)
led = Pin("LED", Pin.OUT)
while True:
    if sw.get_state() == TactSwitch.PUSH: # ラーメンタイマースタート
        print("Noodle Timer start!!")
        past_time = 0      # 経過時間
        led_time  = 200     # LED点灯時間 ②
        start_time = time.ticks_ms() # 開始時間（ミリ秒）
        while True:
            past_time = time.ticks_diff(time.ticks_ms(), start_time)
            if past_time >= led_time:
                led.value(led.value() ^ 1) ③
                led_time = past_time + 200
            if past_time > (180 * 1000): # 3分経過？
                break;
            if sw.get_state() == TactSwitch.PUSH: # スイッチが押された？
                print("Time canceled")
                break

        if past_time > (180 * 1000):
            led.on()
            print("Noodle is ready!!")
```

①TactSwitchクラスはChapter3-2で紹介したプログラムの流用です。

現状ラーメンタイマー暫定版では先述の完成を知らせる手段に加えて、タイムカウント中に動作しているかどうか外見からまったくわからないというのも問題点です。

そこで、タイマーのカウントを始めたらLEDを点滅させ、完成したらLEDを常点灯させるという仕様にしましょう。LEDが点滅している間位はラーメンが未完成というわけですね。

②点滅の速度は200ミリ秒から500ミリ秒の間にしました。200ミリ秒以下だと点滅が速すぎて常点灯と区別しづらく、500ミリ秒以上だとゆっくりしすぎて消灯か点灯のいずれかと間違いやすくなるためです。

ここまでとの違いは、**LEDの状態を反転する次の経過時間**を格納する変数led_timeを追加して、経過時間が格納されている変数past_timeがled_timeを超えているならLEDの状態を反転させている部分です。led_timeには状態を反転させた時間に200（ミリ秒）を加算した値を格納しておきます。

③Pinクラスでは出力に設定したGPIOの現在の値をvalue()メソッドで読み取れるので、現在のvalue()と1の排他的論理和を取ることでLEDの状態を反転させられます。つまり200ミリ秒おきにLEDが点滅するわけです。

```
led.value(led.value() ^ 1)
```

Thonnyの編集エリアに入力して実行してみてください。タクトスイッチを押すとLEDの点滅が始まり、3分経つとLEDが常点灯に切り替わります。

大きなLEDを使おう

オンボードLEDの制御ができたら、次は外付けLEDの制御方法を解説します。

PicoのGPIOに**5mm径赤色LED**を外付けして、それをインジケータとして使うことにします。5mm径赤色LEDはもっとも一般的に使われる安価なLEDです。

5mm径赤色LEDは各社から販売されていますが、どれも同じようなスペックです。本書ではOSR5JA5E34B[※1]を使って解説します。

※1　秋月電子通商のOSR5JA5E34B（通販コードI-12605）

●一般的な5mm径砲弾型赤色LED

■LEDの仕組みと発光させる方法

LED（Light Emitting Diode）は日本語では**発光ダイオード**と呼ばれます。**ダイオード**というのはもっとも基本的な半導体素子で、2つの端子を持ち一方向にしか電気を流さない性質を持っています。

ダイオードは**P型半導体**と**N型半導体**を接合した素子です。P型半導体は電子が不足した状態、N型半導体は電子が過剰な状態にあります。N型半導体内部には過剰な電子が自由に動く電子となって存在しています。一方、P型半導体の内部でも同様に電子が入ることができる**ホール**が自由に動く状態になって存在すると考えます。

ダイオードのP型半導体側端子に電源のプラスを、N型半導体側端子にマイナスを接続すると、P型半導体内のホールがプラスに反発してPN接合面に移動し、N型半導体内の電子もマイナスに反発してPN接合面に移動します。そしてPN接合面でホールと電子が衝突して消滅します。このプロセスが続くために電流が流れます。

●P型半導体からN型半導体の方向には接合面を超えて電流が流れる

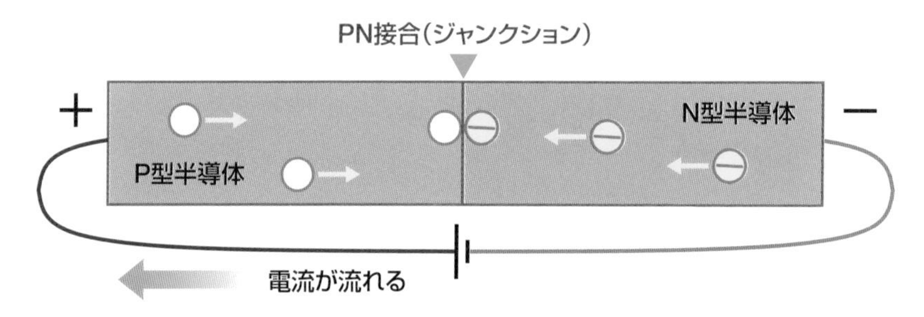

逆にP型半導体側端子にマイナスを、N型半導体側端子にプラスを接続すると、P型半導体内部のホールがマイナスに引き寄せられ、N型半導体内部の電子はプラスに引き寄せられる結果、電子とホールの移動が起きずに電流が流れません。

●N型半導体からP型半導体の方向には電流が流れない

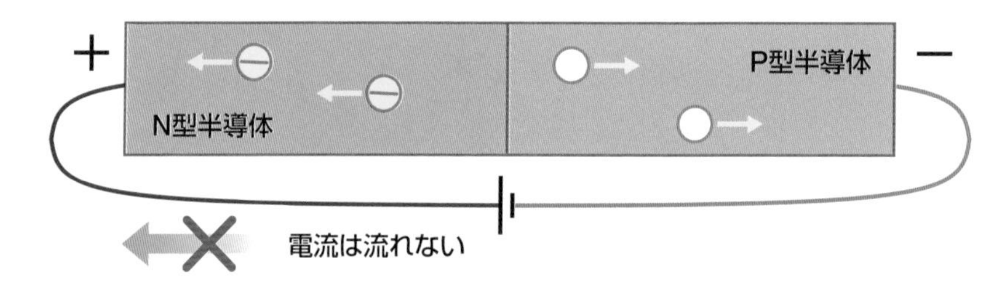

ダイオードのP型半導体側の端子を**アノード**、N型半導体側の端子を**カソード**と言います。アノード➡カソード方向のみ電気を流す導体として振る舞うため、「半分だけ導体」であるという意味を込めて**Semi-Conductor（半-導体）**と命名されているわけです。

アノード➡カソード方向を「**順方向**」といいます。次の図はダイオードの回路記号です。順方向にしか電流が流れないということを図案にしたような記号が使われています。

●ダイオードの回路記号

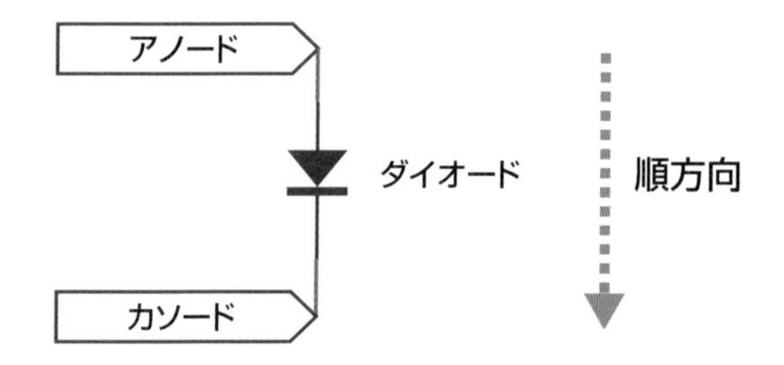

ダイオードに順方向の電流を流すと、PN接合面でホールと電子が衝突するわけですが、このときに一定のエネルギーが費やされます。PN接合面を超えるためにはエネルギーが必要という意味を込めて、**エネルギー障壁**などということあります。

エネルギー障壁は、乗り越えるために一定の勢いを付ける必要があるハードルのようなものです。発光ダイオードはハードルを超えるために費やされたエネルギーの一部が光になって外部に放出されます。

●発光ダイオードの回路記号

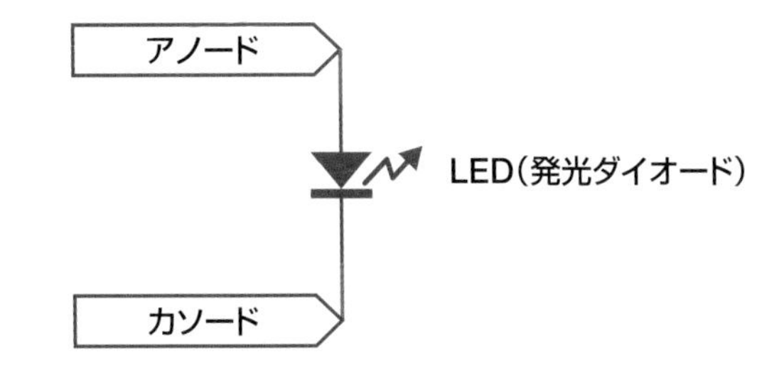

右上の図は、発光ダイオードの回路記号です。いくつかバリエーションがあるのですが、たいていは図のようにダイオードのPN接合面から光が飛び出すという様子を図案化した記号が使われます。

5mm径砲弾型赤色LEDの実物は長い端子と短い端子の2つが出ています。長いほうの端子がアノード、短いほうの端子がカソードになっています（下の写真）。

ダイオード／発光ダイオードに順方向の電流を流すと、PN接合面を超えるために費やされたエネルギー（発光ダイオードでは光になったエネルギー）が、アノードとカソードの間の電位差となって現れます。この電位差を**順方向降下電圧**といいます。

●長いほうがアノード、短いほうがカソード

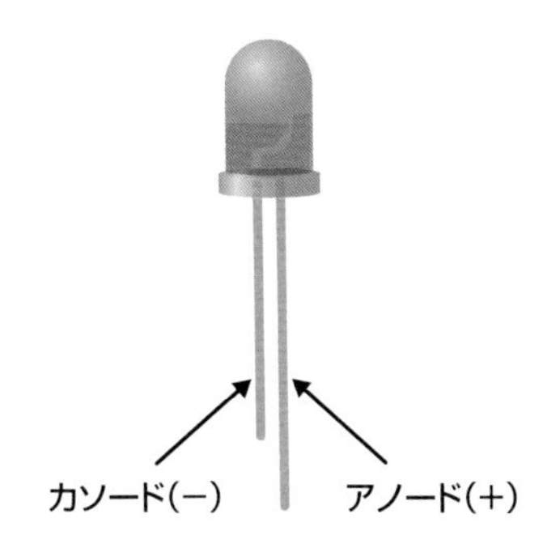

●順方向降下電圧

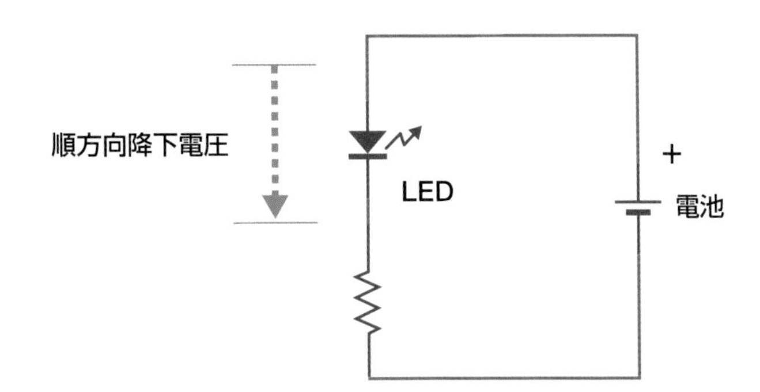

順方向降下電圧は、ダイオード／発光ダイオードに流れる電流を大きくしてもあまり変わらずおおむね一定である一方、温度が高くなると小さくなるという性質があります。

一般的な小信号用シリコンダイオードの順方向降下電圧は室温で約0.6Vです。一方、本節の主役である発光ダイオードは、PN接合で費やされるエネルギーを光に変えるために、光になった分だけ順方向降下電圧が普通のダイオードより大きいという特徴があります。

半導体温度センサー

余談ですが、半導体を使った温度センサーは、PN接合の順方向降下電圧と温度の逆比例関係を利用しています。パソコンのCPUでオーバークロックを行う際にCPUの温度が取り沙汰されますが、その際に使われている**ジャンクション温度**という用語は、まさにPN接合（ジャンクション）の温度のことです。CPUに組み込まれている温度センサーもまた、PN接合の順方向降下電圧を使っています。

■ LEDを保護する抵抗の設置

発光ダイオードの順方向降下電圧は発光ダイオードの品種によって異なります。一般に輝度が高いほど順方向降下電圧が高くなり、また発光色によっても変わります。5mm径砲弾型赤色LEDの場合は、標準の輝度で使用したとき2V強というスペックが一般的です。

ダイオード／発光ダイオードは両端の電圧が順方向降下電圧以下ならば電流が流れず、順方向降下電圧を超えると導体のようにほとんど際限なく、壊れる（焼け飛ぶ）まで電流が流れる性質を持っています。ここが、豆電球などとの大きな違いと考えてください。

●ダイオード／発光ダイオードは両端電圧が順方向降下電圧を超えるまで電流が流れず、超えるとほとんど導体のように振る舞う

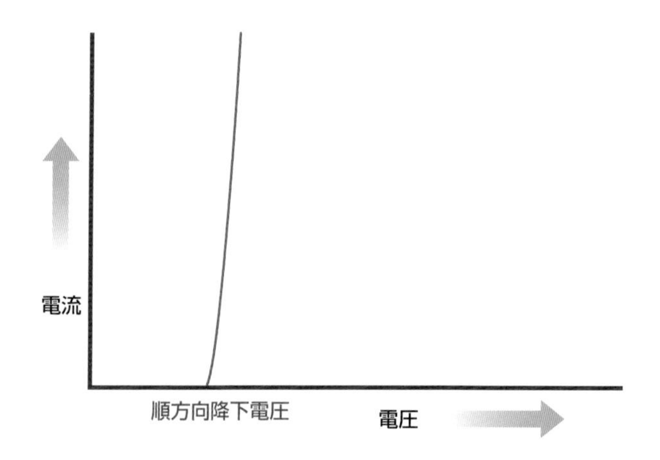

豆電球にはフィラメントの抵抗があります。フィラメントで消費された電力の一部が光に変わるために単純な線形の特性ではないものの、電圧におおむね比例した電流が流れる点は抵抗と同じです。

一方、発光ダイオードはそれとは異なり両端電圧が順方向降下電圧を超えるとほとんど無制限に電流が流れて焼け飛び壊れてしまうのです。

このため、発光ダイオードでは電流を制限するものを外付けする必要があります。もっとも一般的なのは抵抗を使う方法※2で、これを**電流制限抵抗**と言います。

※2 その他、抵抗の代わりにアマチュアの工作では定電流ダイオードという部品が使われる例が多いようです。定電流ダイオードはやや珍しい部品で、日本では石塚電子（SEMITEC）が生産しています（なので日本では入手しやすい）。FETのドレイン遮断電流はドレイン-ソース間電圧によらずおおむね一定という性質を利用した素子で、内部は接合型FETと同じです。一定と言ってもドレイン遮断電流は温度によって変化し、電流を継続的に流すと温度が上がり電流が低下していきます。多くの場合、電流制限抵抗よりも電流変化が大きくなると思ったほうがいいでしょう。

電流制限抵抗の計算方法はごく簡単です。ここで使う5mm径砲弾型赤色LEDに流せる電流の最大定格（超えると壊れる電流）が30mAで、通常は15～20mA程度の範囲で利用します。LEDの輝度は電流におおむね比例するので、明るく使いたいなら20mA程度、普通の輝度で使いたいなら15mA、暗くていいなら10mA程度とざっくり考えておけばいいでしょう。

順方向降下電圧を2.1V、電源電圧を3.3Vとすると次の図のようになります。

●電流制限抵抗の計算方法

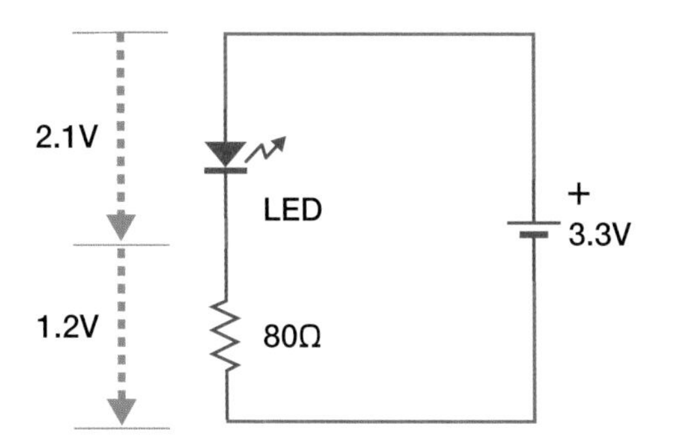

LEDには標準的な15mAを流すことにしましょう。LEDで2.1Vが費やされるので、抵抗の両端電圧は3.3－2.1＝1.2Vになります。

オームの法則から、抵抗の値が求められます。

$$\frac{1.2}{0.015} = 80\Omega$$

80Ωという抵抗は手に入りにくいので、近い抵抗を使います。安全に使いたいなら100Ω、明るめで使いたいなら50Ωあたりでいいでしょう。50Ωだと24mAの電流が流れるのでかなり明るくなります。最大定格に近づくもののまず壊れることはありません。

Picoの電源の仕組み

マイコンのGPIOからは、無制限に電流を引き出せるわけではありません。Pico（RP2040）の初期状態では、1つの**GPIOの電流供給能力が4mAに設定**されています。ごく小さなLEDならともかく、5mm径クラスのLEDを点灯させるのは到底無理です。そのため、本書ではトランジスタを介してLEDを駆動する方法を解説します。トランジスタについては88ページで後述します。

ここではPicoの電源の仕組みについて解説します。Picoでは35～40番ピンに電源関連の端子がまとめられています。ADC_VREFはアナログデジタル変換器の基準電圧で、ここでは取り上げません。電源関連として使用するのは「VBUS端子」（40番ピン）、「VSYS端子」（39番ピン）、「3V3_EN」（37番ピン）、「3V3(OUT)」（36番ピン）です。

●Picoの電源関連端子

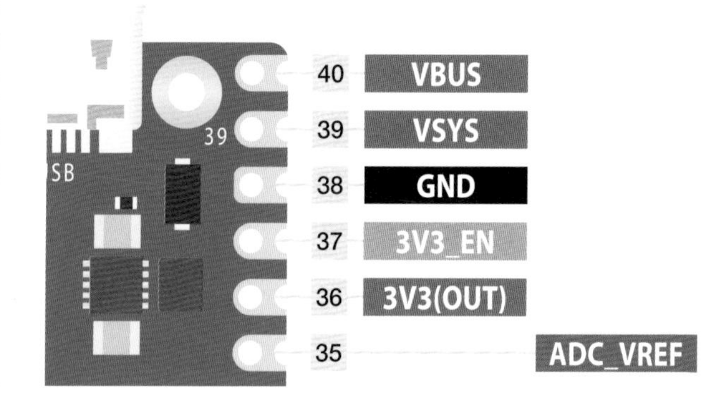

VBUS端子（40番ピン）

USBポートのバスパワーラインに接続されている端子で、USBハブやPCなどUBホストにPicoを接続している状態ではバスパワーの+5VをVBUS端子から得ることができます。VBUSから取れる電流の最大値はUSBホストに依存します。

USBハブなどにPicoをつないで使う前提ならば、VBUS端子を+5Vの電源として使うことができます。しかし、バッテリやACアダプタにつないでスタンドアロンで使う前提ならばVBUS端子を電源として使うことはできません。

VSYS端子（39番ピン）

USBポートからの給電ではなく、ACアダプタやバッテリでPicoを駆動する際の電源端子です。仕様では1.8～5.5Vまでの幅広い電圧を電源としてVSYS端子に接続することができます。

Picoはオンボードに昇圧・降圧コンバータを搭載していて、VSYSから供給された電圧を3.3Vに変換しRP2040に供給しています。なので、VSYSに接続する電源電圧に関わらず、I/O電圧等は3.3Vになっています。

なお、USBポートにUSBホストを接続しているときには、VSYS端子からVBUS端子よりやや低い約4.5Vが出力されていますが、電源としては使用できません。

3V3_EN（37番ピン）

オンボードの昇圧・降圧コンバータを制御する端子で、3V3_ENをGNDに接続すると昇圧・降圧コンバータが無効になります。標準（3V3_ENオープン）では昇圧・降圧コンバータが機能します。3V3_ENをGNDに接続して昇圧・降圧コンバータを無効にした場合、VSYS端子に3.3Vの外部電源を接続する必要があります。

3V3(OUT)（36番ピン）

オンボード昇圧・降圧コンバータの3.3V出力につながっている端子で、外部回路の電源用です。Picoの仕様では、300mA以内の3.3V電源として周辺回路で利用できるとされています。

LEDの電源として一般的に使えるのは3V3（36番ピン）です。USBハブなどにPicoをつないで使うことがわかっているなら、VBUS端子を電流が取れる+5V電源として使えるでしょう。

VSYS端子は接続する電源によって電圧が異なりますが、VSYS端子に接続する電源電圧がわかっている場合は電流が取れる電源として利用できます。

NOTE

GPIOの電流供給能力

本文で述べているように、PicoにおけるGPIOの電流供給能力は4mAに設定されています。4mAを超える電流を流すとハイレベル時3.3Vを維持できなくなり電圧が低下していきます。
ただし、Pico（RP2040）では端子（RP2040ではPADと呼ぶ）にプログラム可能な回路が組み込まれていて、GPIOの電流供給能力もプログラムにより変更可能です。次の図は公式マニュアル「RP2040 Datasheet」の240ページに掲載されているI/O PADの構成図です。

●RP2040のI/O PADの構成図

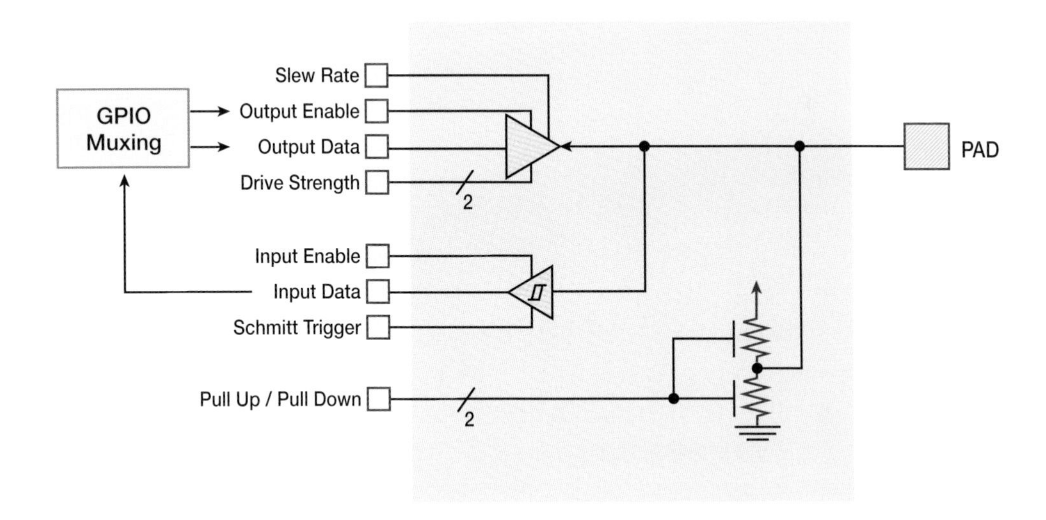

I/O PAD回路には、すでに本文で解説した内部プルアップダウンのほか、入力回路はシュミットトリガ（※ハイレベルとローレベルでしきい値が異なる回路のこと）が、出力ではスリューレート（信号の立ち上がり時間）と電流供給能力（Drive Strength）がプログラムできるよう設計されています。
電流供給能力はアドレス0x4001C000から割当られているPADコントロールレジスタ（ Pad Control register）を通じてI/O PADごとに設定が行えます。図にあるとおり電流供給能力は2ビット、つまり4通りの設定が可能で、具体的には2mA、4mA、8mA、12mAの設定をサポートします（詳細はRP2040 Datasheetの300ページ「PADS_BANK0: GPIO0, GPIO1, …, GPIO28, GPIO29 Registers」を参照）。PADコントロールレジスタを使って設定を変えても最大12mAですから5mm直径のLEDを点灯させるにはやや能力不足でしょう。

なお、本文でも触れているように電流供給能力を超えても壊れるわけではなく、電圧の維持ができなくなるだけです。GPIOから取り出せる電流の上限はI/O電源（IOVDD）の電流供給能力によって決まり**最大50mA**とされます。全GPIOの合計電流が50mAを超えると壊れる可能性もある（※保護回路があるので即壊れることはありませんが）ので十分に注意が必要です。

NPN型トランジスタでLEDのオン・オフを制御する

LEDを小さい電流でオン・オフするもっとも一般的な方法は**トランジスタ**の利用です。ここではもっともベーシックな**バイポーラトランジスタ**を利用する方法を説明していきます。

バイポーラトランジスタには**NPN型**と**PNP型**という2つの極性があります。この2つは電源の方向によって使い分けることができます。ここではNPN型を利用します。

トランジスタは3つの端子を持つ素子です。

●一般的な小信号用トランジスタ

NPN型はN型半導体とP型半導体がN-P-Nの形で接合され、それぞれから端子が引き出されています。次ページの図のように、上から順にコレクタ（Collector：C)、ベース（Base：B)、エミッタ（Emitter：E）という名称が付けられていて、通常「C」「B」「E」という略号が使われます。

トランジスタは**ベース―エミッタ間の電流でコレクタ―エミッタ間の電流を制御できる**という性質を持っています。ベース―エミッタ間はPN接合なので、順方向に電流が流れます。トランジスタではコレクタ―エミッタ間に流れる電流の大きさが、ベース―エミッタ間の電流の大きさの**直流電流増幅率（hFE）**倍になります。

●トランジスタは3つの端子を持つ

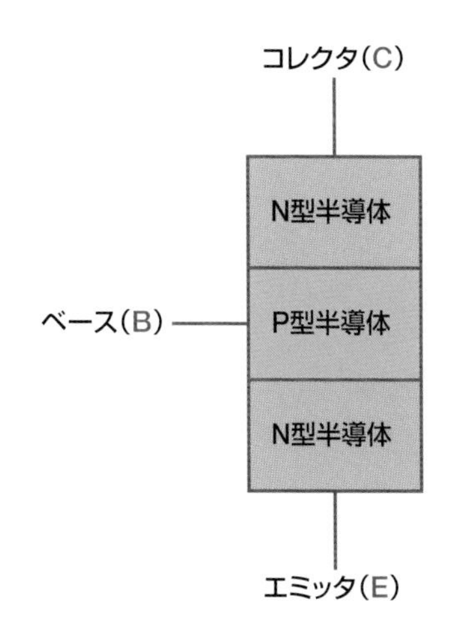

●ベース電流とコレクタ電流の関係

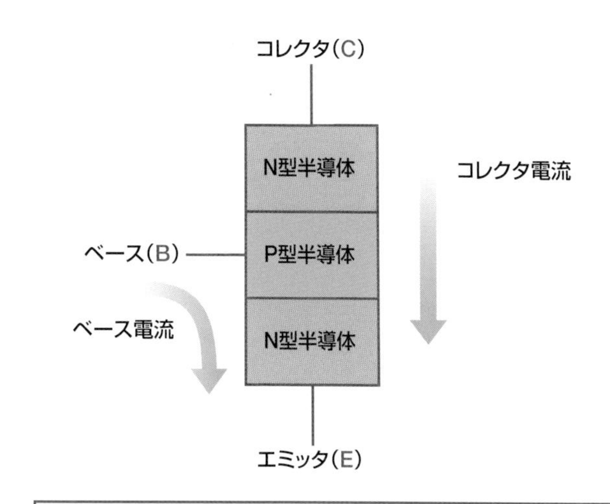

コレクタ電流 = ベース電流 × hFE (直流電流増幅率)

hFEはトランジスタが持つパラメータの1つで、品種によって変わります。同じ品種でも製造上のばらつきがかなり大きく、後で利用する**2SC1815-GR**のhFEは200～400という値が公表されています。2SC1815-GRの場合、コレクタ電流をわずか200～400分の1のベース電流で制御できるということになります。15mAの電流を必要とするLEDをコレクタに接続するなら、LEDのオン・オフをわずか0.075mA～0.0375mAの電流でオン・オフできるのです。この程度ならGPIOから引き出せる電流の上限を気にする必要はありませんね。

これを「トランジスタの増幅作用」といいます。トランジスタの増幅作用とは、小さな電流で大きな電流を制御することにより、小さな電流変化が大きな電流変化に変換されたことを指しています。

NOTE **真空管**

トランジスタの発明により世界は大きく変化しました。増幅作用を持つ素子としてはトランジスタ以前に**真空管**があったのですが、真空管はトランジスタに比べるととても大きいので、複雑な回路を作成するのは大変な困難とコストが必要でした。現在ではCPUのような大規模なLSIになると、1つのLSIに数十億という気が遠くなるほどの数のトランジスタが集積されています。ちなみに、現在のLSIに使われているトランジスタはMOS型のFETです。FETは電圧で電流を制御する素子である点がバイポーラトランジスタとは異なります。

■ トランジスタでLEDを制御しよう

次の図はNPN型トランジスタの回路記号です。円は省略されることもあります。

●トランジスタの回路記号

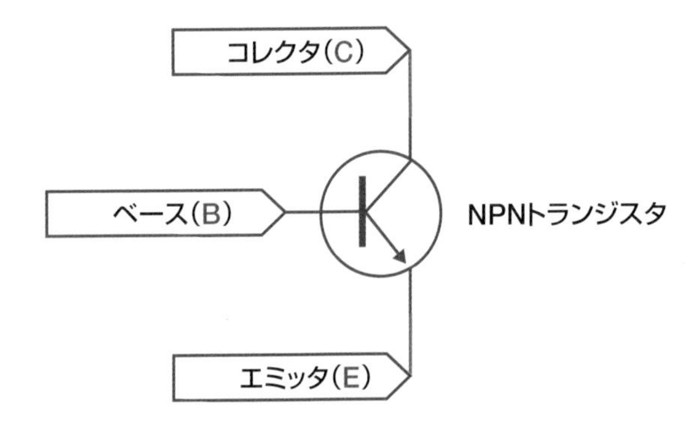

本書ではNPN型トランジスタの2SC1815-GRを使用します。末尾のGRは**hFEランク**を示しています。型番は2SC1815の部分です。hFEは製造時のばらつきが非常に大きいため、製造後にhFEを測定して、ランクに定められた範囲のhFEに仕分けして出荷されています。2SC1815のGRランクのhFEが200～400というわけです。

本書ではGRランクを使用するため、できれば2SC1815-GRを手に入れておいてください[※3]。Yランク（hFET=120～240）やBLランク（hFE=350～700）だと計算が変わってきます。これらを入手した場合は計算を変えて使う必要があります。

※3　秋月電子通商の通販コードI-17089など

2SC1815は東芝（現在の東芝デバイス＆ストレージ[※4]）が開発した小信号用バイポーラトランジスタです。東芝は製造をやめていますが[※5]、台湾のUNISONIC TECHNOLOGIESや中国のJCET Groupがセカンドソース[※6]を製造しているため、現在でも日本では入手が容易なトランジスタの1つになっています[※7]。

※4　東芝の半導体というとフラッシュメモリを手掛けるキオクシアを思い浮かべる人も多いと思いますが、キオクシアとして分離したのはフラッシュメモリ関連部門のみです。ディスクリート部品やメモリ関連を除くIC/LSI製品は東芝の子会社である東芝デバイス＆ストレージが手掛けています。

※5　東芝製2SC1815は、2010年代半ばに新規設計への使用が非推奨になったので、2010年代のいずれかの時期に生産を終了したようです（正確な年月は不明）。2SC1815のような端子の足が出ているタイプの部品はスルーホール基板向けですが、現在の電子製品は表面実装型の部品が主流になっているためにスルーホール向けの部品は東芝に限らず生産を終える傾向にあります。ちなみに、現在も東芝デバイス＆ストレージは、型番こそ違いますが2SC1815相当の特性を持つ表面実装型トランジスタの生産を行っています。

※6 セカンドソースとは、開発元メーカー（ここでは東芝）から製造ライセンスを得て生産している製品のことです。中国には製造ライセンスを得ずに製造している（平たく言うと）偽物も存在しますが、そうした部品は特性に互換性がなかったりするので注意が必要です（かくいう筆者もAliexpressで偽Power MOS-FETを掴まされたことがあります）。AmazonやAliexpressなど一部のネットショップで偽物部品が普通に売られています。これらは避けて、素性のわかるセカンドソース品を手に入れましょう。

※7 東芝製2SC1815も記事執筆時点では流通在庫があるようで入手可能です。徐々に在庫が減ってきているようで価格も上がっていますから東芝製をあえて手に入れる利点はあまりないでしょう。

2SC1815は、TO-92型と呼ばれるプラスティックモールドされた本体から3本の足が生えた部品です。ピンの割り当ては、平らな面を正面にして**左からエミッタ、コレクタ、ベース**です。

●2SC1815のピン割り当て

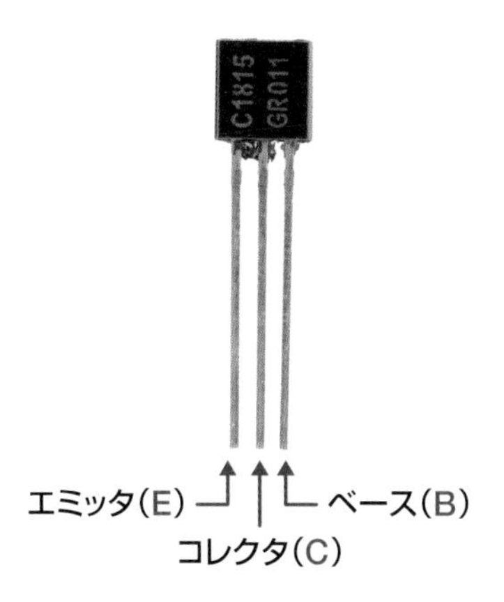

2SC1815に限らず日本製ディスクリート（単体部品）タイプのバイポーラトランジスタのピンの並びは、左からエミッタ、コレクタ、ベースが半ばデファクトスタンダードになっています。ただし、日本製でも例外があるほか、海外メーカー製のバイポーラトランジスタはピンの順番が異なります。使用の際はデータシートを参照してください。

バイポーラトランジスタでLEDをオン・オフする方法はいくつかありますが、正攻法としてコレクタでドライブする方法を解説します。次ページの図は回路図です。

●LEDをトランジスタで制御する回路例

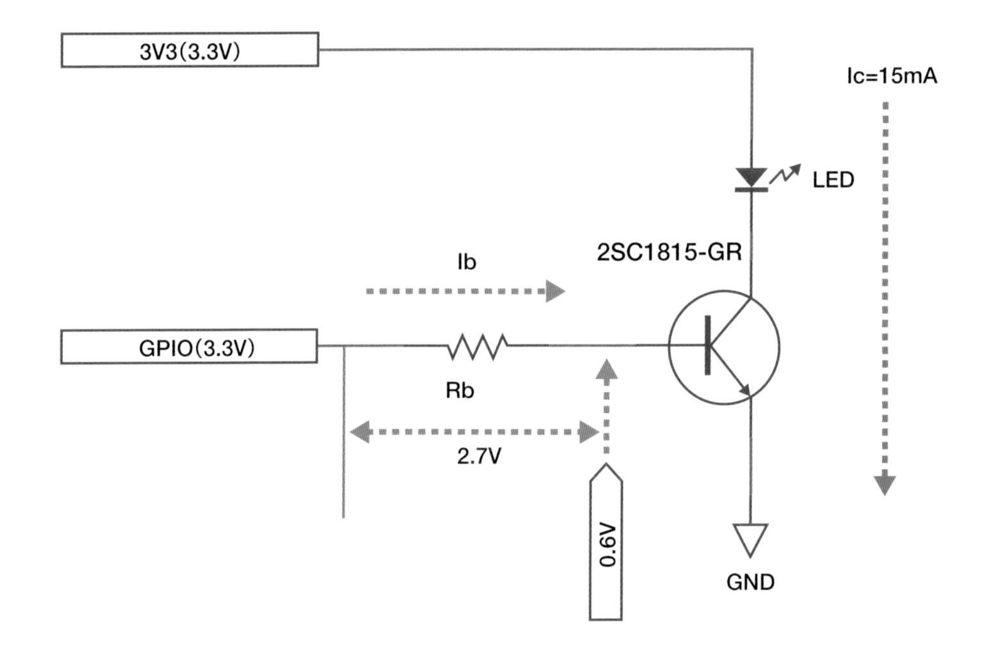

LEDをオン・オフさせるPicoのGPIOをベースに接続し、エミッタをGNDに、そしてコレクタにLEDを入れます。GPIOがオンになるとベース電流が流れ、それに応じてコレクタ電流が流れるのでLEDが点灯するという仕組みです。

ポイントはGPIOとベースの間に入れる抵抗Rbです。

Rbの値を計算するのは簡単です。NPN型トランジスタのB-E間はPN接合で、小信号用ダイオードのそれと同じです。よって、B-E間の順方向降下電圧は（室温で）約0.6Vですから、ベース電圧はGNDに対して0.6Vと一意に決まります。GPIOがオンになると3.3Vが出力されるので、ベース抵抗Rbの両端には3.3－0.6＝2.7Vの電圧がかかるわけです。

コレクタ電流はLEDが標準的な明るさになる15mAを目標にします。2SC1815-GRのhFEは仮にGRランクの中央である300としておきます。すると、ベース電流Ibは15mA÷300＝0.05mAにすればいいことが計算できますね。

オームの法則から抵抗＝電圧÷電流で、Rbの両端電圧が2.7V、電流が0.05mAなので次の式で54kΩと求まります。

$$Rb = \frac{2.7V}{0.05 \times 10^{-3}A} = 54 \times 10^{3}\Omega$$

54kΩの抵抗は入手しづらいので、51kΩで代用することにしましょう。するとコレクタ電流Icは次の式で求まります。

$$Ic = \frac{2.7V}{51 \times 10^3 \Omega} \times 200 \sim 400(hFE) \fallingdotseq 10.6 \sim 21.2 \times 10^{-3}A$$

GRランクのhFEのばらつきの範囲内で約10mA強から21mA強の範囲のコレクタ電流ですから、LEDが点灯し、なおかつLEDが壊れる最大定格を超えない電流が得られると確認できました。ベース抵抗Rbは51kΩで問題ありません。

■5mm径赤色LEDの配線を行ってテストしよう

5mm径赤色LEDを使いましょう。配線のしやすさを優先して、**GP15**に2SC1815-GRのベース抵抗を接続することにしました。

●トランジスタとLEDの配線例

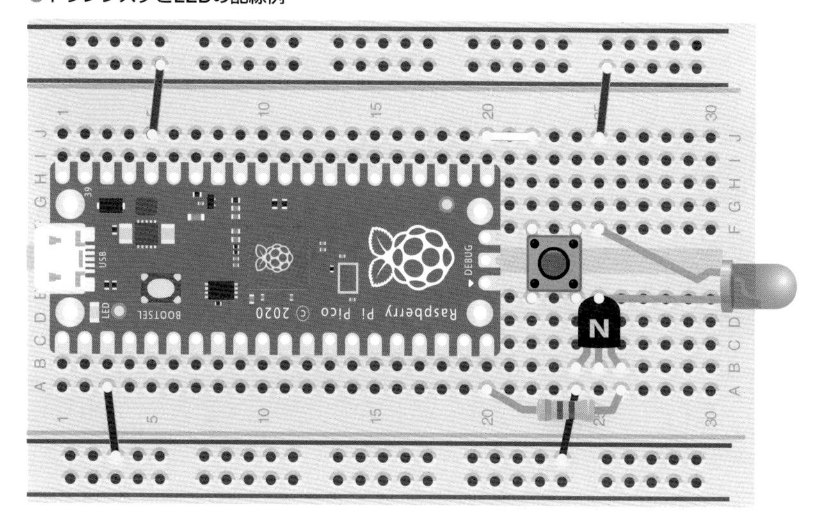

必要な部品を次の表に示します。

●部品表

部品名	数量	入手先
5mm径砲弾型赤色LED（OSR5JA5E34Bなど）	1個	秋月電子通商I-12605
1/4Wカーボン抵抗 51kΩ	1個	任意
トランジスタ2SC1815GR	1個	秋月電子通商I-17089
タクトスイッチ	1個	任意

トランジスタやLEDの端子の極性に注意して配線を行ってください。

80ページのオンボードLEDの制御に用いたプログラム（nt_with_microled.py）の「led = Pin("LED", Pin.

OUT)」となっている行を「led = Pin(15, Pin.OUT)」と変更します。

```
led = Pin("LED", Pin.OUT)
 ↓
led = Pin(15, Pin.OUT)
```

これでledにGP15のPinオブジェクトが作成され、5mm径赤色LEDがインジケータになります。オンボードのLEDよりかなり目立つので、ラーメンタイマーとしての実用性が向上することが確認できるでしょう。

●ラーメンタイマー（外付けLED版）

sotech/3-3/nt_with_led.py

```
from machine import Pin
import time

class TactSwitch:
    <省略>

sw = TactSwitch(16)
led = Pin("15", Pin.OUT)
while True:
    if sw.get_state() == TactSwitch.PUSH: # ラーメンタイマースタート
        print("Noodle Timer start!!")
        past_time = 0      # 経過時間
        led_time  = 200      # LED点灯時間
        start_time = time.ticks_ms() # 開始時間（ミリ秒）
        while True:
            past_time = time.ticks_diff(time.ticks_ms(), start_time)
            if past_time >= led_time:
                led.value(led.value() ^ 1)
                led_time = past_time + 200
            if past_time > (180 * 1000): # 3分経過？
                break;
            if sw.get_state() == TactSwitch.PUSH: # スイッチが押された？
                print("Time canceled")
                break

        if past_time > (180 * 1000):
            led.on()
            print("Noodle is ready!!")
```

トランジスタの絶対最大定格

トランジスタなどの電子部品のデータシートにはたいてい**絶対最大定格**（Maximum Absolute Ratings）が掲載されています。絶対最大定格は**一瞬でも超えてはならない定格**なので、回路設計時に十分な注意を払う必要があります。
例として東芝製2SC1815の絶対最大定格を掲載します。

●2SC1815の絶対最大定格（東芝のデータシートより）

項 目	記 号	定 格	単 位
コレクタ・ベース間電圧	V_{CBO}	60	V
コレクタ・エミッタ間電圧	V_{CEO}	50	V
エミッタ・ベース間電圧	V_{EBO}	5	V
コレクタ電流	I_C	150	mA
ベース電流	I_B	50	mA
コレクタ損失	P_C	400	mW
接合温度	T_j	125	℃
保存温度	T_{stg}	−55 ～ 125	℃

※絶対最大定格（Ta＝25℃）

コレクタ・ベース間電圧など各電圧は、端子間の電圧がそれを超えてはならないという値です。コレクタ電流やベース電流も同様に超えてはならない電流値を意味しています。
コレクタ損失は、**コレクタ・エミッタ間電圧×コレクタ電流**で計算できる電力のことです。たとえば、コレクタ電流100mAは絶対最大定格以内ですが、コレクタ・エミッタ間電圧が5Vならばコレクタ損失が500mWになりますから、絶対最大定格を超えてトランジスタは壊れます。
筆者は子供の頃から電子工作を趣味にしていたので数多くのトランジスタを壊してきました。絶対最大定格を少し超える程度なら外見上の変化はなく単にトランジスタとして機能しなくなるだけです。しかし、大きく定格を超えるとプラスティックモールドが割れ、さらに超えていると煙が出て、さらに大きく超えていると火花や火が出ます。
トランジスタが壊れる原因の多くは配線ミスや作業ミスです。また、回路の動作上の思い違いや検討の浅さによって壊すこともまれにあります。プラスティックモールドが割れると、そこそこ大きな音がしますから、驚くかもしれません。
次章の3桁7セグメントLEDの作例では、計算上のコレクタ電流が140mAですから2SC1815を使えるかもしれないと思うかもしれません。しかし電子部品、特に半導体などの能動素子には製造上のばらつきがあり、電流や電圧が計算通りになることはむしろまれなのです。なので、絶対最大定格に対して十分な余裕を持たせる必要があります。

ダイオードの語源と真空管

「**ダイオード**（diode）」はギリシア語で１本道を意味する「diodos」が語源です。「**アノード**（Anode）」はギリシア語の道の「上り口」、「**カソード**（Cathode）」は同じく「下り口」の意味で、電子工学だけでなく化学の電気分解などでも使われている語ですね。日本語ではカソードに「**陰極**」、アノードに「**陽極**」という訳語を当てるのが一般的でしょう。

イギリスの物理学者ウィリアム・ヘンリー・エクルズが、真空管の二極管を指すためにギリシア語のdiodosと電極を意味する英単語「electrode」をかけあわせダイオードという造語を使ったのが始まりと言われています。

二極管は、ヒーターによって熱せられるカソード電極と、アノード電極（真空管ではプレート：plateとも言います）を真空の管に封じ込めた素子です。ヒーターを点火するとマイナスの電荷を持つ熱電子が放出されアノード電極に捉えられます。結果、電子流がアノード➡カソードに流れ、電流はアノード➡カソードに流れます。カソードからアノード方向に電流が流れることはないので、半導体のダイオードと（ほぼ）同じように一方方向にしか電流が流れません。

二極管に続いてアメリカの技術者リー・ド・フォレストが、アノードとカソードの間に制御電極「Control Grid」（または単に「Grid」）を挿入し3つの端子を持つ三極管を発明しました。三極管は「3つの電極」を意味する「triode」と言いますが、半導体では（なぜか）triodeという語は使われません。

筆者の推測ですが、理由は三極管とバイポーラトランジスタやFETの動作がやや異なるからでしょう。三極管はグリッド端子の電位によってアノード➡カソード間の電子流を制御できる素子です。バイポーラトランジスタがベース電流でコレクタ電流を制御できたり、ゲート端子の電圧でドレイン電流を制御できるFETと、三極管はよく似ている素子とも言えます。

ただ、三極管はプレート電圧とプレート電流が相互に変化して抵抗のような性質を持つ点が、バイポーラトランジスタやFETとは大きく異なります。バイポーラトランジスタのコレクタ電流やFETのドレイン電流は、陽極（コレクタやドレイン）電圧が変化してもわずかにしか変化せず、陽極電流がベース電流やゲート電圧でほぼ一意に決まるので、その点が三極管とは異なります。

バイポーラトランジスタやFETは電圧の変化ΔEに対して電流の変化ΔIが極めて小さい、つまり$\Delta E \div \Delta I$がとても大きいので極めて大きい抵抗として振る舞うと見ることができます。一方、三極管は$\Delta E \div \Delta I$が有意に小さな値を持つので、バイポーラトランジスタやFETに比べると少し考えるべきことが多くなるというのが主な違いです。

三極管においてプレート電流がプレート電圧に左右される理由はプレート電圧が低下することで電子流速が低下するためです。この性質により三極管を利用した増幅回路はあまり大きな増幅率が得られませんが、プレート電流とプレート電圧が一種の自己フィードバック制御の関係性を持つために直線性が良い（歪が小さい）という面を持っています。

より増幅率を高めるため、真空管時代には三極管に続いて電子流を加速させる電極を持つ四極管（tetrode）や五極管（pentode）が発明されました。四極／五極管ではスクリーングリッドと呼ばれる加速電極に陽極電圧に近い電圧を与えることで、プレート電流の変化が小さくなりバイポーラトランジスタやFETに似た性質、つまり$\Delta E \div \Delta I$がとても大きくなります。

バイポーラトランジスタやFETは真空管で言えば四極／五極管に近い素子ですが、3つしか端子がないため4を意味するtetraや5を意味するpentaの接頭辞を持つ名称は引き継げません。かといってtriodeとは違うということでtriodeという語が半導体には受け継がれなかったのでしょう。

余談を続けると、故西澤潤一東北大学名誉教授が1950年代に発明した静電誘導型トランジスタ（Static Induction Transistor：SIT、日本ではソニーによりVertical FET：V-FETという名称が用いられた過去もあります）は三極管に非常によく似た性質を持っています。SITが半導体版のtriodeといってもいいかもしれません。

1970年ごろにSITが量産され当時は希少な大電力を扱うことができる半導体のひとつとして、もてはやされたようです。動作が極めて高速でゲート容量が小さいといった特徴があり、オーディオや高周波電力増幅の用途に利用されました。

ただ、SITはゲート電極が絶縁されていないため大きめのゲート漏れ電流が流れるなどMOS型FETよりも扱いにくい部分があります。日立製作所によって1970年代に開発された大電力用のパワーMOS-FETは、当初ゲート容量が大きく動作速度に限界があることが欠点でしたが、その性能が向上し現在はSITに目立ったメリットが無くなっています。そのため現在ではSITの開発や生産は行われていません。

カップ麺の完成を音で知らせよう

音には「視界に入らない相手に情報を伝えられる」という特性があります。カップ麺の完成を音で知らせることができれば、目を離していても完成がわかります。ここでは電子ブザーを使ったラーメンタイマーを作成します。

電子ブザーを使う

LEDの点灯だけだとカップ麺の完成に気づかない恐れがあります。完成したら音も鳴らしたいですよね。

Picoで音を鳴らす方法にもいろいろあるのですが、ここではもっとも簡単なGPIOにつなぐだけで音が出る**電子ブザー**を使うことにします。

電子ブザーは内部にブザー回路が組み込まれていて、電源端子に3～12Vの電圧を与えることでピーという音が鳴るブザーです。ごく小さな電流しか流れないので、GPIOにつなぐことができます。

●電子ブザー

ここでは秋月電子通商で販売されている「PB04-SE12HPR」[※1]を使うことにします。

※1　秋月電子通商通販コードP-04497

接続は簡単で、電子ブザーの＋端子を適当なGPIOに、もう一方の端子をGNDに接続するだけです。ここでは**GP14**（19番ピン）に電子ブザーを取り付けることにしましょう。ブレッドボード上に取り付けてもいいですし、ジャンパワイヤを引き出してGP15に電子ブザーを接続してもいいでしょう。

●電子ブザーの接続例

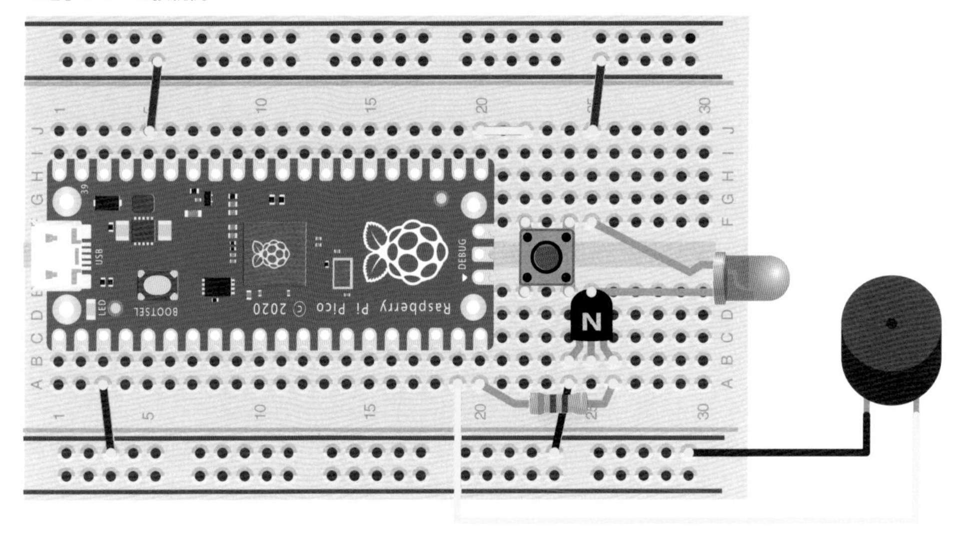

配線図のように接続すれば、GP14をハイレベルにするだけでピーという音が出るのですが、問題はPB04-SE12HPRのデータシートで10mAの電流供給能力を要求している点です。PicoのGPIOはデフォルトで4mAの電流供給能力しかありません。

結果から言うと、デフォルトの4mAでもいちおうPB04-SE12HPRは鳴動します。いまひとつ不安定な感じですが、特に設定を変えなくてもいいかもしれません。しかし、設定可能な最大の電流供給能力12mAに切り替えると、さらに安定した感じで鳴動するようになります。

MicroPythonでは、一部のマイコン向けのPinクラスにGPIOの電流供給能力を変更する機能が実装されています。しかし、原稿執筆時点でPico／Pico W向けのMicroPythonでは電流供給能力の変更がサポートされていません。そのため、PicoでGPIOの電流供給能力を変更するには**ハードウェアレジスタ**を通じてGPIOのハードウェアを直接的に制御する必要があります。

ハードウェアレジスタとは、ペリフェラルの窓口のようなものです。GPIOを始めとする各種インタフェースを、CPUからハードウェアレジスタを通じて制御します。Picoは他のArmプロセッサ製品と同様、メインメモリアドレス上にハードウェアレジスタを割り当てる**メモリマップドI/O**を採用しています。メモリマップドI/Oというのは、I/O（入出力）用に割り当てられたメモリアドレスを操作することでI/Oを制御できる仕組みです。

GPIOの電流供給能力はメモリアドレス0x4001C000（PADS_BANK0_BASE）から割り当てられている**Pad Controlレジスタ**で変更することができます。メモリアドレス0x4001C000からの32ビット（4バイト）はI/Oの電圧設定で、0x4001C000＋4からの32ビットがGP0のPad Control、0x4001C000＋8からの32ビットがGP1のPad Control……という順で、以降GP29までの設定が並んでいます。

GPIOポートごとのPad Controlレジスタ（32ビット幅）のビットフィールドを次ページの表に掲載しておきます。

●PADコントロールレジスタ

ビット	初期値	設定
31～8	0	予約（未使用）
7	0	1なら出力無効
6	1	1なら入力有効
5～4	0b01	電流供給能力： 0b00=2mA、0b01=4mA、0b10=8mA、0b11=12mA
3	0	1なら内部プルアップ有効
2	0	1なら内部プルダウン有効
1	1	1ならシュミットトリガ回路有効
0	0	スリューレート制御：1=高速、0=低速

MicroPythonのmachineモジュールには、メモリアドレスにアクセスするユーティリティオブジェクトmem32が用意されていて、それを利用すると簡単にレジスタにアクセスできます。mem32は次のように使います。

```
from machine import mem32

mem32[メモリアドレス] = 値 —— メモリアドレスに32bitの値を書き込む
value = mem32[メモリアドレス] —— メモリアドレスから32bitの値をvalueに読み出す
```

GP14の電流供給能力を12mAに設定する場合、次のMicroPythonコードを実行します。

```
from machine import mem32
mem32[0x4001C000+4+14*4] = mem32[0x4001C000E+4+15*4] | 0b110000
```

0x4001C000+4+14*4でGP14用のPad Controlレジスタのアドレスが計算できます。現在のレジスタの値と、ビット5～6を11にした値の論理和を取って0x4001C000+4+14*4に書き込めば、GP14の最大供給電流が12mAに切り替わるというわけです。

そこでラーメンタイマーのスクリプトに次のようなEBuzzerクラスを付け加えることにします。

```
from machine import Pin
from machine import mem32

class EBuzzer(Pin):
    PADS_BASE = 0x4001C000 —— Pad Controlレジスタベースアドレス
    def __init__(self, id):
        super().__init__(id, Pin.OUT)
        mem32[self.PADS_BASE+4+id*4] = mem32[self.PADS_BASE+4+id*4] | 0b110000
```

EBuzzerクラスはPinクラスを継承し、コンストラクタで指定されたGPIOポートを出力として初期化すると同時に電流供給能力を12mAに設定します。GP14にブザーがつながっているのなら次のようにbuzzerオブジェクトを作成し、on()メソッドを呼べばブザーが鳴動します。12mAの電流が供給できるのでブザーも安定して鳴動するはずです。

```
buzzer = EBuzzer(14)
buzzer.on() ──────────────── 鳴動
```

ラーメンタイマーでは、3分経過後にLEDを点灯させるとともに、次の1行を入れてブザーをオンにすればいいでしょう。

noodle_timer.pyは、LEDと音でラーメンの完成を知らせるプログラムです。

タクトスイッチが押されてから3分経過後にLEDとブザーをオンにした後、改めてユーザーがタクトスイッチが押されるまで待つループを追加しました。ユーザーはLEDが常点灯してブザーが鳴動したら、タクトスイッチを押して音とLEDをクリアできる仕組みです。

また、LEDとブザーというユーザー向けの通知が可能になったので、print文によるコンソールの文字列出力を削除しました。本来、マイコンはスタンドアロンで使うものですからコンソールの出力はデバッグ用で、本番には不要だからです。

●LEDと音でラーメンの完成を知らせるプログラム

sotech/3-4/noodle_timer.py

```
from machine import Pin
from machine import mem32
import time

# タクトスイッチの押下を検出するクラス
class TactSwitch:
    PUSH = 1
    RELEASE = 0

    def __init__(self, pin_no):
        self.pin = Pin(pin_no, Pin.IN, Pin.PULL_UP)
        self.pin.irq(self.irq_handler, trigger=Pin.IRQ_FALLING)
        self.prev_ticks = 0
        self.state = self.RELEASE

    def irq_handler(self, p):
        cur_ticks = time.ticks_ms()
        if time.ticks_diff(cur_ticks,self.prev_ticks) > 200:
            self.state = self.PUSH
        self.prev_ticks = cur_ticks
```

```
    def get_state(self):
        val = self.state
        self.state = self.RELEASE
        return val

# 電子ブザー向けGPIO電流供給能力拡大クラス
class EBuzzer(Pin):
    PADS_BASE = 0x4001C000
    def __init__(self, id):
        super().__init__(id, Pin.OUT)
        mem32[self.PADS_BASE+4+id*4] = mem32[self.PADS_BASE+4+id*4] | 0b110000

sw = TactSwitch(16)
led = Pin(15, Pin.OUT)
buzzer = EBuzzer(14)

while True:
    buzzer.off()
    led.off()
    if sw.get_state() == TactSwitch.PUSH:    # ラーメンタイマースタート
        past_time = 0                        # 経過時間
        led_time  = 200                      # LED点灯時間
        start_time = time.ticks_ms()         # 開始時間（ミリ秒）
        while True:
            past_time = time.ticks_diff(time.ticks_ms(), start_time)
            if past_time >= led_time:
                led.value(led.value() ^ 1)
                led_time = past_time +200
            if past_time > (180 * 1000):     # 3分経過？
                break;
            if sw.get_state() == TactSwitch.PUSH:    # スイッチが押された？
                break

        if past_time > (180 * 1000):
            led.on()
            buzzer.on()
            # スイッチが押されるまで待つ
            while sw.get_state() != TactSwitch.PUSH:
                pass
```

電源オンで自動実行

LEDと音で完成を知らせるラーメンタイマーができあがりましたが、いまのままだとPicoをUSBでパソコンにつなぎ、Thonnyを起動してnoodle_timer.pyを実行しないと利用できません。

MicroPythonは、フラッシュメモリのストレージ領域に保存されているPythonコードのうち、ファイル名**boot.py**と**main.py**があるときには、そのPythonコードをインタープリタ起動後に自動実行します。実行順はboot.pyが先でboot.pyが終わったらmain.pyが実行されます。

明確な決まりはありませんが、boot.pyには周辺回路の初期化などの初期化コードを記述し、main.pyにメインプログラムのコードを記述するのが一般的な使いわけです。

ラーメンタイマーには特別に初期化すべき周辺回路がないので、noodle_timer.pyをmain.pyとしてPico側に保存すれば、Picoの電源を入れただけでラーメンタイマーがスタートするようになります。

●LEDと音で知らせるラーメンタイマー

Part 4

7セグメントLEDでラーメンタイマーの高機能化をはかる

Part3で作成したラーメンタイマーをベースに、高機能化をはかります。7セグメントLEDを使って残り時間を表示できるようにします。まず1桁の7セグメントLEDで制御方法を学び、3桁7セグメントLEDで残り時間を表示するように実装しましょう。

7セグメントLEDを使おう

7セグメントLEDは数字を表示できる電子部品です。7セグメントLEDを利用すれば、タイマーの残り時間を表示できます。ここではまず、1桁の7セグメントLEDを使って制御方法を学びましょう。

完成までの残り時間を表示

Part3でLEDとブザーを使ったラーメンタイマーを作成しました。タイマーの開始はLEDの点滅で、またタイムアップをLEDの常点灯とブザーでユーザーに通知しています。

最低限の実用性は備えていますが、まだまだ足りない機能があります。たとえば、カップ麺の完成までの残り時間がわかったら実用性はさらに増すはずです。

残り時間を表示するには、数字を表示できるディスプレイが必要です。Part4では、数字の表示に特化したディスプレイデバイスとして「**7セグメントLED**」を取り上げていきます。

7セグメントLEDは「8」の字に構成された7個のLEDで0～9までの数字を表示するデバイスです。

●7セグメントLED（ドット付き1桁）

7セグメントLEDは昔からある電子部品で、レトロ表示デバイスの一種と見られることもあります。しかし、街や室内でもまだまだ利用されている現役表示デバイスでもあります。

現役で使われている理由は明確で、自発光し遠目にも視認性が高く、なおかつ7セグメントLEDよりも安価な表示デバイスがないからです。数字の表示をくっきりはっきり見えるようにしたいというときに、いまでも第一候補に挙がる表示デバイスでしょう。

Part4で学ぶこと

7セグメントLEDは、LEDの延長線上で扱える表示デバイスです。ただし、1つの数字を表示するだけで7個のLEDを駆動する必要があるのが難しい点です。

本章では、シンプルな**1桁の7セグメントLED**を例に**7セグメントドライバIC**の使い方を学びます。7セグメントドライバICを活用することで、よりシンプルな方法で数字を表示できるようになります。

基本を把握したうえで、**3桁の7セグメントLED**を取り上げます。3桁の7セグメントLEDでは3桁分で21個ものLEDを点灯させることになりますが、**ダイナミック駆動**を行うことで1度に点灯させるLEDの数を減らせます。

そこで、ダイナミック駆動を行うために必要な**タイマ割り込み**の利用方法を解説します。一定間隔で処理を実行するタイマ割り込みは、マイコンにおいて多用する割り込みです。

また、より高度なダイナミック駆動の実現方法として、Picoの最大の特徴とも言える**Programmable I/O**を使ったダイナミック駆動の実装を行います。CPUから独立してGPIOを制御できるProgrammable I/Oは、Picoが搭載しているRP2040マイコンを特徴づける独自の機能のひとつです。

本章で学ぶことをまとめておきましょう。

- 7セグメントLEDの基本
- 7セグメントLEDドライバICを使って数字を表示
- 3桁7セグメントLEDの使い方
- ダイナミック駆動の実現するトランジスタのスイッチとしての利用法
- タイマ割り込みの使い方とその限界
- Programmable I/Oの基本と利用の実際

Part3で制作したラーメンタイマーをベースに利用していきます。Part4では最終的に、残り時間を表示することができるラーメンタイマーを7セグメントLEDを使って作成しましょう。

1桁の7セグメントLEDを使ってみる

まずは1桁の7セグメントLEDの制御方法を学びましょう。本書ではカソードを結合したカソードコモンの7セグメントLEDを使用します。また、制御に7セグメントLEDドライバICを使用します。

7セグメントLEDの構造

ラーメンタイマーの残り時間を表示する場合、3分を秒単位表示するのであれば3桁必要です。まずは基本の1桁の7セグメントLEDの使い方から理解していきましょう。

7セグメントLEDの構造はとても単純です。数字表示用に7つLED、ドット（.）があるタイプならドットのLEDを入れて合計8個のLEDが中に入っているだけです。7セグメントLEDの端子の数は上下に5本ずつ、合計10本の端子が出ています。

8本のLEDなら端子の数は16本になるはずです。10本しかないのは、全LEDのカソードもしくはアノードが内部で結合しているためです（カソードコモンの場合、各LEDのアノード端子が計8本、カソードを結合した端子が上下に1本ずつ計2本）。カソードを結合しているタイプを**カソードコモン**、アノードを結合しているタイプを**アノードコモン**と言います。

どちらでも使えますが、複数桁タイプはカソードコモンが入手しやすいので、本書ではカソードコモンを使います。カソードコモンタイプでドット付きの7セグメントLEDの構造を次ページの図に示します。

内部8個のLEDは、図のように数字の7セグメントに対応する「A」～「G」のアルファベット、およびドットに対応する「DP」という記号が付けられています。また、裏面上下に5本ずつ、合計10本の端子が出ています。端子番号は表示面を上にして下側左から「1」「2」「3」「4」「5」、上は右から「6」「7」「8」「9」「10」と左回りに数えます。

上下の端子の中央の3番と8番の端子には内部8本のLEDの共通カソードが接続されています。他の端子には次ページの図の通り、各LEDのアノードが接続されています。使い方は極めて簡単で、7個のLEDのうち数字の形になるLEDをオンにし、必要に応じてドットのLEDをオンにするだけです。

たとえば、「8」を表示する場合はA～GのすべてのLEDをオンにすればいいわけです。

●ドット付き7セグメントLED(カソードコモン)の構造

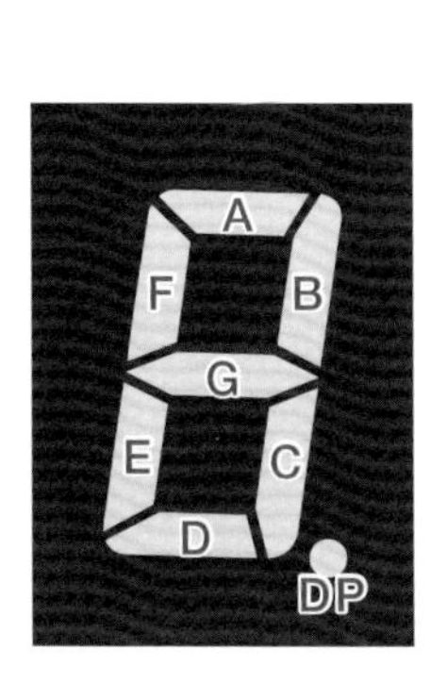

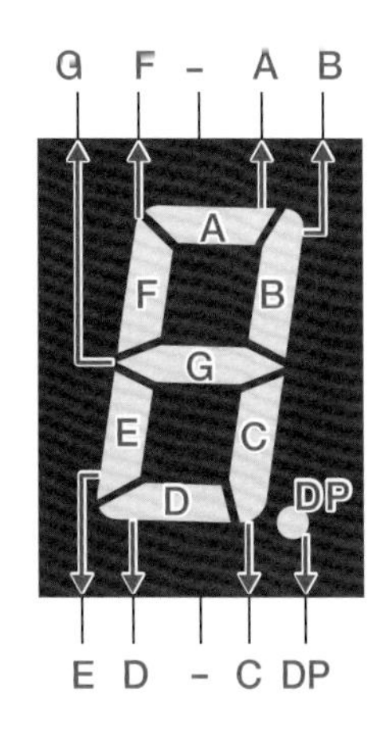

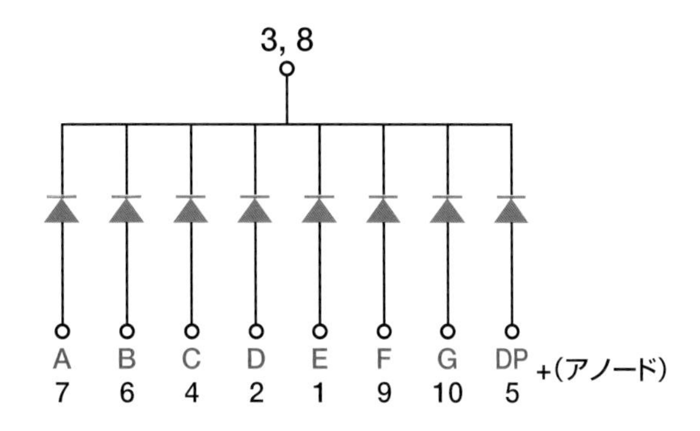

7セグメントLEDドライバIC「TC4511BP」を使う

7セグメントLEDの仕組みは単純ですが、実際に使う場合は面倒ではあります。

1桁の7セグメントLEDのためだけに8本（DPを使わないなら7本）ものGPIOが必要になります。そして、それぞれをトランジスタで駆動するならトランジスタ7もしくは8本が必要です。

このように、GPIOで直接7セグメントLEDを駆動するのは面倒なので、一般的に**7セグメントLEDドライバ**というICを使います。

ここでは秋月電子通商で購入できる東芝製の「TC4511BP」[※1]を使うことにします。TC4511BPは図のような16ピンのDIP型（ゲジゲジ型）のIC[※2]です。

※1 通販コードI-14057

※2 2.54mmピッチDIP型のICもスルーホール基板用なので徐々に姿を消しつつありますが、ロジックICは（いまのところ）入手できます。

●TC4511BP

■74シリーズ汎用ロジックIC

TC4511BPは**74シリーズ汎用ロジックIC**の仲間です。74シリーズICは、1960年代に米国Texas Instrumentsが発売した、AND、OR、NANDといった基本ロジック回路をIC化した**SN7400シリーズ**に端を発する長い歴史を持つIC製品群です。月面探査計画アポロシリーズの宇宙船に搭載されたコンピュータは、SN7400シリーズで作成されていたそうです。

Texas Instruments以外の半導体メーカーも型番を共通化した互換ロジックICを手掛けるようになり、日本では東芝や日立（現ルネサステクノロジ）が長らく74シリーズ汎用ロジックICを手掛けてきました。本書で扱う東芝製のTC4511BPは、74シリーズの型番でいうと**74HC4511**相当の製品です※3。

※3　東芝製ロジックICのラインアップにも74HC4511型番の製品が存在していますが、2023年時点で生産終了予定となっています。おそらく相当品のTC4511BPに置き換えるのでしょう。

74シリーズICは、最初期のバイポーラトランジスタで構成されたロジック回路を集積した基本型から、さまざまな後継のファミリーが誕生しました。ファミリーの特性に応じて74LSや74HCといった異なる接頭辞（プリフィックス）が採用されています。

たとえば、7400は2入力4チャンネルNAND回路のICです。後継のファミリに属する74LS00や74HC00も同じ2入力4チャンネルNAND回路のICですが、それぞれ使用されている素子や回路構成が異なる特性を持っています。

現在もよく使われるロジックICファミリーの一部を次の表にまとめました。

●主なロジックICファミリー

接頭辞	製品ファミリー
74	元祖TTL（Transistor-Transistor-Logic）
74LS	改良版のTTL
74HC	高速CMOSロジック
74VHC/VHCT	超高速CMOSロジック
74AC	高出力電流型CMOSロジック
74VCX/VCXT	低電圧対応超高速CMOSロジック

初期のバイポーラトランジスタを使ったロジックICである74ファミリは消費電力が大きいため、後にローパワー型かつ入力にショットキーバリアダイオードを入れるなどして高速化をはかった74LSファミリなどが開発されています。バイポーラトランジスタを使ったロジックICは特別な理由がない限り現在はあまり使われませんが、いま使うとすれば74LSファミリを選択することが多いでしょう。

バイポーラトランジスタを使ったロジックICに続いて、消費電力が小さなCMOS型FETを使った74Cファミリが登場しました。ただ、74Cファミリは動作が74シリーズや74LSに比べて低速であったため高速型の74HCファミリに置き換えられています。

ロジックICの標準I/O電圧は5Vです。74HCファミリは3.3Vの動作も可能ですが、その他のファミリは3.3V動作が不可だったり、3.3Vのハイレベル入力ができなかったりと3.3Vにおける動作はそれぞれ異なります。したがって、3.3Vで利用する際にはデータシートを参照し検討する必要があります。詳しくは後述しますが、ここで扱うTC4511BPも3.3Vでは問題が生じるロジックICの1つです。

TC4511BPも汎用ロジックICの一種ではありますが、7セグメントLEDの駆動に特化している（汎用とは言い切れない）という点で汎用ロジックICとしては少し特殊な部類に属します。TC4511BPのピン割当は次の図のとおりです。

●TC4511BPのピン割当（上から見た配置）

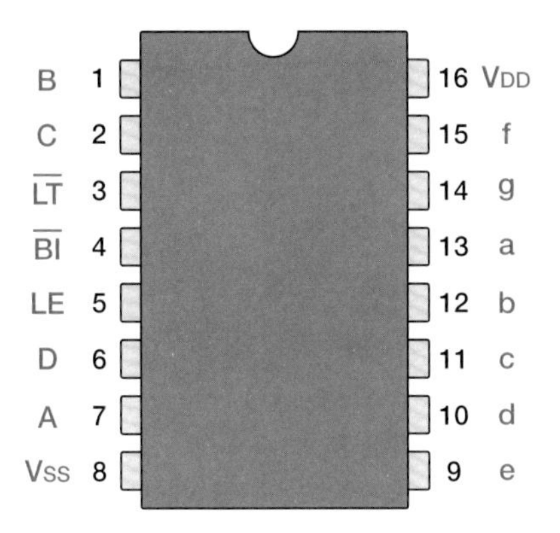

大文字の「A」～「D」はマイコンのGPIOに接続する4本の入力端子で、小文字の「a」～「g」が7セグメントLEDの「A」～「G」に接続する出力端子にあたります。TC4511BPは、マイコンのGPIOを通じてA～Dの端子にBCD（Binary Coded Decimal）で0～9の値を入力すると、7セグメントLEDがその値の形に光るようa～gの対応する端子をオンにするICです。

BCD（二進化十進表現）は、4bitのバイナリを使って10進数1桁を表現することです。4bitだと0～15の数を表せますが、うち10～15を使わずに10進数を表現するわけですね。

7セグメントLEDドライバICを用いるメリット

TC4511BPを利用する利点は数多くあります。GPIOから直接に7セグメントLEDを制御するためには7本のGPIOが必要ですが、TC4511BPを使えば4本のGPIOで済みます。また、GPIOから直接に7セグメントLEDを制御するにはa～gに対応するGPIOをLEDが数字の形になるようオン・オフさせなければなりません。規則性に乏しいのでプログラム側ではテーブルを使うなど工夫する必要があります。しかし、TC4511BPを介して制御すれば4bit表現の10進数を4本のGPIOに出力するだけで済むのです。

TC4511BPのその他の端子も説明します。$\overline{\mathrm{LT}}$、$\overline{\mathrm{BI}}$は7セグメントすべてを一括してオン・オフするための端子です。$\overline{\mathrm{LT}}$をローレベルにすると7セグメントすべてのLEDがオフになります。$\overline{\mathrm{BI}}$をローレベルにすると7セグメントすべてのLEDがオンになります（数字の8が点灯します）。

端子名$\overline{\mathrm{LT}}$、$\overline{\mathrm{BI}}$には上付き線が付いていますが、論理回路で上付き線は**負論理**（ローレベルになったら有効）を意味する記号です。一般的に使われるので覚えておきましょう。

LE（Latch Enable）は、ハイレベルにするとその時点でA～Dに入力されていた値が7セグメントLEDに表示され続け、LEをローレベルにするまでA～Dの入力が無視されます。内蔵ラッチ回路により表示を保持する機能で、ラッチを使わない場合は常にローレベルにしておきます。LEはハイレベルで有効な**正論理**なので、上付き線がないわけですね。

V_{DD}はプラス電源、V_{SS}はマイナス電源（ここではGND）です。TC4511BPの最小電源電圧は3Vとなっていますが、3.3Vだと出直電流および電圧が大幅に低下するため、ごく小さな7セグメントLEDなら駆動できるかもしれませんが、本稿で利用している大型の赤色7セグメントLEDの駆動はできません。幸いV_{DD}に電源として5Vを接続した場合でも、入力ピンA～Dは3.3Vならばハイレベルと判断してくれるので、Picoで利用する場合はV_{DD}をVBUS端子に接続して使うことになるでしょう。

V_{DD}やV_{SS}

V_{DD}のDはFETのドレイン端子（Drain）、V_{SS}のSはソース端子を意味していて、FETを使用する回路のプラス電源およびマイナス電源を省略する回路記号として慣例的に使われます。DやSが2つある理由は諸説ありますが、VDとかVSだと電圧を意味する記号などと混同しやすくなるからというのが通説のようです。
ちなみに、バイポーラトランジスタの回路ではV_{CC}がプラス、V_{EE}がマイナスとなります。おわかりでしょうがCはコレクタ、Eはエミッタを意味します。なお、原則的にはV_{DD}／V_{SS}がFETの回路、V_{CC}／V_{EE}がバイポーラトランジスタの回路ですが、使い分けは割りといい加減でFETを使う回路でも電源の記号にV_{CC}／V_{EE}が使われていたりといったことはあります。

1桁の7セグメントLEDで数字を表示してみよう

TC4511BPを使って7セグメントLEDに数字を表示してみましょう。

使用する電子部品を次の表に示します。

7セグメントLEDは、部品表にある型番以外だと順方向降下電圧などの多少仕様が異なるかもしれません。しかし、同じ大きさのカソードコモンの赤色7セグメントLEDなら、多少の違いはあっても互換性があると考えて構いません。大きさがまったく違ったり、発光色が違うと順方向降下電圧が大きく異なり互換性がなくなるので注意してください。

●部品表

部品名	数量	入手先
赤色7セグメントLEDカソードコモン（C-551SRD）	1個	秋月電子通商I-00640
1/4Wカーボン抵抗120Ω	7本	任意
7セグメントドライバ（7セグメントデコーダ）TC4511BP	1個	秋月電子通商I-14057
タクトスイッチ	1個	任意

続いて組み立てる回路図です。回路図中のラベルは同じラベルにつながることを意味しています。

●7セグメントLED1桁のテスト回路

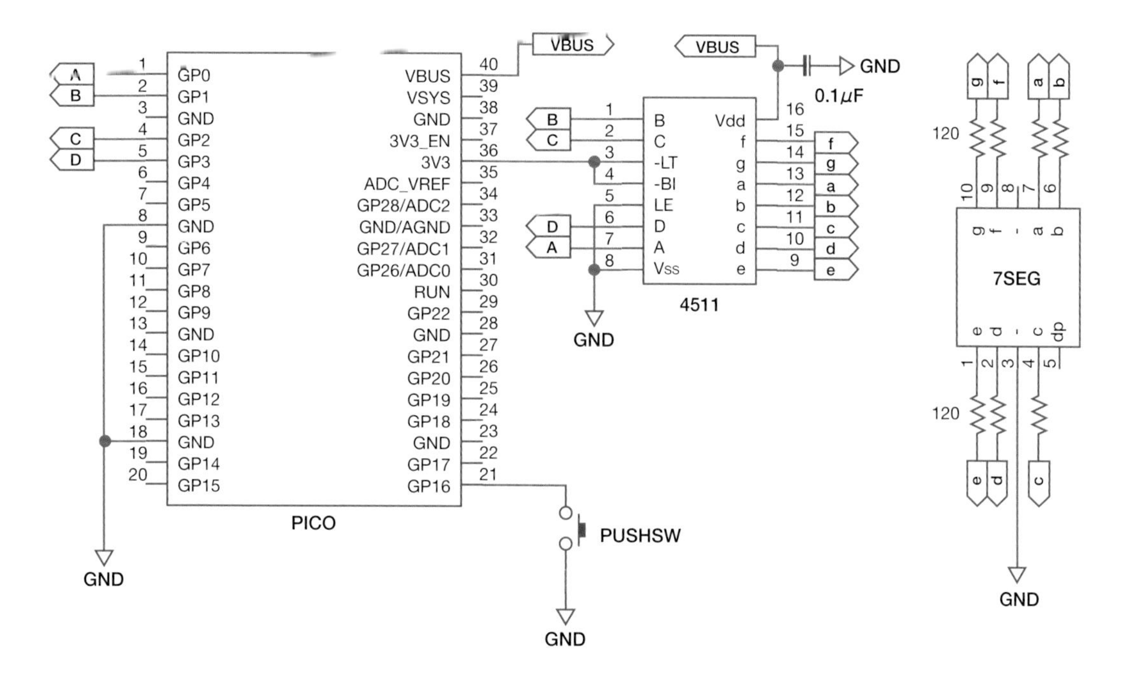

TC4511BPの入力端子A～Dを、PicoのGP0～3に接続します。一方、LEDの電流はTC4511BPが供給してくれるので電流制限抵抗を使ってLEDを点灯させることができます。

データシートによると、TC4511BPのV_{DD}に5Vを接続したとき、出力端子a～gにはハイレベル時標準4.41Vが出力されます。使用した7セグメントLED「C-551SRD」の順方向降下電圧は定格電流使用時の標準値が1.8Vで、電流は最大定格が30mAなので20mA前後で使うのが標準的でしょう。したがって、必要な電流制限抵抗は(4.41－1.8)÷0.02＝130.5Ωですね。130.5Ωという抵抗はないので120Ωが適当でしょう。明るめに使いたいなら100Ω、暗めでいいなら150Ωでも良さそうです。

ここではV_{DD}をPicoのVBUS端子、つまりUSBのバスパワーに接続します。電源から取れる電流の上限は、USB 1.1と2.0仕様で500mA、USB 3.0で最大900mAです。電源容量については心配する必要はありません。なお、TC4511BPの出力電流は1本あたり最大定格で50mAですが、実際には40mA台以内に抑えるべきです。

TC4511BPの$\overline{\mathrm{LT}}$、$\overline{\mathrm{BI}}$は使わないのでハイレベル（3V3またはVBUS）に、LEも使わないのでGNDに接続します。

TC4511BPのV_{DD}とGNDの間に0.1μFのコンデンサがありますが、これを**バイパスコンデンサ**（通称**パスコン**）といいます。この回路ではパスコンはまったく必要なく、部品表の通りに省略しても構いません。パスコンはChapter4-2で必要になるため入れています。役割もそこで説明します。

実際の配線図を次に示します。やや複雑なので、この規模の回路をブレッドボードで組み立てたことがない読者は配線ミスを犯さないよう注意して組み立てを行ってください。特に注意が必要なのは電源ラインの短絡です。たいていの場合は短絡保護回路が働いて壊れることはないと思いますが、保証の限りではありません。

●7セグメントLED1桁のテスト回路の配線図

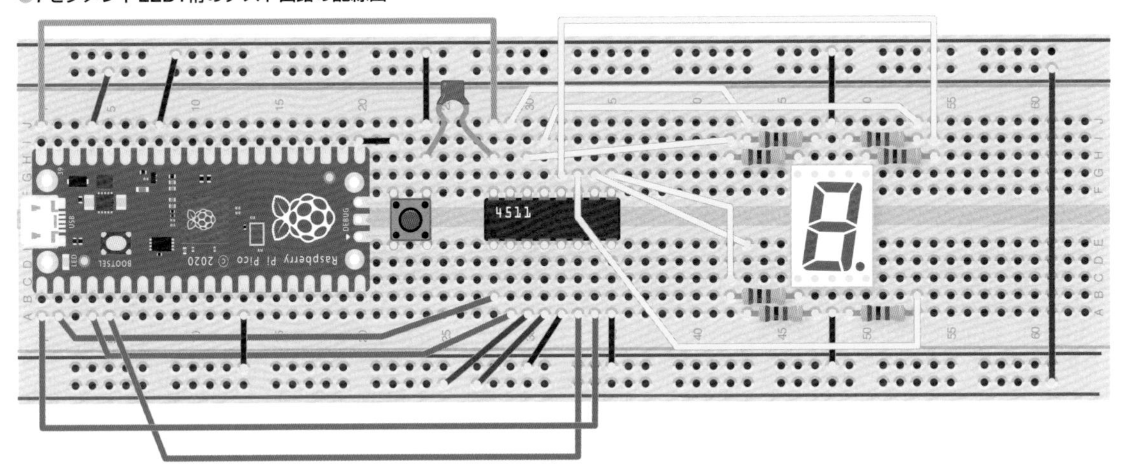

配線を十分にチェックして、問題がないようならPicoのUSBポートをパソコンに接続してください。7セグメントLEDに「0」が表示されるはずです。0が表示されなかったりブランク（1つのセグメントも点灯しない状態）の場合は配線ミスの可能性があるので、すぐにUSBケーブルを外して配線をチェックし直してください。

電源（USB）を接続した直後に「0」が表示されるのは、PicoのGPIOは電源投入直後に端子（I/O PAD）が内部プルダウンで初期化されているからです（87ページのNote「GPIOの電流供給能力」参照）。内部プルダウンされているためGPIOの電圧は0なので、TC4511BPの入力端子A～Dに0が入力され表示が0になるのです。

プッシュカウンタスクリプト

ここでは7セグメントLEDの使用例としてプッシュカウンタを作ってみます。タクトスイッチを押すたびに1、2、3とカウントアップします。GP0～GP3にBCDで0～9の値を出力すれば、その数が7セグメントLEDに表示されます。

●プッシュカウンタのスクリプト

sotech/4-2/push_count1.py

```
from machine import Pin
import time

class TactSwitch: ①
    <省略>

class SSeg1Digit: ②

    def __init__(self,p_A=0,p_B=1,p_C=2,p_D=3):
        self.A = Pin(p_A, Pin.OUT)
        self.B = Pin(p_B, Pin.OUT)
        self.C = Pin(p_C, Pin.OUT)
        self.D = Pin(p_D, Pin.OUT)

    def put(self, num):
        self.A.value(num & 1)
        self.B.value((num >> 1) & 1)
        self.C.value((num >> 2) & 1)
        self.D.value((num >> 3) & 1)

value = 0
sw = TactSwitch(16)
disp = SSeg1Digit()

while True:
    if sw.get_state() == TactSwitch.PUSH:
        disp.put(value % 10)
        value += 1
    time.sleep_ms(1)
```

①TactSwitchクラスはChapter3-2で紹介したプログラムの流用です。

②SSeg1Digitクラスが7セグメントLEDに数字を出力するクラスです。コンストラクタでTC4511BPの入力端子A～Dが接続されているGPIOを出力で初期化しています。put()メソッドに数を渡せば、A～Dが接続されているGPIOに4ビットの値を出力するというだけです。極めて簡単ですね。

ハードウェアレジスタを使って複数のGPIOをまとめて操作する

前ページのプログラムは一応動きますが、少し気になる部分があります。
A～DをGP0～GP3に連続させているのに、put()メソッドに次の4行が必要になっています。

```
self.A.value(num & 1)
self.B.value((num >> 1) & 1)
self.C.value((num >> 2) & 1)
self.D.value((num >> 3) & 1)
```

Pinクラスは1つのGPIOのハイ／ローを切り替える機能しかないため、この4行が必要になっています。しかし、見た目に非効率ですし、軽微ですが実害もあります。インタープリタが4行を順に実行するのに若干の時間がかかり、実行が完了するまで7セグメントLEDの表示が変化します。その影響で、表示の切り替えがわずかにボケて見えることがあります。

じつは、この作例でTC4511BPの端子A～Dを、PicoのGP0～3に並べているのは、**I/Oポートレジスタ**を直接に制御することで4本のGPIO端子の状態を同時に変更できるから、という理由があります。

細かい話になりますが、PicoはデュアルCPUですから、2つあるCPUのどちらからでもI/Oを制御できなければなりません。そこで、Picoでは**SCIO**（**Single-Cycle I/O Block**）という機能ブロックにI/O機能が集約されています。IOPORTと呼ばれる高速な専用バスを介して2基のCPUとSingle-Cycle I/O Blockが接続されていて、基本的に1クロックサイクルでI/Oにアクセスすることができます。

Single-Cycle I/O BlockはGPIOハードウェアに加えて2基のCPUの間の調停や通信を行う機能を持っているほか、**Interpolator**と呼ばれる一種のアクセラレータを内蔵しています。Interpolatorは2つのアキュムレータと加減算が行える演算器と右ビットシフトおよびビットマスクを行うハードウェアが連結されたハードウェアで、これらを使って座標変換のような固定の演算を1クロックで行うことができます。Interpolatorを始めとするSingle-Cycle I/O Blockのすべての機能を取り上げるのは本書の範囲を超えるので、興味がある人はRP2040のリファレンスマニュアルなどを参照するといいでしょう。

Picoではメモリアドレス0xD0000000（SCIOベースアドレス）から始まるI/Oポートレジスタを介してGPIOを直接に制御できます。GPIO関連のレジスタ割り当てを次ページの表に示します。それぞれが32ビット（4バイト）幅のレジスタで、各レジスタの第0～第31ビットがGP0～GP31（実際にはGP29までしかありません）に対応します。

●I/Oポートレジスタ

オフセット	ラベル(名前)	機能
0x004	GPIO_IN	GPIO入力の現在の値
0x010	GPIO_OUT	GPIO出力値
0x014	GPIO_OUT_SET	1のGPIOをハイレベルにセット
0x018	GPIO_OUT_CLR	1のGPIOをローレベル(クリア)
0x01C	GPIO_OUT_XOR	現在のGPIO出力値とXOR
0x020	GPIO_OE	GPIO出力イネーブル
0x024	GPIO_OE_SET	1のGPIO出力イネーブルにセット
0x028	GPIO_OE_CLR	1のGPIO出力イネーブルをクリア
0x02C	GPIO_OE_XOR	現在のGPIO出力イネーブルとXOR

「オフセット」はSCIOベースアドレスからのオフセットを示します。表に示したレジスタのうち、GPIO_INは入力値を読み取るレジスタです。現在必要なのは出力なので、GPIO_IN以外の機能を見ましょう。

レジスタを操作してレジスタの値を見る

実際にレジスタの値を見たり、レジスタを操作するのがレジスタの機能を理解する早道です。MicroPythonのmem32オブジェクトを使って、I/Oポートレジスタを操作してみましょう。

ThonnyのREPLプロンプトに「from machine import mem32」と入力して、mem32オブジェクトをimportします。次に、「BASE=0xD0000000」と入力して変数BASEにSCIOベースアドレスをセットしておきます。

```
>>> from machine import mem32 Enter
>>> BASE=0xD0000000 Enter
```

これでI/Oポートレジスタにアクセスする準備ができました。

出力関連のレジスタには、大きく分けて「GPIO_OUT」で始まるレジスタと、「GPIO_OE」で始まるレジスタがあります。OE(Output Enable)はGPIO_OEレジスタ(オフセット0x020)のビットを1にセットしたGPIOポートの出力を有効化します※4。

※4 GPIO_OEレジスタのビットを1にしただけでGPIOが出力モードに切り替わるわけではありません。GP0から始まる端子にはGPIO機能以外にさまざまなインタフェースが割り当てられています。RP2040リセット直後は端子の全機能が無効になっているので、まず端子に対してGPIO機能を割り当てる設定が必要です(後述)。

REPLで「mem32[BASE+0x020]」と入力すると、GPIO_OEレジスタを読み出します。

```
>>> mem32[BASE+0x020] Enter
0
```

Picoがリセット直後なら、上の例のように0が表示されます。GPIOの出力になっていないからです。リセット直後ではなく、上のREPLコードを実行する前にどこかのGPIOを出力に切り替えている場合は、0以外が表示されます。

「mem32[BASE+0x020] = 1」と、GPIO_OEの第1ビットに1を書き込むと、ビット0に対応するGP0が出力（1）に切り替わります。

```
>>> mem32[BASE+0x020] = 1 Enter
>>> mem32[BASE+0x020] Enter
1
```

注意が必要なのは、GPIO_OEレジスタに書き込むと全ビットに影響が及ぶ点です。たとえばGP20が出力モード（1）になっている場合、1を書き込むと第20ビットが0になり、GP20の出力は無効になってしまいます。

そのため、実際にGPIO_OEレジスタを使って設定を行う場合は、いまのGPIO_OEレジスタと設定したい値のORを取って書き込む必要があります。

```
>>> mem32[BASE+0x020] = mem32[BASE+0x020] | 1 Enter
```

特定のGPIOポートだけを出力にしたいときには少し不便です。

そこで用意されているのが「GPIO_OE_SET」（オフセット0x024）、「GPIO_OE_CLR」（オフセット0x028）、「GPIO_OE_XOR」（オフセット0x02C）レジスタです。

GPIO_OE_SETレジスタは、1にしたビットに対応するGPIOポートを出力に切り替えます。0のビットに対応するGPIOポートには影響を与えません。そのため、「mem32[BASE+0x024] = 1」のように書き込めば、GP0だけが出力モードに切り替わります。

```
>>> mem32[BASE+0x024] = 1 Enter
```

GPIO_OE_CLRレジスタはその逆で、ビットを1にしたGPIOポートだけ出力モードが無効になります。

```
>>> mem32[BASE+0x020] Enter
1 ――― GP0が出力モード
>>> mem32[BASE+0x028] = 1 Enter
>>> mem32[BASE+0x020] Enter
0 ――― GP0の出力モードが無効になった
```

なお、GPIO_OE_CLRレジスタは書き込みのみで、読み出した場合は常に0です。

GPIO_OE_XORレジスタは、書き込んだ値と現在のGPIO_OEの値との排他的論理和がGPIO_OEに書き込まれるレジスタです。出力モードをセットしたりクリアするときに排他的論理和が使えるので時に便利な場合もあるでしょう。

次のGPIO_OUTで始まるレジスタは、出力が有効になっているGPIOポートをハイレベルにしたりローレベルにするレジスタです。文字通りの出力レジスタですね。GPIO_OUT（オフセット0x10）に書き込んだ値の1のビットに対応するGPIOポートがハイレベルに、0のビットに対応するGPIOポートがローレベルになります。

次のように実行して、GP0を出力モード（GP1）に切り替えます※5。なお、MicroPythonでこの2行を実行すると、先に説明したGPIO_OEレジスタのビット0も1に切り替わります。

※5 ハードウェアレジスタを使って端子をGPIOの出力モードに切り替える場合、まずGPIOn_CTRLレジスタ（nはGPIO番号、ベースアドレス0x40014000）の下位5ビットに値の5を書き込み、端子をSIO（Software Controlled IO）モードに切り替え、さらにGPIO_OEレジスタのビットnを1にする手順が必要です。MicroPythonのPinクラスを使えば1行で済むので、そのほうが楽ですね。

```
>>> from machine import Pin Enter
>>> p0 = Pin(0, Pin.OUT) Enter
```

その上で、「mem32[BASE+0x10] = 1」としてGPIO_OUTレジスタに1を書き込むと、GP0がハイレベルになります。7セグメントLEDが接続されているなら「1」が表示されます。

```
>>> mem32[BASE+0x10] = 1 Enter
```

ただし、GPIO_OUTレジスタの値は全GPIOの状態を変えてしまいます。特定のGPIOだけをハイレベルにしたいなら、次のように現在のGPIO_OUTレジスタの値とORを取る必要があります。

```
>>> mem32[BASE+0x10] = mem32[BASE+0x10] | 1 Enter
```

あとはGPIO_OEで始まるレジスタと同じです。GPIO_OUT_SET（オフセット0x14）レジスタは1のビットに対応するGPIOのみハイレベルにし、0のビットに対応するGPIOの状態には影響を与えません。GPIO_OUT_CLR（オフセット0x18）レジスタは逆で、1のビットに対応するGPIOをローレベルにして、0のビットに対応するGPIOの状態には影響を与えません。そしてGPIO_OUT_XOR（オフセット0x1C）レジスタは書き込んだ値と現在のGPIO_OUT_SETレジスタとの排他的論理和がGPIO_OUT_SETレジスタに書き込まれるレジスタです。

```
>>> mem32[BASE+0x14] = 1 Enter ── GP0のみハイレベルに
>>> mem32[BASE+0x18] = 1 Enter ── GP0のみローレベルに
```

以上の説明を前提に、SSeg1Digitクラスのputメソッドをシンプルに書き直すことができます。

●プッシュカウンタ(改良版)

sotech/4-2/push_count2.py

```
from machine import Pin
from machine import mem32
import time

class TactSwitch:
    <省略>

class SSeg1Digit:
    BASE = 0xD0000000
    SET = 0x014
    CLR = 0x018

    def __init__(self,p_A=0,p_B=1,p_C=2,p_D=3):
        <省略>

    def put(self, num):
        mem32[self.BASE + self.CLR] = 0x0F
        mem32[self.BASE + self.SET] = num & 0xF

value = 0
  <以降push_count1.pyと同じ>
```

4行だったput()メソッドは2行になっています。見た目がシンプルになりすっきりしましたね。

さらに時間差なしにGP0～GP3が変化するので、7セグメントLEDの表示の切り替わりがシャープになります。その意味からもハードウェアレジスタを操作してGP0～GP3を切り替えたほうが良いということが言えます。

3桁の7セグメントLEDで残り時間を表示する

1桁の7セグメントLEDで基本的な使い方を理解したら、次は3桁の7セグメントLEDを使ってみましょう。3桁の数字を表示できれば、3分（180秒）の表示も可能です。カソードコモン型の3桁7セグメントLEDの制御方法を学びます。

3桁表示の7セグメントLED(カソードコモン)「OSL30391-LRA」

前節で1桁の7セグメントLEDの制御を学びました。ラーメンタイマーの残り時間を表示するためには3桁の数字を表示する必要があります。ここでは3桁7セグメントLEDの制御を学びます。

3桁7セグメントLED（カソードコモン型）の例として、秋月電子通商で購入できる「OSL30391-LRA」（通販コード：I-14729）を使っていきます。

なお、OSL30391-LRAでなければならないということはなく、3桁表示でカソードコモン型であれば扱い方はどのメーカーの製品でも共通です。ただし、順方向降下電圧や定格使用時の電流の大きさなどは製品ごとに異なるので、入手した3桁7セグメントLEDの仕様に応じて自力で調節してください。

● 3桁7セグメントＬＥＤ表示器　赤　カソードコモン　OSL30391-LRA（秋月電子通商通販コード：I-14729）
https://akizukidenshi.com/catalog/g/gI-14729/

3桁7セグメントLEDとダイナミック駆動

次の図は、OSL30391-LRAのデータシートから抜粋した内部構造です。

各桁に7セグメントのLEDとドット（DP）があるのに加えて、第1桁と第2桁、第3桁の間にL1～L3という3つのドットが組み込まれています。うちL1とL2は第1桁と第2桁を区切るコロンとして使えるので、ラーメンタイマーの残り分秒を表示するのに便利に使えそうです。

内部のLEDは図の通り各桁およびL1～L3で共通カソードが分かれています。一方のアノードは、全桁とL1～L3が並列に接続されていますね。単純に4つの共通カソードをGNDに接続しセグメントA～Gを点灯させると、3つの桁で同じ数字が表示されてしまいます。

多桁表示の7セグメントLEDは**ダイナミック駆動**を行う前提で作られています。ダイナミック駆動というのは、各桁の数字を順番に瞬時だけ点灯させる動作を高速に繰り返すことにより全桁が点灯しているように見せる手法です。

蛍光灯は電源周波数の2倍の速さ（東日本は1秒間100回、西日本は1秒間120回）で点滅を繰り返しています。しかし、人間の目には点滅しているようには見えません。それと同じで、7セグメントLEDの各桁を順番に瞬時に光らせていく動作を繰り返せば、すべての桁のLEDが点灯しているように見えるわけです。

●OSL30391-LRAの内部の接続

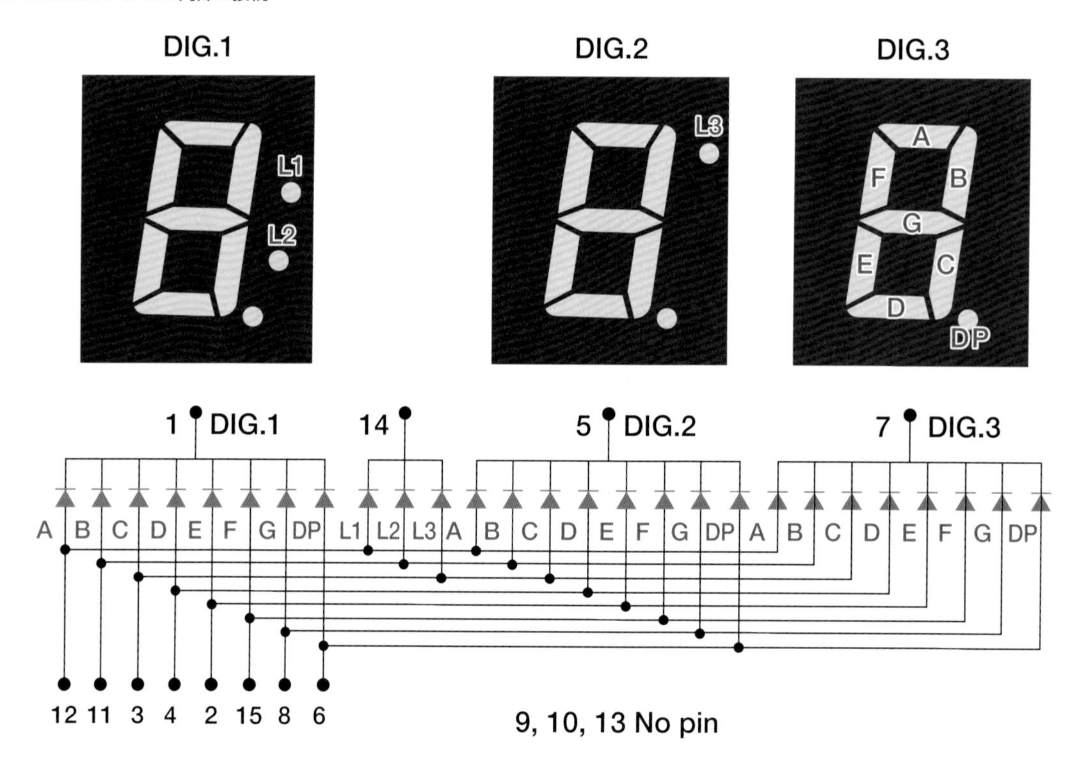

●OSL30391-LRAのピン割り当て

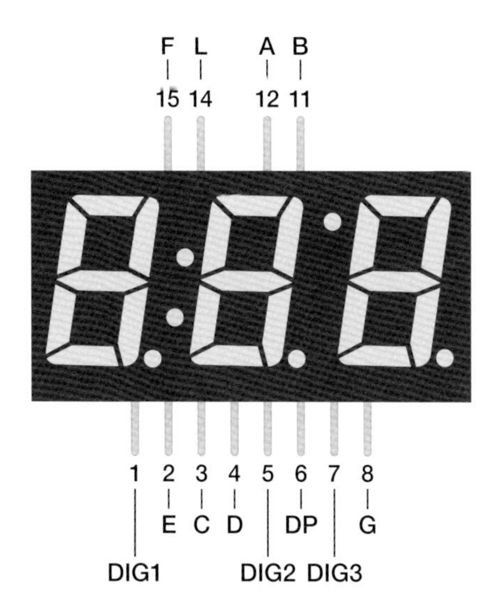

次の図は、ダイナミック駆動の概念図です。点線で囲われている部分が3桁の7セグメントLEDモジュールで、LED記号1つが7セグメント分にあたると考えてください。太線は7本の線を束ねたもので、抵抗（A-G）となっているのは7本分の抵抗を示しています。

ダイナミック駆動で「123」を表示したいなら、まず右桁の共通カソードに入れたSW1をオンにしてTC4511BPから1を表示、次にSW1をオフにしてSW2をオンにし2を表示、続いてSW2をオフにしてSW3をオンにして3を表示という動作を高速で繰り返します。1度に1桁しか7セグメントLEDが点灯しませんが、それを高速に繰り返すと全桁が点灯して123と表示しているように見えます。

●ダイナミック駆動

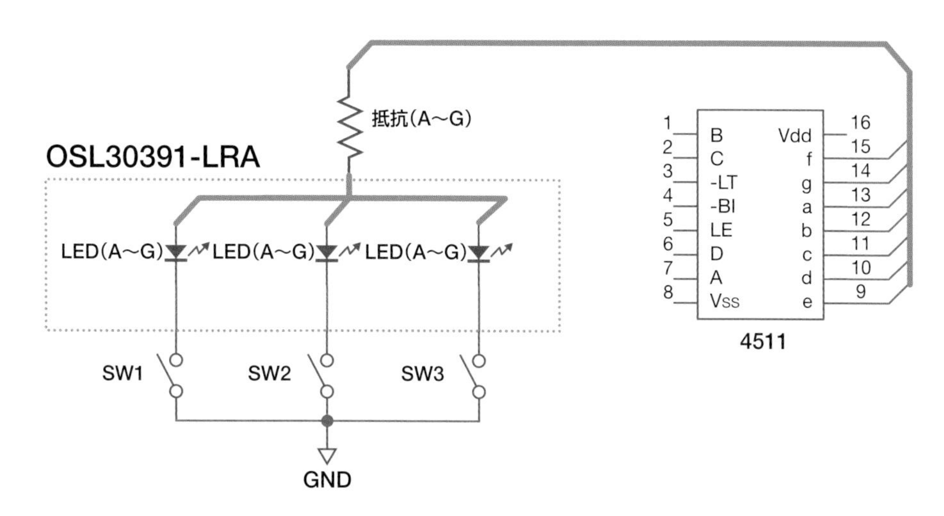

どのくらいの速度で繰り返せばいいかですが、「123」の表示をおおむね1秒間に50回以上繰り返すと人間の目にちらつきが感じられなくなってくるので、それを目安にします。実際のOSL30391-LRAは、3桁の数字とL1～L3のドットが1桁分を専有しているので4桁分になりますね。したがって1桁あたり1/200秒（5ミリ秒）以下ずつ順に点灯させていく動作を繰り返せば、人間の目にはちらつきが感じられなくなると考えていいでしょう。

ダイナミック駆動に対して、1桁7セグメントLEDで行った定常点灯のことを**スタティック駆動**といいます。もし3桁の数字をスタティック駆動で点灯させようとすれば、桁数分のTC4511BPが必要になるので、その分だけコスト高になります。また、仮に1セグメントあたり20mAとするとスタティック駆動では最大420mA（「888」を表示したとき）もの電流が流れることになり、電源の負担が馬鹿になりません。

ダイナミック駆動であればTC4511BPが1個ですみます。また、一瞬一瞬は1桁しか点灯していないので電流も7セグメント分しか流れません。

利点が多いダイナミック駆動ですが、LEDの点灯時間が短いほど人間の目に暗く感じられる注意点があります。したがって、スタティック駆動時よりも大きな電流をLEDに流す必要が出てきます。

7セグメントLEDを含むLEDの仕様書には、最大定格に「Pulse Forward Current」といった項目がたいてい記載されています。これはLEDを短時間（パルス）点灯させたときの最大順方向電流を意味しています。

OSL30391-LRAの場合、パルス幅10ミリ秒、デューティー比1/10（100ミリ秒ごとに10ミリ秒点灯させた場合）で最大100mAという定格が記されています。このように、LEDはスタティック駆動時よりダイナミック駆動時のほうが、より大きな電流を流すことができます。LEDの輝度はおおむね電流に比例するので、明るく光らせることができます。

ダイナミック駆動で暗く感じられる分を、大きな電流を流すことで補完できるわけです。実際にどの程度の電流にするかは若干の調整が必要です。ダイナミック駆動分だけ電流を増やすので、ダイナミック駆動だから電流を削減できると一概には言えませんが、桁数が増えるほどスタティック駆動よりダイナミック駆動のほうが電流が少なく済むのは確かです。

トランジスタをスイッチとして使うには

前ページの概念図では共通カソードをスイッチにしましたが、実際の回路ではトランジスタなどを使ってGPIOで共通カソードをオン・オフします。次の図は、7セグメントLED1桁分を抜き出したものです。

●トランジスタをスイッチとして使う

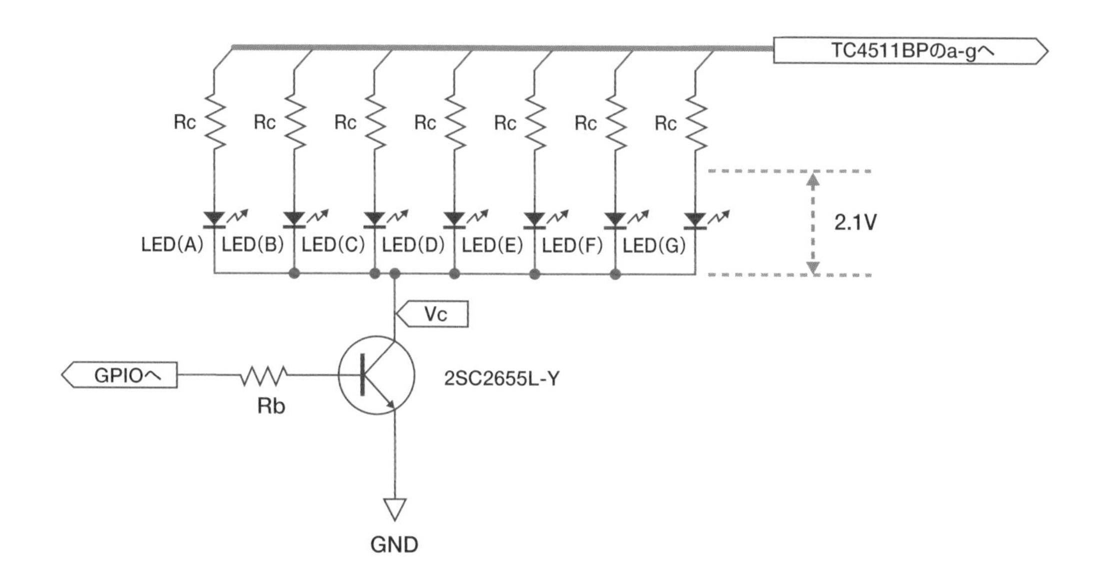

7セグメント分のLEDと同じ数の抵抗Rcがあり、太線は7本の線を表していてTC4511BPのa～g端子に接続されます。

Chapter3-3ではLEDの電流とトランジスタのhFEからベース抵抗Rbの値を決めました。しかし、その方法は使えません。なぜなら、LED（A～G）に流れる電流が表示する数字によって変わるからです。仮にLED1個あたり20mAを流すとすると最小の1を表示したとき40mA、最大の8を表示したとき140mAと大きく変化しますね。

トランジスタをスイッチとして使うときには、一般的にコレクタ電流が決まらないので、ベース抵抗Rbをコレクタが駆動する対象（ここでは7セグメントLED）に対して十分に大きな電流になる値に設定します。ここでは、ざっくり1本あたり30mAくらいまでは流すことがあるだろうと仮定してコレクタ電流を最大210mAと見積もっておきます。

hFEは使うトランジスタによって異なりますが、**2SC1815はこの回路には使えません**。2SC1815のコレクタ電流は最大定格が150mAですから、最大210mAを仮定する回路には使えないのです（95ページのNote参照）。

もう少し電流を流すことができ、かつ入手しやすくスイッチ向きのトランジスタとして、ここでは**2SC2655L-Y**※1を選択しました。2SC2655L-Yは、台湾UNISONIC TECHNOLOGIESによる東芝製2SC2655（Yランク）

のセカンドソース品で、秋月電子通商で販売されています。

※1 秋月電子通商通販コードI-08746

2SC2655の最大コレクタ電流は2Aなので、最大210mAに対して十分な余裕があります。YランクのhFEは120～240と2SC1815-GRよりは低めですが、一般に最大定格が大きなトランジスタほどhFEが小さくなるので、2SC2655L-YのhFEはこのクラスとしては普通か大きい程度です。

2SC2655L-YのhFEをおおむね160くらいと仮定しておきましょう。2SC2655L-Yのベース電流はGPIOから供給します。GPIOの初期設定ではGPIOの電流供給能力が4mAですから、ここではベース抵抗Rbとして680Ωを選択しておきます。ベース電圧は0.6Vと仮定できますからベース電流は（3.3－0.6）÷ 680 ≒ 3.8mAになりますね。

するとコレクタ電流は3.8×160（hFE）＝ 608mAと、目標である210mAに対して十分に大きくなります。ただし、実際のコレクタ電流は各LEDに入れている抵抗Rcで制限されます。ならば抵抗Rcの値はどうやって決めたらいいのでしょうか？

LEDの順方向降下電圧はOSL30391-LRAのデータシートによれば2.1Vです。また、TC4511BPの出力電圧はChapter3-3で説明したとおりハイレベル時4.41Vということがわかっています。あとは、コレクタ電圧（図中Vc）がわかれば抵抗Rcの値を決めることができますね。

コレクタ電圧Vcはじつは簡単には決まりません。このような回路におけるコレクタ電圧の挙動を理解するには、トランジスタの飽和領域の理解が必要です。デジタル工作の入門だとトランジスタの飽和領域についてあまり解説されないことが多いようですが、本書では一通り説明しておくことにしましょう。

Chapter3-2で、コレクタ電流はベース電流のhFE倍になると解説しました。しかし、この関係が成り立つにはある程度以上のエミッタ―コレクタ間電圧が必要で、ある電圧を下回るとhFE倍の関係が崩れます。

次の図はトランジスタの特性曲線です。

●トランジスタの特性曲線

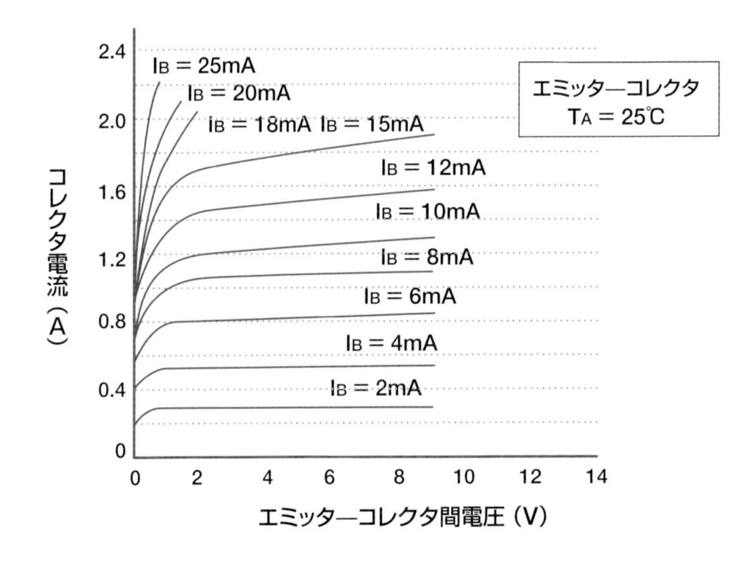

前ページの図は、2SC2655L-Yの特性を示すグラフの1つです。横軸はエミッター―コレクタ間電圧、縦軸がコレクタ電流で、グラフの曲線はベース電流を2mA、4mA、6mA……と変えたときのエミッター―コレクタ間電圧とコレクタ電流の関係を示しています。

トランジスタのコレクタ電流は、ベース電流×hFE倍でだいたい一定なので、グラフはおおむね平行になるのですが、エミッター―コレクタ間電圧が1Vを切った領域ではベース電流×hFE倍の関係性が崩れているのがわかります。このベース電流×hFE倍の関係性が崩れる領域を**飽和領域**と言います。

●2SC2655L-Yの飽和特性

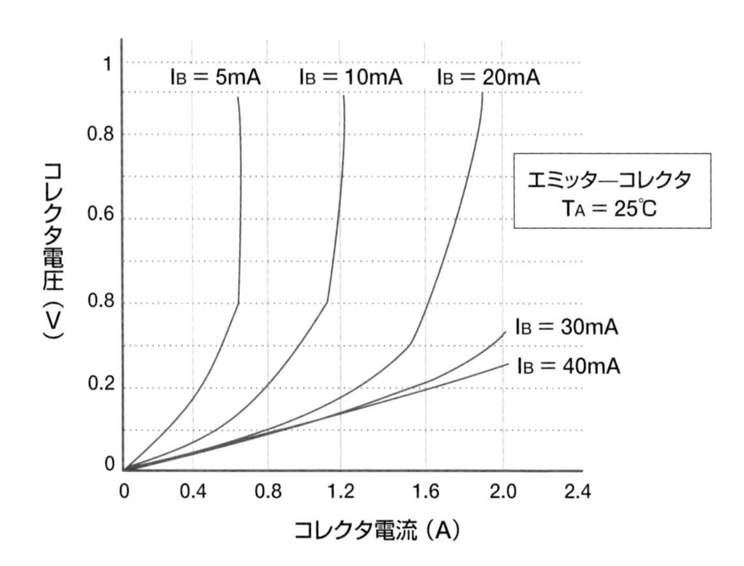

これは飽和領域を拡大したグラフで**飽和特性**などと言います。縦軸がコレクタ電圧、横軸がコレクタ電流であるのに注意してください。飽和領域のグラフはだいたいこの向きでデータシートなどに掲載されています。

グラフを見ると、ベース電流×hFE＝コレクタ電流という関係性が崩れるのは、ベース電流によって異なるものの0.4Vから1Vの範囲であることが読み取れます。ここでは、先に3.8mAのベース電流に設定することにしました。Ib＝3.8mAのグラフは飽和特性にありませんが、Ib＝5mAとさほど変わらないでしょうから、コレクタ電圧がだいたい0.4Vを切ると飽和しそうだなと見当がつきます。

抵抗Rcの値は**コレクタ電圧が飽和領域に入りそうな電圧に設定**します。十分に大きめに設定したベース電流が流れるとコレクタ電流が流れ始めます。すると抵抗Rcの電圧降下によりコレクタ電圧が低下しますね。ベース電流は十分に大きめに設定しているのでコレクタ電流が増加を続け、それに応じて抵抗Rcの電圧降下が大きくなりコレクタ電圧が低下していきます。コレクタ電圧が飽和電圧を切ると急激にコレクタ電流が低下します。コレクタ電流が低下すると抵抗Rcの降下電圧が小さくなりますからコレクタ電圧が上昇して飽和領域から脱する方向に動きます。このようにしてコレクタ電圧は最終的に飽和電圧付近で平衡状態に入ります。

一般に、飽和電圧が低いトランジスタは、スイッチ用途（スイッチング用）で利用したときにオン・オフの切り替えが高速です。hFEが低い品種ほど飽和電圧も低いですが、スイッチング用に高hFEは必要ありません。スイッチング用のトランジスタを選定するときには、そのあたりを考慮して利用するトランジスタを選びます。

2SC2655L-Yは、スイッチング用にしてはhFEが高いですが、飽和の立ち上がりが十分に鋭いので、スイッチング用としても使えるだろうなという感じのトランジスタです。

目標のコレクタ電圧を0.4Vとしておきます。LEDの電流は、初めて使うパーツだと明るさがわからないので、実際に確かめて調整が必要です。先回りしてしまうと、ここで使用しているOSL30391-LRAは高輝度LEDタイプだからか、20mAほどでダイナミック点灯でも十分な明るさが得られました。20mAはスタティック駆動時の定格上限ですからスタティック駆動で20mAを流すのはお勧めできませんが、ダイナミック駆動ならば大きめの電流でも利用できるので問題ありません。

以上の理由で、LEDの電流を20mAくらいに設定したいとします。抵抗Rcの値は（4.41－2.1－0.4）÷0.02＝95.5Ωとなります。100Ωにするといいでしょう。

3桁表示7セグメントLED回路を組み立てよう

すべての抵抗値などが決まったので、回路を組み立てます。使用する部品は次のとおりです。

●使用する部品表

部品名	数量	入手先
7セグメントドライバ（7セグメントデコーダ）TC4511BP	1個	秋月電子通商 I-14057
3桁7セグメントＬＥＤ表示器　赤　カソードコモンOSL30391-LRA	1個	秋月電子通商 I-14729
トランジスタ　2SC2655L-Y	4個	秋月電子通商 I-08746
抵抗680Ω	4本	任意
抵抗100Ω	7本	任意
コンデンサ0.1μF	1個	任意

次ページの図は、3桁表示7セグメントLEDを追加した回路図です。

●3桁表示7セグメントLED回路図

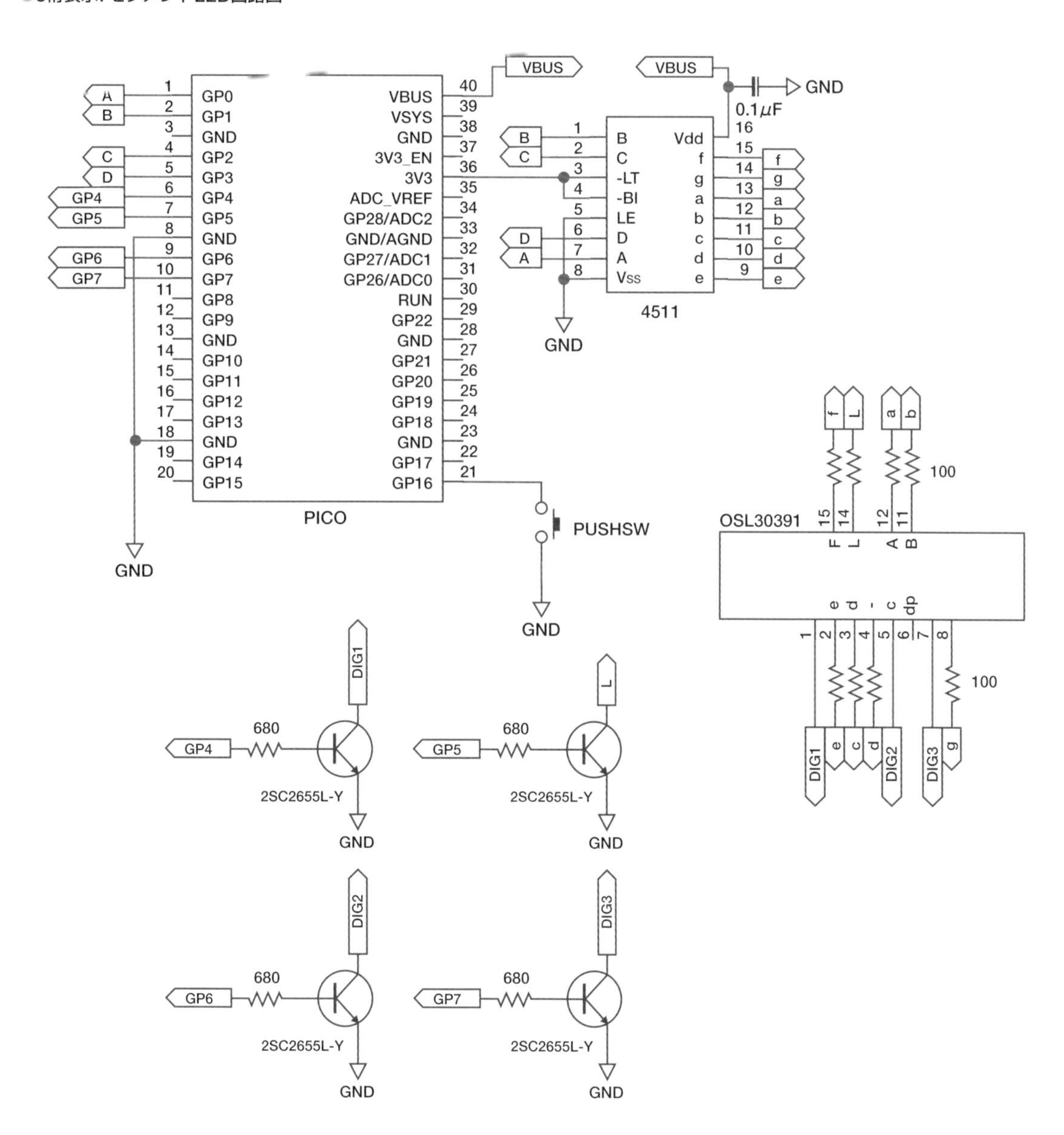

注意が必要なのはOSL30391-LRAのピン配列です。複数桁7セグメントLEDとしては標準的な配列とは言えない製品で、上面から見て下に8つのピン、上に4つのピンがあります。回路図をよく見て注意して配線を行ってください。なお、DIG.1～DIG.3は数字桁の共通カソードで、左桁からDIG.1、DIG.2、DIG.3です。LはL1～L3ドットの共通カソードです。

3桁の数字とL1～L3ドットの共通カソードには2SC2655-Yのコレクタを接続し、PicoのGP4～GP7でオン・オフを制御できるようにしました。

4個の2SC2655-Yが共通カソードに入り、それぞれにベース抵抗が必要なことを除けば、1桁の7セグメントLEDとそう大きく変わるわけではありません。ただ、この回路ではいよいよパスコン（TC4511BPのV_{DD}とGNDの間に入れている0.1 μF）が意味を持ってきます。

コンデンサ（パスコン）を入れる理由

ダイナミック駆動では5msやそれ以下の時間で発光させるLEDの数が変わるので、結果的にTC4511BPが消費する電流も5ms以下の時間で大きく変化します。電線に流れる電流が大きく変化すると、電線の周囲の磁界も大きく変化しますから、その変化が別の電線に飛び移る（ノイズが発生する）可能性ができます。

TC4511BPのV_{DD}とGNDの間にコンデンサを入れると、コンデンサの蓄電作用により電線に流れる電流の変化が抑えられ、ノイズを減らすことができます。これがパスコンの1つの役割です。

もう1つ、電線は多かれ少なかれ**インダクタンス**（コイルの性質）を持ちます。電線に電流を流すと電線の周囲に磁界が発生し、その磁界が電流の流れとは逆方向の電気（誘導起電力）を発生させるのです。

インダクタンスとは誘導起電力を発生させる力のことです。誘導起電力（V）は時間あたりの電流の変化量とインダクタンス（L）の積と定義されています。

$$V = L \frac{\Delta I}{\Delta t}$$

誘導起電力は電流とは逆向きに働くので、電線に流れる電流が大きく変化すると電圧のバタつき（電流の変化に合わせて電圧が変わる）が生じます。

電線のインダクタンス成分はごくわずか（上式のLが小さい）ですが、電流の変化が大きかったり変化が速いときには電源の不安定を招くことがあり、パスコンはそれを抑える働きがあります。ダイナミック駆動におけるTC4511BPに流れる電流の変化は速いとは言えませんが大きいので、やはりパスコンを入れておいたほうが安全でしょう。

実際の配線図を次ページに掲載します。非常に複雑なので、注意して組み立てを行ってください。

●3桁7セグメントLEDの実体配線図

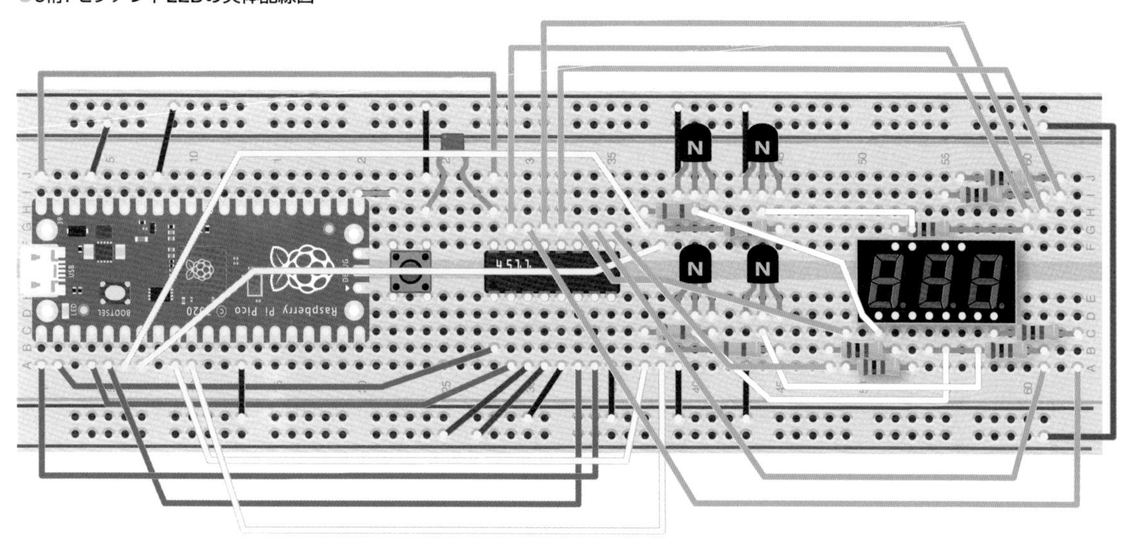

組み立てて念入りに配線をチェックしたら、パソコンのUSBポートにPicoを接続します。接続後、3桁7セグメントLEDは消灯状態になっているはずです。もし1つでもLEDが点灯していたら配線をミスしているのでUSBから取り外し、配線をチェックし直しましょう。

Picoの端子はリセット直後にプルダウンされているので、4つの2SC2655L-Yのベース電圧は0Vなので、全桁オフの状態になっているためです。

タイマ割り込みを利用してみよう

回路の配線ができたら、ダイナミック駆動の実行するプログラムを学びましょう。タイマ割り込みを使えば、一定時間で同じ処理を繰り返し実行できます。ここではタイマ割り込みでダイナミック駆動を行うプログラムを解説します。

一定時間で同じ処理を繰り返す「タイマ割り込み」

前ページの配線図を参照してください。

GP4がDIG.1、GP5がL1～L3、GP6がDIG.2、GP7がDIG.3のオン・オフを制御するGPIOポートです。1桁7セグメントLEDと同じように、GP0～3にはTC4511BPのBCD入力を接続しています。

ダイナミック駆動を手続き風に記述すると、次のような処理になります。

❶ GP0-3に1桁目の数を出力
❷ GP4（DIG.1）をオン
❸ 5ms前後待つ
❹ GP4（DIG.1）をオフ
❺ GP0～3にL1～L3を出力
❻ GP5（L）をオン
❼ 5ms前後待つ
❽ GP5をオフ
❾ GP0-3に2桁目の数を出力
❿ GP6をオン
⓫ ……

以上の手続きをDIG.1～DIG.3まで実行し、それを繰り返すという形ですね。

❺のL1～L3は次のようにします。L1～L3はセグメントA～Cに接続されています。L1とL2を点灯させてコロンにしたいときはセグメントAとBが点灯する数、たとえば2を出力すればいいでしょう。L3だけを点灯させたいなら6を出力すれば良さそうです。

また、TC4511BPでは10以上の数をBCD入力に与えると消灯する仕様ですから、L1-L3をオフにしたいなら0xFなどを出力すればいいわけです。

一定時間で同じ処理を繰り返すときに活用するのが**タイマ割り込み**です。マイコンでは特に頻繁に使う割り込みなので、使い方を覚えておきましょう。

MicroPythonではmachineモジュールのTimerクラスにタイマ割り込みが実装されています。次のプログラムはタイマ割り込みを利用する擬似コードです。

●リスト3 タイマ割り込みの使い方

```
from machine import Timer

def timer_handler(t):
    # 4ミリ秒ごとに呼び出される
    print('Hello, world')

tim = Timer(freq=250, mode=Timer.PERIODIC,callback=timer_handler)

while True:
    pass
```

4ミリ秒ごとに関数timer_handler()が呼び出されます。タイマ割り込みの設定を行っているのがTimer()で、パラメータは次のような意味があります。

```
Timer(freq=周波数,mode=動作モード,callback=コールバック関数)
```

modeから先に説明します。タイマ割り込みには繰り返しコールバック関数を呼び出すTimer.PERIODICと、指定時間後に1度だけコールバック関数が呼び出されるTimer.ONE_SHOTがあり、必要に応じて使い分けることができます。

freqはコールバック関数を呼び出す時間を周波数（Hz単位）で指定します。たとえば、freq=250とすると1秒間に250回、つまり4ミリ秒でコールバック関数が呼び出されます。

freqの代わりにperiodを指定することもできます。periodには時間をミリ秒単位で設定します。period=4とfreq=250は同等になります。freqとperiodを同時に指定したときにはperiodが無視されます。コールバック関数を1度だけ呼び出すTimer.ONE_SHOTのときにはperiodの指定がわかりやすく、周期的に呼び出すTimer.PERIODICのときはfreqの指定がわかりやすいでしょう。

callbackにはタイマで呼び出されるコールバック関数を設定します。コールバック関数にはTimerオブジェクトが引数として渡されます。

以上がタイマ割り込みの概要です。ダイナミック駆動に利用するのなら、1桁の表示を行うコールバック関数を5ミリ秒以内で繰り返し呼び出し、コールバック関数では呼び出されるたびに表示する桁をずらしていけばいいでしょう。

次ページのコードは、このようにしてダイナミック駆動を行うサンプルスクリプトです。実行すると0.2秒ごとにカウントアップする数を3桁の7セグメントLEDに表示します。

●タイマ割り込みでダイナミック駆動

sotech/4-4/3dcount_with_timer.py

```
from machine import Pin
from machine import mem32
from machine import Timer
import time

class SSeg3Digit: ①
    BASE = 0xD0000000
    SET = 0x014
    CLR = 0x018

    def __init__(self,bcd_base=0, dig_base=4): ②
        # BCDデータポートの初期化
        self.A = Pin(bcd_base + 0, Pin.OUT)
        self.B = Pin(bcd_base + 1, Pin.OUT)
        self.C = Pin(bcd_base + 2, Pin.OUT)
        self.D = Pin(bcd_base + 3, Pin.OUT)
        # 桁制御ポートの初期化
        self.dig0 = Pin(dig_base + 0, Pin.OUT)
        self.dig1 = Pin(dig_base + 1, Pin.OUT)
        self.dig2 = Pin(dig_base + 2, Pin.OUT)
        self.dig3 = Pin(dig_base + 3, Pin.OUT)

        # 全桁オフ
        mem32[self.BASE+self.CLR] = 0xF << dig_base
        # dig_b=桁制御のベースGPIO番号
        # bcd_b=BCDデータポートのベースGPIO番号
        self.dig_b:int = dig_base
        self.bcd_b:int = bcd_base
        # タイマ割り込み
        self.tim = Timer(freq=250, mode=Timer.PERIODIC,callback=self.timer_handler)
        # 現在の表示桁
        self.current_digit:int = 0
        # 表示するBCDコード
        self.bcd_data:int = 0xFFFF

    # 4msごとに呼び出されるコールバック関数
    @micropython.native
    def timer_handler(self, t): ③
        # 現在の表示桁をオフに
        mem32[self.BASE+self.CLR] = 0xF << self.dig_b
        # 次の桁に切り替え
        self.current_digit += 1
        if self.current_digit > 3:
            self.current_digit = 0
        # 表示するBCD
        d:int = (self.bcd_data >> (self.current_digit * 4)) & 0xF
        # A-Dクリア
        mem32[self.BASE+self.CLR] = 0x0F << self.bcd_b
```

```
        # A-D出力
        mem32[self.BASE+self.SET] = d << self.bcd_b
        # 表示桁オン
        mem32[self.BASE+self.SET] = (1 << self.current_digit) << self.dig_b

    @micropython.native
    def put(self, num: int, colon_flag: bool): ④
        # 数がマイナスなら全桁オフにする
        if num < 0:
            self.bcd_data = 0xFF0F | (0x0020 if colon_flag else 0x00F0)
            return
        # 0-999 を表示
        num %= 1000
        # 各桁の数
        hundreds_place:int = int(num / 100)
        num -= hundreds_place * 100
        colon:int = 0x2 if colon_flag else 0xF
        tens_place:int = int(num / 10)
        ones_place:int = int(num % 10)
        # コロンがないときに上位桁が0なら表示しない
        if colon_flag == False:
            if tens_place == 0 and hundreds_place == 0:
                    tens_place = 0xF
            hundreds_place = hundreds_place if hundreds_place != 0 else 0xF

        d:int = hundreds_place | colon << 4 | tens_place <<  8 | ones_place << 12
        self.bcd_data = d

disp = SSeg3Digit()

value = 0
while True:
    disp.put(value , False)
    value += 1
    time.sleep(0.2)
```

①SSeg3Digitクラスがダイナミック駆動により3桁の数を7セグメントLEDに表示するクラスです。

②コンストラクタの引数パラメータは次のとおりです。

```
SSeg3Digit(bcd_base=BCDデータポートのベースGPIO番号, dig_base=桁制御ポートのベースGPIO番号)
```

SSeg3Digitクラスは、TC4511BPのA～Dが接続されているBCDデータポートと、L1～L3を含め全4桁のオン・オフを制御する桁制御ポートが連続したGPIOに割り当てられていることを前提にしています。コンストラクタのbcd_baseとdig_baseに、それぞれの先頭GPIO番号を渡して初期化できるようにしました。初期値は制作した回路に合わせてbcd_baseが0、dig_baseが4です。

③timer_handler()関数がタイマ割り込みのコールバック関数です。

④外部から呼び出す関数としてput()が用意されています。put()の引数パラメータは次のとおりです。

```
SSeg3Digit.put(num=表示する数, colon_flag=コロン表示)
```

数字が3桁なので、numに0～999の数を渡すとそれを7セグメントLEDに表示する仕様としました。また、numに0未満の数を渡したときには3桁の7セグメントLEDをオフにします。これで、たとえば3桁の7セグメントLEDを点滅させるといったことができるようになります。

colon_flagはL1、L2を点灯させるならTrue、点灯させないならFalseです。colon_flagをFalseにしたときには上位桁の0を表示しない仕様としました。つまり10を表示するときcolon_flagがTrueなら「0:10」と表示し、Falseなら「10」と表示して100の位の0は非表示にします。

以上のような仕様のSSeg3Digitクラスの中身を見ていくことにしましょう。コンストラクタはBCDデータポートと桁制御ポートを出力で初期化したあと、必要なインスタンス変数を初期化しています。多くのインスタンス変数に**型ヒント**を付けていますが、Pythonを覚えたての方だと少し違和感があるかもしれませんね。

Pythonは変数型を自動で判断したり変換できる動的型付け言語で、普通は変数型を指定しません。しかし、Python 3.5から変数に型ヒントと呼ばれる変数型の指定ができるようになりました。変数に対する型ヒントは次のように変数名の後ろにコロンを入れて型を指定します。

```
# 変数fooは整数型
foo:int = 1
```

SSeg3Digitクラスでは使っていませんが、関数の戻り値の型を指定するときには次のように定義します。

```
# bar()はint型を返す
def bar(param:int ) -> int:
```

SSeg3Digitクラスのインスタンス変数にわざわざ型ヒントを付けているのは、@micropython.native修飾を付けたためです。@micropython.nativeで修飾した関数は、インタープリタ実行ではなくネイティブコードに変換されます。ドキュメントにも記されていますが、@micropython.nativeでネイティブコード化した関数は、インタープリタ実行に比べて10倍ほど高速になることが期待できます。

タイマ割り込みハンドラはできるだけ高速に実行したほうがいいので、@micropython.nativeで修飾して高速化をはかります。変数に型ヒントを付けることで、ネイティブコードに変換後の効率が少しでも良くなることを期待したわけです（@micropython.nativeで修飾する関数で型ヒントを使わなければならないという縛りはありません）。

NOTE **バイパーコードエミッター修飾子@micropython.viper**

@micropython.native修飾よりも、さらに効率的で高速なネイティブコードへの変換を行うバイパーコードエミッター修飾子@micropython.viperもあります。さらなる高速化を計るのなら@micropython.viperの利用も検討に値しますが、同修飾の対象となる関数はPython非準拠で、Python標準の多くの機能が使えません（クラス関数の修飾もできない）。なので、よほどのことがない限り利用する機会は多くないでしょう。@micropython.viperに関しては公式ドキュメントを参照してください。

話をSSeg3Digitクラスに戻すと、インスタンス変数current_digitが現在、点灯中の桁を保存する変数です。そしてインスタンス変数bcd_dataが表示するBCDコードで、コロンを含めて4桁のBCDコードをbcd_dataに格納します。

注意が必要なのは、7セグメントLEDのDIG.1がいちばん左の数、DIG.3がいちばん右の数という点です。つまり数の桁と表示桁を逆にしているのです。たとえば､7セグメントLEDに「123」と表示させるときには､bcd_dataに「0x32F1」と格納します。2桁目のFはコロンの桁で、Fならば非表示になることは先に説明したとおりですね。

タイマハンドラtimer_hander()では、current_digitを1桁ずらし、その桁にあたるBCDコードをbcd_dataから抜き出してBCDデータポートに出力し、current_digitをオンにしています。1行ごとにコメントを入れているので追っていけば理解できるでしょう。

なお、タイマハンドラは4ミリ秒ごとに呼び出されるようにしています。前述のように各桁5ミリ秒程度の速度でチラツキを認識できなくなりますが、人によってはちらつく印象を受けるかもしれないので、4桁あたり16ミリ秒＝1秒間に約60回表示としました。1秒あたり60回はディスプレイでも使われるフレーム数ですから、ほとんどの人がこれできれいな表示に見えるはずです。

put()メソッドではコロン桁を含む各桁のBCDコードを算出後、すべてをORで結合してbcd_dataに格納しています。少し煩雑なのはcolon_flagがFalseのとき、10の位（tens_place）は100の位があるなら表示し、100の位がないなら非表示する点くらいでしょう。

Thonnyに入力して実行してみてください。3桁の7セグメントLEDに0.2秒おきにカウントアップする数が表示され、999まで表示すると0に戻るはずです。0から999のすべての数が正常に表示されることが確認できるでしょう。

時々ちらつく理由（ガベージコレクション）

プログラムを実行し表示を眺めていると、数秒に1回程度の頻度でちらつくことに気がつくかもしれません。

実は、MicroPythonのRP2040向けの実装では、タイマ割り込みにハードウェアタイマが使われていません。Timerクラスのタイマ割り込みハンドラは、MicroPythonインタープリタ内部で受け取っている時間計測用の割り込みをもとにして、インタープリタがタイマハンドラを呼び出しています。そのため、インタープリタが忙しくなるとタイマハンドラを呼び出すタイミングが遅れてしまうのです。

インタープリタが忙しくなるのは**ガベージコレクション**を実行しているときです。Pythonのようなインタープリタ言語では、定期的に使われなくなった変数などのオブジェクトをクリーンアップして、空いたメモリを詰める必要があります。それをガベージコレクションと言います。

パソコン上のPythonだとガベージコレクションもかなり高速に実行されるので、その負荷はあまり気にならないですが、マイコン上のMicroPythonではガベージコレクションの実行にミリ秒オーダーの時間がかかります。結果、ガベージコレクションが始まるとタイマ割り込みハンドラの呼び出しがミリ秒オーダーで遅れるというわけです。

一部のMicroPythonの実装では、ハードウェアタイマ割り込みがサポートされています。ハードウェアタイマ割り込みならばガベージコレクション実行中にも呼び出される※1ために、ちらつくといったことは起きないと期待できますが、RP2040の実装ではTimerクラスのタイマ割り込みを使う限りどうにもなりません※2。

※1 ハードウェアタイマ割り込みはガベージコレクションの影響を受けないことが期待できる反面、割り込み処理内で多くの制約を受けます。詳しくはMicroPythonの公式ドキュメント「Writing interrupt handlers」を参照してください。

※2 RP2040でもPIO割り込みを利用すると定期的な割り込みを発生させられます。PIO割り込みはハードウェア割り込みで実装されているので、精密に定期的な処理を実行するために利用できそうです。ただ、テーマになっている7セグメントLEDのダイナミック駆動はPIOそのものの機能を使えば簡単にできるので、PIO割り込みを使うメリットがありません。

Programmable I/Oを使おう

Programmable I/O(PIO)を用いれば、ダイナミック駆動の際のちらつきを抑えることが可能です。ここではPIOの仕組みや利用方法を解説します。

設定した動作パターンを自動で繰り返す

Timerクラスのタイマ割り込みを使用したダイナミック駆動時のちらつきは、MicroPythonの限界の1つです。たとえばC／C++言語などを使ってネイティブコードで開発を行えば、インタープリタの挙動に悩まされるということはないでしょう。

しかし、Raspberry Pi財団の設計者がRP2040に組み込んだ、Interpolatorと並ぶ2大ギミックの1つである**Programmable I/O**(**PIO**)を利用すれば、MicroPythonでもダイナミック駆動時のちらつきを完璧に解決できます。

PIOは**プログラム可能なI/O**(**入出力**)という意味です。RP2040は8基のPIOを内蔵しています。PIOを「GPIOを制御する専用のCPUのようなもの」と紹介することがありますが、CPUよりはかなり低機能で、CPUのような計算ができるわけでもありません。

家庭用のミシンに、同じ縫いパターンを自動で繰り返してくれる機能(自動縫い)があります。PIOはGPIOにおける自動縫いのようなものと考えてください。ミシンに縫いパターンを設定しておくと、自動で繰り返してくれます。それと同様に、GPIOの動作パターンをプログラムしておけば、自動でそれを繰り返してくれるというイメージです。

PIOにおいて、自動縫いを実行してくれるのが**State Machine**(状態機械)です。State Machineは、専用の命令で記述した一種のプログラムに従ってGPIOを駆動する機械のようなものです。State Machineの構成を次ページの図に示します。

●State Machineの構成

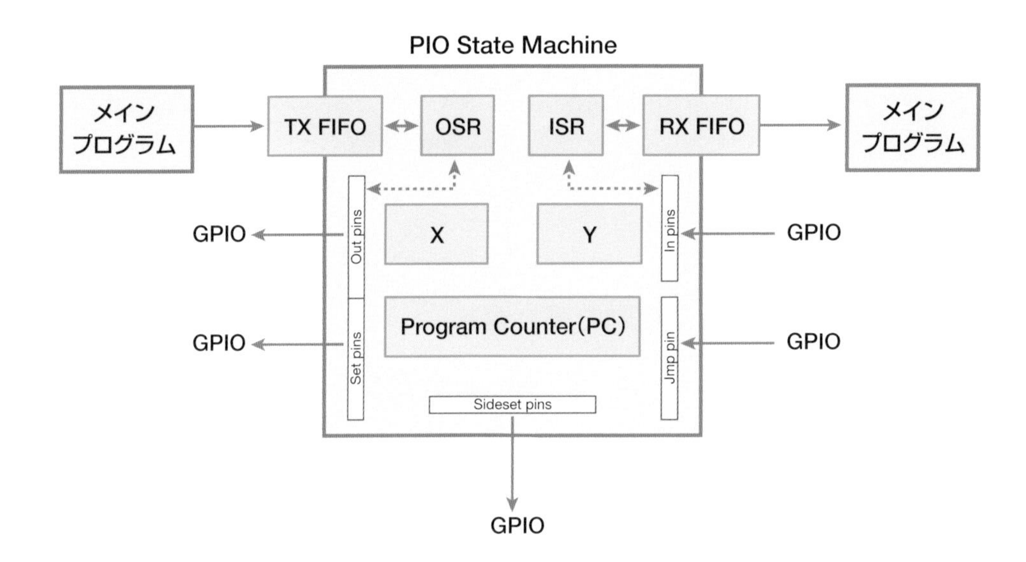

図中で**メインプログラム**と記しているのが、CPUで実行しているプログラム（本書ではMicroPythonコード）です。PIO State Machineはメインプログラムからデータを受け取る**TX FIFO**と、メインプログラムにデータを渡す**RX FIFO**という2つのFIFOバッファ（先入れ先出しバッファ）を備えています。

FIFOバッファのサイズは、TX FIFOとRX FIFOそれぞれ4つ（計8個）です。最大4個のデータをFIFOバッファに蓄積させることができます。また、バッファを8個に束ねてTX FIFO、RX FIFOのいずれか一方に割り当てることもできます。たとえば、非常に高速なI/Oのデータを受け取りたいとき、RX FIFOに8個を割り当ててバッファを増やし、データの取りこぼしを防ぐといったことができるわけです。

PIO State Machineはの4つの**レジスタ**（Register）（図の「OSR」「ISR」「X」「Y」）と、1つの**プログラムカウンタ**（Program Counter：PC）を持っています。レジスタというのは一時的にデータを入れる引き出しのようなものと考えてください。1つのレジスタは32ビットのサイズを持っています。

レジスタのうち、**OSR**（Output Shift Register）と、**ISR**（Input Shift Register）はFIFOバッファとやり取りする専用のレジスタです。State MachineがメインプログラムからTX FIFOを通じて受け取るデータは、OSRに読み出されます。また、State Machineからメインプログラムに渡したいデータはISRからRX FIFOに送り出します。

Xレジスタと**Y**レジスタは自由に使える**スクラッチパッド**です。一時的に32ビット幅のデータを保存しておいたりするのに使えます。

プログラムカウンタは、次に実行する命令を指し示すカウンタです。命令を実行するたびに自動的に1つ加算されます。PIOは**最大32個の命令**からなるState Machineを実行できるので、プログラムカウンタが取りうる値は0〜31です。

PIO State MachineはGPIOに対して5種類の窓口（ピン）を持っています。**Out pins**、**Set pins**、**SideSet pins**が**GPIOへの出力用**の窓口、**Jmp pin**と**In pins**が**GPIOからの入力用**の窓口です。Jmp pin以外の窓口に

対して、複数本の連続したGPIOを割り当てることが可能です。

それぞれの窓口は命令と対になっています。命令については後述します。ここでは各窓口の役割を理解しておいてください。

❶ Out pinsにはOSRに格納されているデータをGPIOに出力するout()命令用のGPIOを設定します
❷ Set pinsにはset()命令で出力するGPIOを設定します
❸ SideSet pinsには、side()修飾子で出力するGPIOを設定します
❹ In pinsには、in_()命令でISRに入力するGPIOを設定します
❺ Jmp pinにはjmp()命令の条件判定に使うGPIOを設定します

すべての窓口を使う必要はなく、State Machineで使う窓口にだけGPIOを割り当てます。

PIOでPicoのオンボードLEDを点滅させてみる

PIOのプログラムとはどういうものなのか、簡単なイメージを掴むためにPicoのオンボードのLEDを点滅させてみるサンプル（pio_blink.py）を実行してみましょう。なお、Pico WはGP25にオンボードLEDが接続されていないので実行できません。

pio_blink.pyをThonnyに入力して実行してみてください。オンボードLEDが点滅を始めます。

●PIOでLED点滅

sotech/4-5/pio_blink.py

```
import rp2
from machine import Pin

@rp2.asm_pio(set_init=rp2.PIO.OUT_LOW) ①
def blink():
    wrap_target()
    set(pins, 1) ②
    set(x, 20)
    label("high_wait")
    nop()           [18]
    jmp(x_dec, "high_wait")
    set(pins, 0) ③
    set(x, 20)
    label("low_wait")
    nop()           [18]
    jmp(x_dec, "low_wait")
    wrap()

sm=rp2.StateMachine(0, blink, freq=2000, set_base=Pin(25)) ④
sm.active(1)
while True:
    pass
```

PIO State Machineの命令コードについては次ページで解説します。

①@rp2.asm_pioで修飾された関数blink()がPIOアセンブラによってプログラムコードに変換されState Machineとして実行されます。@rp2.asm_pioにset_init=rp2.PIO.OUT_LOWというパラメータを与えていますね。これは前述のSet pinsに初期値を与えるとともに、Set pinsに割り当てるGPIOの数を設定するパラメータです。

②blink()ではSet pinsだけを使い、Set pinsには1つだけ（オンボードLEDのGPIOの1本だけ）を割り当てます。

③よって、set_init=の右辺は1つの初期値しか与えていません。与える初期値の数だけ、GPIOがSet pinsに割り当てられます。初期値として設定できるのはrp2.PIO.OUT_LOW(ローレベル）かrp2.PIO.OUT_HIGHです。

blink()はSet pinsしか使っていませんが、初期化の方法は他のピンも同じで、たとえばOut pinsを使うならout_init=rp2.PIO.OUT_LOWという具合に初期値とピンの数を与えます。複数のピンを割り当てるならout_init=(rp2.PIO.OUT_LOW,rp2.PIO.OUT_LOW)という具合にタプルで初期値を与えます。初期値が与えられた数のGPIOが、そのピンに割り当てられますが、Set pinsとSideSet pinsは最大5個のGPIOしか割り当てられません。

@rp2.asm_pioに与えることができるパラメータを次の表にまとめておきます。

●@rp2.asm_pioに指定できるパラメータ

引数名	内容
out_init	Out pinsの初期値と使用GPIO数
set_init	Set pinsの初期値と使用GPIO数（最大5個）
sideset_init	SideSet pinsの初期値と使用GPIO数（最大5個）
in_shiftdir	ISRのシフト方向。rp2.PIO.SHIFT_LEFT（左）/rp2.PIO.SHIFT_RIGHT（右）のどちらかを指定
out_shiftdir	OSRのシフト方向。rp2.PIO.SHIFT_LEFT（左）/rp2.PIO.SHIFT_RIGHT（右）のどちらかを指定
push_thresh	自動プッシュまたは条件付き再プッシュが機能する閾値（ビット数）。初期値は32
pull_thresh	自動プルまたは条件付き再プルが機能する閾値（ビット数）。初期値は32
autopush	自動プッシュを機能させるならTrue、初期値はFalse
autopull	自動プルを機能させるならTrue、初期値はFalse
fifo_join	FIFOを連結して8にする設定で初期値はrp2.PIO.JOIN_NONE（連結しない）。rp.2PIO.JOIN_RXで連結しRX FIFOに割当、rp2.PIO.JOIN_TXでTX FIFOに連結し割当

④rp2.StateMachine()により**State Machineオブジェクト**を作成します。コンストラクタの引数は次のとおりです。

```
rp2.StateMachine(ID番号,プログラム,freq=動作周波数,set_base=.....)
```

「ID番号」はState Machineを識別するための数で、前述の通りRP2040は8基のPIOを内蔵するので0～7までの任意の数を指定することになります。

「プログラム」にはState Machineとして実行したいプログラムを記した関数名、つまり@rp2.asm_pioで修飾された関数名を記します。

「freq」にはState Machineの動作周波数をHz単位で設定します。未指定の場合、CPUの動作クロックと同じシステムクロックになります。PIO State Machineの動作クロックはシステムクロックを分周して作成（割り算して作成）されます。分周比は最大65535で、デフォルトのシステムクロックは125MHzなので約1907Hzが設定できる最小の動作クロックになることに注意してください。

「set_base」以降でState Machineプログラムコード内で使うピンの先頭GPIO番号を与えます。その他、rp2.StateMachine()に渡せるパラメータを次の表に記します。

なお、一部のパラメータが@rp2.asm_pioのパラメータとダブっていますが、異なる指定を行った場合はrp2.StateMachine()の指定が優先されます。

●rp2.StateMachine( )のパラメータ

引数名	内容
in_base	In pinsの先頭GPIOをPinオブジェクトで指定
out_base	Out pinsの先頭GPIOをPinオブジェクトで指定
set_base	Set pinsの先頭GPIOをPinオブジェクトで指定
jmp_base	Jmp pinの先頭GPIOのをPinオブジェクトで指定
sideset_base	SideSet pinsの先頭GPIOをPinオブジェクトで指定
in_shiftdir	ISRのシフト方向。rp2.PIO.SHIFT_LEFT（左）/rp2.PIO.SHIFT_RIGHT（右）のどちらかを指定
out_shiftdir	OSRのシフト方向。rp2.PIO.SHIFT_LEFT（左）/rp2.PIO.SHIFT_RIGHT（右）のどちらかを指定
push_thresh	自動プッシュまたは条件付き再プッシュが機能する閾値（ビット数）。初期値は32
pull_thresh	自動プルまたは条件付き再プルが機能する閾値（ビット数）。初期値は32

State Machineオブジェクトのactive()関数に1を渡すと、作成したState Machineが起動します。また、active()関数に0を渡すとState Machineが停止します。139ページのpio_blink.pyでは、set_baseにオンボードLEDのGPIOであるPin(25)を設定してblink()をState MachineとしてPIOに実行させているわけです。動作クロックは2000Hz（2kHz）です。

PIOの命令コード

State Machineとして実行させるプログラムの解説をします。139ページのpio_blink.pyでは、@rp2.asm_pioで修飾された関数に並べた命令コードがState Machineのプログラムです。

```
@rp2.asm_pio(...)
def pio_program():
    wrap_target()
    nop()
    nop()
    wrap()
```

これが命令コード

命令コードは先頭から順に実行され、wrap_target()とwrap()で囲まれたコードが繰り返しループ実行されます。wrap_target()とwrap()を省略した場合は、先頭から実行を始め、終わりまで実行したら先頭に戻ります。いずれにしてもState Machineは止めるまで同じ動作を繰り返すわけです。

1つの命令コードは1クロックで実行されます。上の例ならnop()命令が2個ですから実行には先頭から終わりまで2クロックの時間がかかるわけですね。

PIOの命令コードはCPUの機械語命令のようだと言われますが、実際に命令は16ビット長でCPUの機械語命令のように16ビットの中にオペコードやオペランドのビットフィールドが定義された形になっています。上記のように記述したプログラムコードは、MicroPythonに組み込まれているPIOアセンブラによって実行可能なバイナリに変換され、PIOに読み込まれState Machineとして実行される形になっています。

PIOに特徴的な点として、命令コードにディレイ（待ち）を付加できる点が挙げられます。

```
nop()    [31]
```

nop命令を実行後、31クロック待つ

上の例だとnop()命令の実行と合わせて32クロックが消費されます。PIOのプログラムでは、このようなディレイと命令実行のクロック数を数えて、GPIOをオン・オフするタイミングを決めたりします。

ディレイとして指定できる最大値はビットフィールドの制限により最大31ですが、SideSet pinsとディレイのビットフィールドが共用になっているため、SideSet pinsに設定したGPIOの数によりディレイに指定できる数が減少することに注意が必要です。**SideSet pinsに4以上のGPIOを割り当てるとディレイは指定できません。**

[ ]を使ってディレイを指定する代わり.delay()修飾を使うこともできます。こちらのほうが見た目にはわかりやすいかもしれません。

```
nop().delay(31)
```

nop命令を実行後、31クロック待つ

ディレイのほか命令に.side()修飾を付けることができます。.side()修飾は引数に与えた数をSideSet pinsに出力する修飾です。

```
nop().side(0b0001)
```

nop命令を実行すると同時にSideSet pinsに1を出力

仮にSideSet pinsにGP4～GP7を割り当てているとしましょう。上のコードを実行するとnop()命令を実行するとともにGP4がハイレベルになります。.side(0b0010)としたらGP5がハイレベルになるわけですね。.side()を利用すると複数のGPIOの出力を同時に操ることができます。

では、肝心の個々の命令と、その動作を説明していきましょう。本書では使わない機能も含んでいますが、こういう機能があるのかと記憶にとどめてもらえばいいでしょう。

■ label("label_name")

label()は疑似命令で、そこにラベル名"label_name"を設定します。jmp()命令のジャンプ先として使用します。

jmp([cond,]"label_name")

condを省略した場合は、無条件に"label_name"のラベル位置に命令の実行を移します（ジャンプする）。

condには次の条件を指定できます。

- **not_x** Xレジスタが0ならジャンプ
- **not_y** Yレジスタイが0ならジャンプ
- **x_dec** Xレジスタがゼロでなければ Xレジスタから1引いてジャンプ
- **y_dec** Yレジスタがゼロでなければ Yレジスタから1引いてジャンプ
- **x_not_y** XレジスタとYレジスタが等しくないならジャンプ
- **pin** Jmp pinがハイレベルならジャンプ
- **not_osr** OSRが空でない（または設定した閾値に達していない）ならジャンプ

wait(polarity, src, index)

srcに指定したピンがpolarityに指定した状態になるまで待ちます。srcには次の引数を指定できます。

- **gpio** indexに指定したGPIO番号
- **pin** In pinsに設定したGPIO
- **irq** PIO割り込みのフラグ（フラグはindexで指定）

polarityには0（ローレベル）または1（ハイレベル）を指定します。indexはsrcにgpioを指定したときGPIO番号、pinを指定したときIn pinsのベースGPIOからのオフセット、irqを指定したときPIO割り込みフラグです。

たとえば、次のように記述したならGP0がハイレベルになるまで待ちます。

```
wait(1, gpio, 0)
```

in_(src, bit_count)

bit_countで指定したビット数をsrcからISRに読み込みます。読み込んだbit_countだけISRがビットシフトします。

srcには次の引数を指定できます。

- **pins** In pinsに設定したGPIO
- **x** Xレジスタ
- **y** Yレジスタ
- **osr** OSR
- **null** 0を読み込む。bit_countだけビットシフトさせるときに使う

たとえば、次のように記述したならIn pinsの先頭GPIOから4ビット分をISRに読み取ります。rp2.PIO.SHIFT_LEFTが指定されていれば読みとった4ビット分だけISRが左シフトしISRの下位4ビットがGPIOから読み取った値になります。

```
in_(pins, 4)
```

なお、in_()命令だけ命令名にアンダーバーがついているのはinがPythonの予約語だからです。

out(dest, bit_count)

destに対してOSRのbit_countビット数分のデータを出力します。destには次の引数を指定できます。

- **pins** Out pinsに設定されているGPIO
- **x** Xレジスタ
- **y** Yレジスタ
- **pindirs** ピン入出力設定マスク
- **pc** プログラムカウンタ
- **isr** ISR
- **exec** bit_count分のデータをPIOの命令として次のクロックで実行

たとえば、次のように記述するとOSRから下位4ビットをOut pinsに設定されているGPIOに出力します。rp2.PIO.SHIFT_RIGHTが指定されていれば出力後にOSRが4ビット分だけ右シフトします。

```
out(pins, 4)
```

push([[iffull,]block|noblock])

push()はISRからRX FIFOにデータを送り出す命令です。引数を与えないとき、ISRのデータをRX FIFOにプッシュします。RX FIFOに空きがないときには空きができるまでブロックします。push()のデフォルトの動作は

ブロックで引数blockを与えたときと等価ですからblockは省略できます。

push(noblock)はFIFOが空きがないときISRのデータを破棄しブロックしません。push(iffull)はISRのシフトカウントが設定した閾値を超えていればOSRのデータをRX FIFOにプッシュします。

pull([[ifempty,]block|noblock])

pull()はTX FIFOからOSRにデータを引き出します。TX FIFOに受け取るべきデータがないときにはデータが受け取れるようになるまでブロックします。push()と同じようにpull()もデフォルトの動作がブロックなので、引数blockは省略できます。

pull(noblock)はTX FIFOにデータがあるならそれをOSRに引き出し、TX FIFOが空ならXレジスタの値をOSRにコピーします（ブロックしません）。Xレジスタにデータを保存しておくことで、メインプログラムからデータが渡されないときには同じデータを繰り返し使うことができるわけです。

pull(ifempty)はOSRのシフトカウントが設定した閾値を超えているときのみTX FIFOからデータを引き出します。

mov(dest, src)

srcからdestに値をコピーします。語源はmoveですがCPUの機械語命令におけるmovと同じように値を移動させるわけではないことに注意してください。

destには次の引数を指定できます。

- **pins** Out pinsに設定したGPIO
- **x** Xレジスタ
- **y** Yレジスタ
- **pc** プログラムカウンタ
- **isr** ISR
- **osr** OSR
- **exec** srcの値をPIO命令として次のクロックに実行

destにpcを指定したときには、srcの値に命令の実行が移るので、つまりジャンプ命令として動作します。

srcには次の引数を指定できます。

- **pins** In pinsに設定したGPIO
- **x** Xレジスタ
- **y** Yレジスタ
- **null** 0
- **isr** ISR
- **osr** OSR

srcはinvert()もしくはreverse()で囲うことができます。invert(src)としたときにはsrcの全ビットが反転します。reverse(src)とすると全ビットの並びが逆順になります。

■ set(dest,data)

dataに指定した値（即値）をdestに設定します。dataは0～31までの値です。destには次の引数が指定できます。

- **pins**　Set pinsに設定したGPIO
- **x**　Xレジスタ
- **y**　yレジスタ
- **pindir**　ピン入出力設定マスク

■ irq([mode,]index)

indexに指定した割り込みフラグをオンにして割り込みを発生させます。indexには0～7を指定でき、0～3はメインCPUへの割り込みとして使用できます。indexには割り込みフラグの代わりにrel(0)～rel(7)を指定することもできます。rel(n)を指定したときには**ステートマシンのID番号 ＋ n % 4**が割り込みフラグとして使われます。

modeとしてblockかclearを指定できます。blockを指定したとき、割り込みフラグがクリアされるまでブロックします。clearを指定するとindexに指定した割り込みフラグをクリアします。

■ nop()

何もせず1クロックを消費する命令です。実際の命令コードにnop()という命令があるわけではなく、PIOアセンブラによってmov(y,y)（Yレジスタの値をYレジスタにコピー）という何もしないに等しい命令に変換されます。

PIOでダイナミック駆動を行おう

PIOの概要が理解できたら、実際に7セグメントLEDでダイナミック駆動を行ってみましょう。ここではPIOでダイナミック駆動を行うプログラムを解説します。

State Machineでダイナミック駆動を行う仕組み

ここまでPIOの概要を説明してきました。State Machineによって7セグメントLEDのダイナミック駆動を行う仕組みが推測できた人もいるかもしれません。ヒントはpull(noblock)を使ってメインプログラムからデータを得ると、もしTX FIFOにデータがなければXレジスタの値が使われるという動作です。

7セグメントLEDのダイナミック駆動では、表示する（コロンを含む）4桁分のデータを、MicroPythonスクリプトからTX FIFOを通じてState Machineに引き渡します。引き渡されたデータをXレジスタに保存しておくことで、もし新規のデータがないなら先に渡されたデータで延々と7セグメントLEDを光らせることができるわけです。次のような形ですね。

FIFOからデータが引き出されるOSRは、rp2.PIO.SHIT_RIGHTを設定しておけばout()命令で出力するたびに出力したビット数分を右シフトします。したがって、Out pinsにA～Dが接続されているGPIO、本書の例ならGP0～GP3を設定しておくことで4桁をout()命令で各桁を順番に点灯させられます。

```
# 1桁点灯
out(pins, 4)
```

下位4ビットをOut pinsに出力しOSRを4ビット右シフト

SideSet pinsに桁制御ポート、本稿の例ならGP4～GP7を設定しておくことで桁出力と桁制御を同時に行えますね。

```
# 1桁点灯と同時に桁制御
out(pins, 4).side(0b0001)
```

下位4ビットをOut pinsに出力し1桁目を点灯

前述のように、SideSet pinsに4本のGPIOを設定するとディレイが使えなくなります。各桁点灯後の待ちにディレイが使えませんが、1つのState Machineは最大32個の命令という制限があるので待ちに多くの命令を費やすこともできません。代わりにState Machineの動作クロックを抑えれば、少ない命令で4ミリ秒程度の待ちが実現できます。設定できる最低クロックに近い2000Hzにすれば、1クロック（1命令）あたり0.5ミリ秒ですから8命令分の何かをすれば4ミリ秒の待ちになります。

PIOを使った3桁7セグメントLEDのサンプルスクリプト（pio_dynamic.py）を示します。

●PIOでダイナミック駆動

sotech/4-6/pio_dynamic.py

```
from machine import Pin
import time
import rp2

dynamic_machine = rp2.StateMachine(0) ④

@rp2.asm_pio(out_init=(rp2.PIO.OUT_HIGH,rp2.PIO.OUT_HIGH,rp2.PIO.OUT_HIGH,rp2.⮐
PIO.OUT_HIGH),
             sideset_init=(rp2.PIO.OUT_LOW,rp2.PIO.OUT_LOW,rp2.PIO.OUT_LOW,rp2.⮐
PIO.OUT_LOW),
             out_shiftdir=rp2.PIO.SHIFT_RIGHT )
def dynamic_drive(): ①
    set(x, 0xFFFF)                # 初期値として全桁オフ
# ここからループ
    wrap_target()
    pull(noblock)                 # メインプログラムからOSRにデータを取得
    mov(x,osr)                    # xレジスタにosrを退避
    out(pins, 4).side(0b0001)     # DIG.1を点灯
    set(y, 6)                     # 7回ループで3.5ms
    label("delay_a")
    jmp(y_dec, "delay_a")
    out(pins, 4).side(0b0010)     # Lを点灯
    set(y, 6) ②
    label("delay_b")
    jmp(y_dec, "delay_b")
    out(pins, 4).side(0b0100)     # DIG.2を点灯
    set(y, 6)
    label("delay_c")
    jmp(y_dec, "delay_c")
    out(pins, 4).side(0b1000)     # DIG.3を点灯
    set(y, 4) ③                   # 2命令分減らす
    label("delay_d")
    jmp(y_dec, "delay_d")
```

```
    wrap()

# State Machineの初期化
def seg3_init(bcd_base:int = 0, dig_base:int = 4):
    dynamic_machine.init(dynamic_drive,
                         freq=2000,
                         out_base=Pin(bcd_base),
                         sideset_base=Pin(dig_base),
                         out_shiftdir=rp2.PIO.SHIFT_RIGHT)

    dynamic_machine.active(1)

def seg3_put(num:int, colon_flag:int):
    # 数がマイナスなら全桁オフにする
    if num < 0:
        d:int = 0xFF0F | (0x0020 if colon_flag else 0x00F0)
        dynamic_machine.put(d)  # TX FIFOにプッシュ
        return

    num %= 1000
    # 各桁の数
    handreds_place:int = int(num / 100)
    num -= handreds_place * 100
    colon:int = 0x2 if colon_flag else 0xF
    tens_place:int = int(num / 10)
    ones_place:int = int(num % 10)
    # コロンがないときに上位桁が0なら表示しない
    if colon_flag == False:
        if tens_place == 0 and handreds_place == 0:
                tens_place = 0xF
        handreds_place = handreds_place if handreds_place != 0 else 0xF

    d = handreds_place | colon << 4 | tens_place <<  8 | ones_place << 12
    dynamic_machine.put(d)  # TX FIFOにプッシュ


value = 0
seg3_init()
while True:
    seg3_put(value , False) ⑤
    value += 1
    time.sleep(0.2)
```

①dynamic_drive()がState MachineのPIOプログラムです。主要な要素はすでに説明した通りで、点灯後の待ちは空のループを使っています。

```
    set(y, 6)                          7回ループで3.5ms
    label("delay_a")
    jmp(y_dec, "delay_a")
```

②set()命令でYレジスタに6を入れてjmp(y_dec,label)を回すとjmp()命令が7回実行されますね。1命令あたり0.5msですからset()命令を入れると合計8命令となり4msの待ち時間になります。1桁の点灯にはさらにout(pins,4).side(n)が入るので合計9命令が費やされ、1桁あたり4.5msの時間を要している計算です。

③DIG.3の表示で空のループ回数を2減らしていますが、これはwrap_target()のあとに実行されるpull(noblock)とmov(x,osr)の2命令分を差し引く必要があるからです。これを忘れるとDIG.3の点灯時間が1ミリ秒長くなってしまいます。

④dynamic_drive()のState Machineは次のようにStateMachine.init()を使って初期化しています。

```
dynamic_machine = rp2.StateMachine(0)
<中略>
def seg3_init(bcd_base:int = 0, dig_base:int = 4):
    dynamic_machine.init(dynamic_drive,freq=2000....)
```

StateMachineオブエクトをID0で作成しておき、init()メソッドで初期化してもコンストラクタにパラメータを渡したのと同じ結果になります。このようにしている理由は後々の都合でseg3_init()という初期化関数を用意したかったからで、それ以上の理由はありません。

⑤seg3_put()関数の中身はほぼSSeg3Digit.put()と変わりません。違いは、表示するBCDコードをPIOのTX FIFOバッファに格納している点です。

```
    dynamic_machine.put(d)
```

このようにState Machineオブジェクトのput()メソッドで、そのState MachineのTX FIFOにデータを送り込むことができます。このデータがdynamic_drive()のpull(noblock)で受け取られるわけですね。

pio_dynamic.pyをThonnyに入力して実行してみてください。0.2秒ごとにカウントアップする数が3桁7セグメントLEDに表示されるでしょう。タイマ割り込みを使った場合に比べると、比較にならないほどちらつきのないきれいな表示ができることが確認できるはずです。PIOのState MachineはCPU側の影響を受けずに動作しているので、インタープリタの都合の影響を受けないのは当然でもあります。

ロジックアナライザで測定

次の図はTC4511BPのA～D（GP0～GP3）と、桁制御ポート（GP4～GP7）の信号を、ロジックアナライザ（155、156ページのNote参照）で測定した様子です。DIG1、L……DIG3までが順番にハイレベルになり、各桁のデータがA～Dに出力されていることが確認できますね。また、1桁あたり4.5ミリ秒ですから計算どおり4桁で18ミリ秒の時間を要していることも確認できます。

このように、PIOを使うとCPUの都合によらず精密にGPIOのハイ・ローを制御できます。7セグメントLEDは見た目の良し悪しだけなので、あまり精密でなくても問題はないですが、高速な外部機器とやり取りを行う必要があるといったケースでは、最大でシステムクロックと同じ速さで実行できるPIOが威力を発揮します。

●7セグメントLED表示回路の実測タイミング

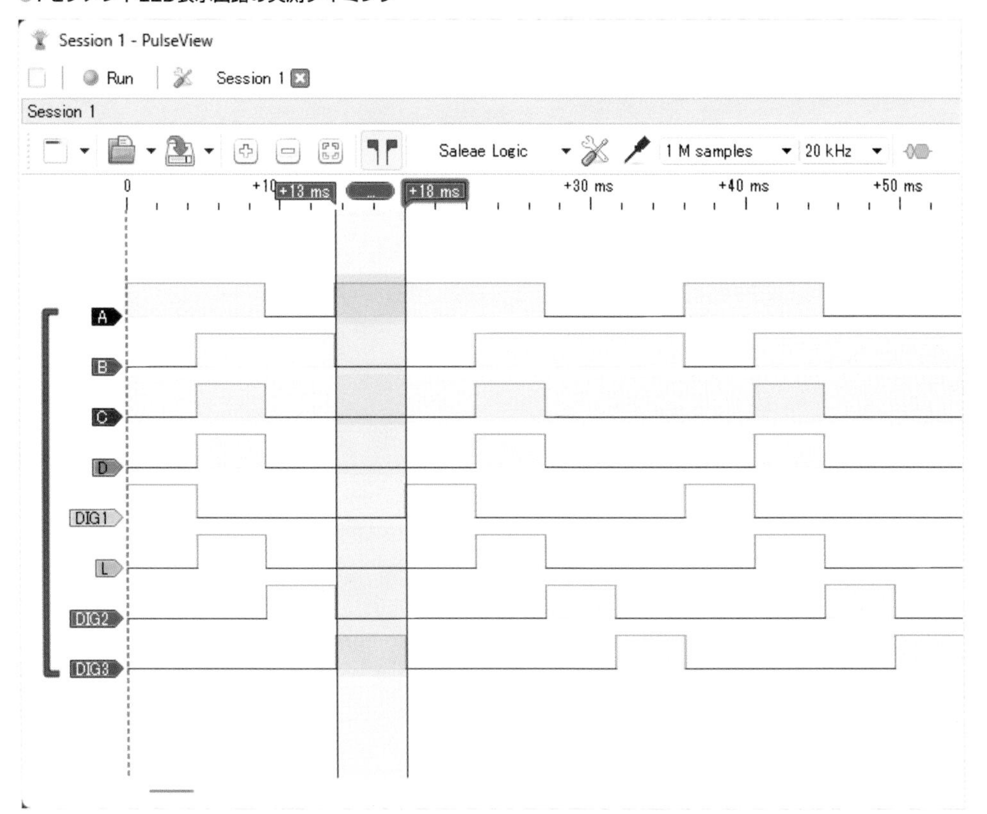

ラーメンタイマーを完成させよう

時間を表示するためだけに長々と紙面を使ってきましたが、ようやく残り時間を表示できるラーメンタイマーを完成させるための要素が揃いました。完成へと歩みを進めることにしましょう。

ソースコードを整理する

前節で作成した7セグメントLEDの表示や、その前に完成させていたタクトスイッチ押下を検出するTactSwitchクラスを、ラーメンタイマーのプログラムnoodle_timer.pyで利用します。これらを1つのソースコードに入れ込むのは少しごちゃごちゃしてわかりにくいですよね。

そこで、それぞれ別ファイルに保存してimportできるようにしましょう。まず、TactSwitchクラスのみを記したnoodle_lib.pyというファイルを作成し、Thonnyに入力しましょう。

●TactSwitchクラスのみを記したファイル

sotech/4-7/noodle_lib.py

```
from machine import Pin
import time

class TactSwitch:
    PUSH = 1
<以降、Chapter3-2のTactSwitchクラスと同じ>
```

Thonnyのメニューから「ファイル」➡「名前をつけて保存」を選択し、保存先として「Raspberry Pi Pico」（Pico Wの場合は「rp2040 Device」）を選択します。そしてファイル名noodle_lib.pyで保存してください。

以後、TactSwitchクラスは次のように利用できるようになります。

```
from noodle_lib import TactSwitch
sw = TactSwitch(16)
...
```

続いて、7セグメントLEDも同じように1つのファイルにまとめます。Chapter4-6のpio_dynamic.py.pyでは外部から呼び出す関数seg3_init()とseg3_put()にseg3_という接頭辞を付けましたが、ライブラリとしてファイルにまとめてしまえば、これらの接頭辞は不要になります。

2つの関数からseg3_を取り去ったものをseg3.pyというファイル名で、同じようにPico側に保存します。

●7セグメントLEDの制御プログラム

sutech/4-7/seg3.py

```
from machine import Pin
import time
import rp2

dynamic_machine = rp2.StateMachine(0)

@rp2.asm_pio(out_init=(rp2.PIO.OUT_HIGH,rp2.PIO.OUT_HIGH,rp2.PIO.OUT_HIGH,rp2.⮐
PIO.OUT_HIGH),
             sideset_init=(rp2.PIO.OUT_LOW,rp2.PIO.OUT_LOW,rp2.PIO.OUT_LOW,rp2.⮐
PIO.OUT_LOW),
             out_shiftdir=rp2.PIO.SHIFT_RIGHT )
def dynamic_drive():
    ……以下、PIOプログラムdynamic_drive()と同じ


def init(bcd_base:int = 0, dig_base:int = 4):
    dynamic_machine.init(dynamic_drive,
                         freq=2000,
                         out_base=Pin(bcd_base),
                         sideset_base=Pin(dig_base),
                         out_shiftdir=rp2.PIO.SHIFT_RIGHT)

    dynamic_machine.active(1)

def put(num:int, colon_flag:int):
    # 数がマイナスなら全桁オフにする
    if num < 0:
<以降、seg3_putと同じ>
```

以降は、次のようにすればPythonコードから3桁7セグメントLEDの表示が行えます。

```
import seg3

seg3.init()
seg3.put(123, True)
```

残り時間をカウントダウンするラーメンタイマー

次ページのnoodle_timer.pyは、残時間を「分:秒」の形式で7セグメントLEDに表示するラーメンタイマープログラムです。

●残時間を「分:秒」の形式で7セグメントLEDに表示するラーメンタイマー

sotech/4-7/noodle_timer.py

```
from machine import Pin
import time
import seg3
from noodle_lib import TactSwitch

# 分:秒で時間を表示する
def put_time(sec):
    t = -1
    if sec >= 0:
        t = int(sec/60) * 100 + int(sec % 60)
    seg3.put(t, True)

sw = TactSwitch(16)
seg3.init()
while True:
    put_time(180)
    if sw.get_state() == TactSwitch.PUSH:   # ラーメンタイマースタート
        past_time = 0                        # 経過時間
        led_time  = 200                      # LED点灯時間
        start_time = time.ticks_ms()         # 開始時間（ミリ秒）
        time_remaining = 180                 # 残り秒
        prev_sec = time_remaining
        while True:
            past_time = time.ticks_diff(time.ticks_ms(), start_time)
            time_remaining = 180 - int(past_time / 1000)
            if time_remaining != prev_sec:
                prev_sec = time_remaining
                put_time(time_remaining)

            if past_time > (180 * 1000):     # 3分経過？
                break;
            if sw.get_state() == TactSwitch.PUSH:   # スイッチが押された？
                break

        if past_time > (180 * 1000):
            # 7セグメントLEDを点滅させる
            blink = 0
            ms = time.ticks_ms()
            put_time(blink)
            while sw.get_state() != TactSwitch.PUSH:
                if time.ticks_diff(time.ticks_ms(), ms) > 200:
                    blink = -1 if blink == 0 else 0
                    put_time(blink)
                    ms = time.ticks_ms()
```

put_time()は秒で渡した時間を「分:秒」で表示する関数です。秒が0未満ならseg3.put()に負の値を渡して、数字の表示をオフにします。

ラーメンタイマーのメインループは既出のものとほぼ同じですが、7セグメントLEDの表示でラーメンタイマーのステータスがわかるようになったので、print()関数を使った表示をやめています。変数time_remainingに残り秒を保存して、残り秒が減るたびに7セグメントLEDに「分:秒」を表示させます。

3分が経過したら、それをユーザーに知らせるために200ミリ秒ごとに7セグメントLEDの「0:00」表示を点滅させています。ユーザーは7セグメントLEDの点滅でカップ麺の出来上がりを知ることができるわけですね。点滅中にユーザーがタクトスイッチを押すと、ループの先頭に戻り、7セグメントLEDに「3:00」と表示されますから、ユーザーはラーメンタイマーが起動待ちの状態に入ったことがわかります。

NOTE

手に入れておきたい測定器

測定器は電子工作を行っていくうえで欠かせないものです。しかし、予算には限りがあるのが普通でしょう。手に入れておきたい順で役に立つ測定機をまとめておきます。

◆テスター(デジタルマルチメーター)

テスターは電子工作に必須というか、ないと何もできないと言っていい測定器です。電圧と抵抗の測定を基本として、電流(DC/AC)や静電容量、さらに信号の周波数やデューティー比など多彩な測定項目を持つ製品が市販されています。

●デジタルマルチメータ(テスター)「CD771」
(https://www.sanwa-meter.co.jp/japan/products/digital_multimeters/cd771.html)

電圧と抵抗さえ測定できれば、あとは予算が許す範囲で購入するテスターを選べばいいでしょう。デジタル工作では周波数とデューティー比の測定がわりと役に立つことがあります。一方、電流や静電容量はあればあったで良いという程度です。
デジタルマルチメーターでは「カウント数」が宣伝文句として使われていることがあります。デジタルマルチメーターにおけるカウント数とはデジタル表示できる最大値のことです。
たとえば「2000カウント」のテスターは「1999」の表示が最大値となります。2000カウントのテスターなら、たとえば、200Vを超えると0.1V単位での測定ができなくなるということがわかります。カウント数が大きいほど粒度が小さくなりますが、必ずしも精度が高くなるわけではないことに注意が必要です。
「真のRMS」を売りにしているテスターもよく見かけます。RMS(Root Mean Square)は周期的に変化する交流の実効値電圧及び実効電流です。実質的には波形の面積に等しく正しくは定積分で求めることができ、正弦波の場合は波高値の$\frac{1}{\sqrt{2}}$になることが証明できます。
真のRMSが測定できないテスターは、入力されている波形に関わらず波高値の$\frac{1}{\sqrt{2}}$の電圧や電流を表示するので、測定対象が正弦波でないときは正しい実効値になりません。「真のRMS」を保証しているテスターは正弦波以外でも正しい実効値が表示できるという意味です。
カウント数や精度は価格次第といった部分があるので、これも予算に応じて選べばいいでしょう。いずれにしても、テスターはないとお話にならないので、入手しておくべきです。

◈ロジックアナライザ

ロジックアナライザは信号のデジタル的な状態を確認する測定器です。信号を見るという点でオシロスコープに似ていますが、デジタルの状態しか確認できない代わりに多数の入力チャンネルをサポートする点がオシロスコープとの違いです。
本文で取り上げた7セグメントLEDを例にすると、プログラムを正しく記述したつもりでも正常に表示できないといったことが起きたとします。プログラムを見直す方法もありますが、信号を直接に測定して何が起きているかを目で確かめればプログラムのミスに早く気づけるでしょう。それができるのがロジックアナライザです。
かつてはアマチュアには入手しにくい測定機でしたが、オープンソースソフトウェアのsigrok（https://sigrok.org）で利用できるUSB接続の安価な簡易ロジックアナライザがAmazonなどから入手できます。Cypress（現Infineon Technologies）が開発した汎用USBインタフェースLSI「EZ-USB」とバッファICだけで構成しているために1,000～2,000円程度と極めて安価です。

●Ren He 24MHz 8チャンネル 8CHロジックアナライザ サポート USBロジックアナライザ MCU FPGA ARM対応（https://www.amazon.co.jp/dp/B07M8RQMTS）

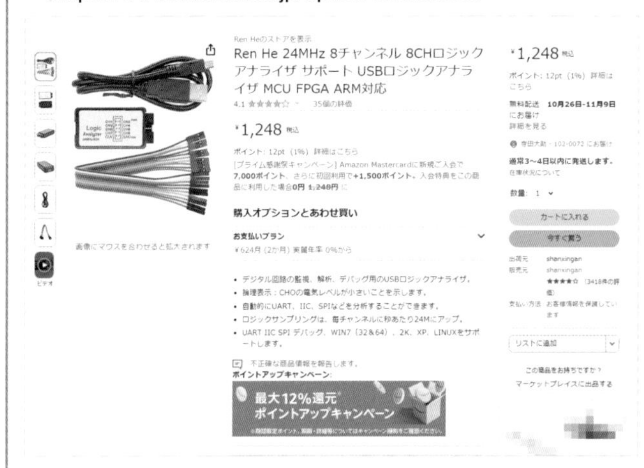

本格的なロジックアナライザに比べれば機能や性能が貧弱ですが、現行のEZ-USBチップを使用したものなら最大24MHzのサンプリングレートが得られ、アマチュアが扱うデジタル回路ならばほとんどカバーできます。筆者も普段は、この種の簡易ロジックアナライザとsigrokを使ってデバッグを行っています。
テスターよりもむしろ手軽といえるほど安価ですから、手に入れておくのも悪くないでしょう。Amazonで「USBロジックアナライザ」と検索すれば多数の製品がヒットしてきます。

◈オシロスコープ

信号のアナログ波形を測定するのがオシロスコープです。ロジックアナライザでは確認できないアナログ面の問題を解決するのに役に立ちます。
オシロスコープもテスターと同じように、数千円の玩具的な製品から果ては数百万円クラスまでとピンからキリです。テスターやロジックアナライザは安価なものでも役に立ちますが、デジタル回路のトラブルシューティングに使う前提なら低機能で性能が低いオシロスコープがあってもあまり意味がありません。
目安としてアナログ帯域20MHz以上でサンプリングレート1Gsps（1秒間に10^9回）、入力チャンネル数2ch以上くらいのオシロスコープがあれば長く使えるでしょう。現在では4万円前後でそのクラスのオシロスコープが購入できるようになっています。
機種によってはI^2Cを始めとするシリアルバスのデコード機能（翻訳機能）が備わっていて、そうした機種であればアナログ・デジタル両側面からのデバッグができ便利です。

Part 5

有機ELディスプレイで温湿度計を作ってみよう

本章では、汎用性が高い有機ELディスプレイを取り上げます。
有機ELディスプレイは、バックライトを必要としない自発光で、美しい表示と見やすさが特徴です。やや高価ですが、小型の有機ELディスプレイならば1,000円前後から手に入ります。ディスプレイの制御は自力で行うと仕様書との格闘になりますが、MicroPythonは多数の既存のライブラリがあり、世間に出回っている大部分の小型ディスプレイはこれを流用すれば利用できます。
同様にライブラリで利用できる温湿度センサーと組み合わせ、さらにPico Wの作例としてIoT的なガジェットを作ってみることにしましょう。

ディスプレイの基本的な仕組み

マイコンは必要に応じてディスプレイを接続して使用しますが、パソコンと違ってOSがディスプレイを制御する仕組みを持っていないので、直接操作する必要がある場合もあります。ここではディスプレイが表示を行う仕組みなどについて解説します。

マイコンでのディスプレイ表示

パソコンを使用する場合、ディスプレイ表示ができることが当たり前です。現在はOSが高機能かつ多彩なAPIを用意していて、ユーザープログラムはAPIを通じて表示を行うので、ディスプレイハードウェアを直接的に操作することはまれです。

一方、マイコンではディスプレイが必ず必要というわけではありません。LEDや7セグメントLEDで十分な用途もあれば、ちょっとしたディスプレイが必要になる用途もあり、用途やコストに応じて表示機器を選択することになります。

また、マイコンではOSがディスプレイを制御するAPIを提供しているわけではないので、ディスプレイハードウェアを直接的に操作する必要がある場合もあります。まずはディスプレイがどのように表示を行っているのかを簡単に把握しておくことにしましょう。

キャラクタディスプレイとビットマップディスプレイ

ディスプレイは大きく「**キャラクタディスプレイ**」と「**ビットマップディスプレイ**」に分けられます。前者は文字しか表示できないディスプレイ、後者はドットの集合（ビットマップ）を表示できるディスプレイです。どちらのタイプのディスプレイも、メモリの一種である**ビデオメモリ**（Video RAM：**VRAM**）に書き込まれている内容をディスプレイに表示します。

■キャラクタディスプレイ

たとえば80×25文字のキャラクタディスプレイであれば、VRAMは80×25＝2,125文字分の記憶容量を持ちます。ASCIIコードであれば1文字1バイトなのでVRAMの容量は2,125バイトになります。

VRAMの先頭アドレスに「A」のキャラクタコード（0x41）を書き込んだとしましょう。ディスプレイコントローラなどと呼ばれるLSIがVRAMを定期的に先頭アドレスから最終アドレスまでを定期的に読み出しています。VRAM上の「A」のキャラクタコードを読み取ったディスプレイコントローラは、対応する文字の形のビットマップが収められている「キャラクタROM」から文字のビットマップを読み出し、ディスプレイパネルの1文字目（左上）に「A」という文字を描画します。

●キャラクタ型ディスプレイ

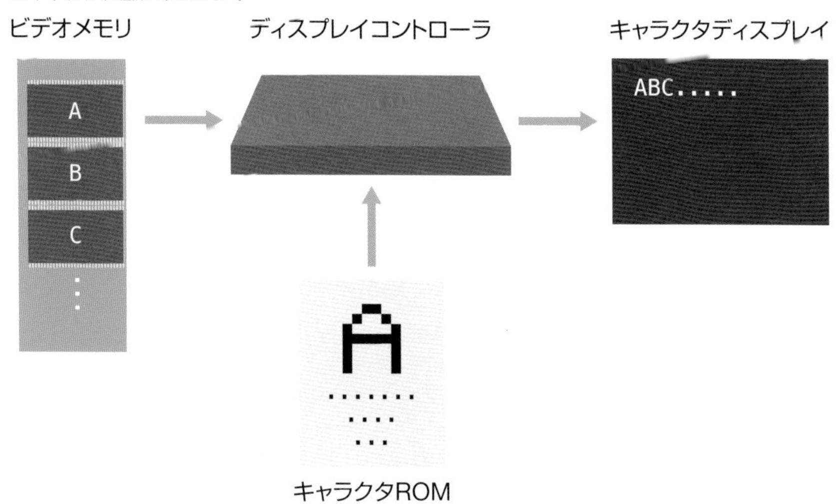

キャラクタディスプレイはVRAMにキャラクタコードを書き込むだけで文字を表示でき、CPUによる作業量が少ない利点があります。CPUが低速だった当時はキャラクタディスプレイが盛んに利用されていましたが、CPUが高速になった現在、PCではキャラクタ方式のディスプレイはほとんど利用されていません※1。しかし、組み込み用のキャラクタ表示ディスプレイ分野ではキャラクタ型が依然として健在です。

※1　現在のPCの原型になっているIBM PC/ATで利用されていたVGA（Video Graphics Array）は、それ以前のEGA（Enhanced Graphics Adapter）などとの後方互換性が維持されており、MDA（Monochrome Display Adaptor）時代のキャラクタ型のディスプレイモードもサポートしていました。歴史的経緯から、現在のPC向けグラフィックスカードもVGAとの互換性を維持しており、キャラクタ型ディスプレイのディスプレイモードを何らかの形で（※かならずしもハードウェアとは限らない）利用できるようにしています。ただ、現在のPCはブートローダーが32bitもしくは64bitのUEFIに切り替わっており、16bitモード（リアルモード）にVRAMが割り当てられているキャラクタ型ディスプレイのモードが使用される機会はほとんどなくなっています。

キャラクタジェネレータ

キャラクタ型においてCRTコントローラが参照する文字の形のビットマップを、ROMではなくRAM上に展開することでキャラクタコードに対応する文字の形を自由に変えることができる「キャラクタジェネレータ」などと呼ばれる機能が活用されていたこともあります（主に8ビットPC時代。MSXパソコンなど）。文字の形をゲームのキャラクタや背景のブロックなどの形に変えて利用することで、ゲームの描画を高速に行うことができました。

■ビットマップディスプレイ

一方、ビットマップディスプレイはVRAMのビットパターンがドット（ピクセル）に対応します。仮にモノクロであれば1つのピクセルを1ビットで表現できるので、1バイトで8ドット分の情報を記憶できます。解像度128×32ドットのディスプレイであれば、VRAMの容量は128×32÷8＝512バイトが必要ということになります。

アナログディスプレイ時代には、ディスプレイコントローラがVRAMをディスプレイのリフレッシュに合わせてVRAMを下位アドレスから順に読み取り、VRAMに書き込まれている値をデジタル―アナログ変換することでアナログディスプレイ信号を作成する仕組みで描画が行われました。

●グラフィックディスプレイ

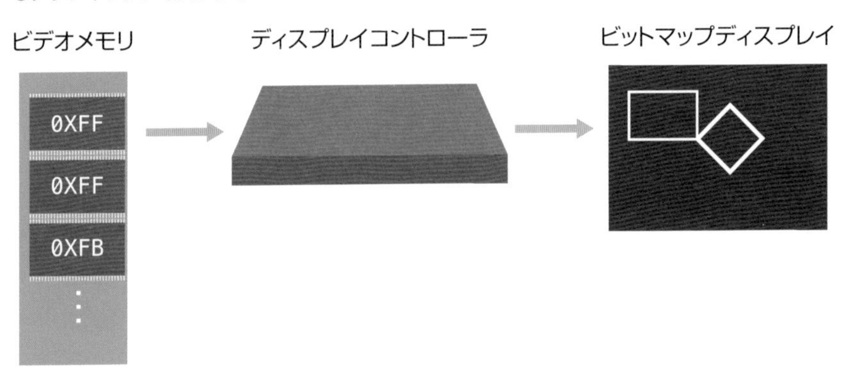

ビットマップディスプレイで文字を描く場合、仮にフォントのビットマップがモノクロの8×8ドットとすればVRAMに8バイトのデータを書き込む必要があり、キャラクタディスプレイに比べるとCPUの作業量が8倍になります。また、フォントのビットマップをメモリ中に保持しておく必要があるので、CPUが低速だったりメモリが限られているプラットフォームでは扱いにくいということが言えます。

しかし現在では、CPUは十分に高性能になり、メモリも低コストになりました。本書の主役であるPicoも125MHzで動作するデュアルコアCPUに2MBのフラッシュメモリを搭載していますから、フォントの保存や転送くらいたいした負担にはなりません。ビットマップディスプレイは文字だけでなく図形も表示できるので、キャラクタディスプレイよりも応用が効くのが利点です。よって、ビットマップディスプレイを利用する機会が多くなるでしょう。

Chapter 5-2 ディスプレイのインタフェース

Picoにはパソコンにあるような映像出力専用のインタフェースがありません。ディスプレイも他の電子部品と同じようにGPIOを介して通信・制御を行います。ここではマイコンのディスプレイ表示で使用されるインタフェースについて解説します。

I^2CとSPI

マイコンで利用される組み込み向けのディスプレイは多くの場合、「ディスプレイモジュール」側にVRAMがあり、マイコンから何らかのインタフェースを通じてディスプレイモジュールのVRAMにデータを書き込む形をとっています※1。

※1 CPUバス（データバスおよびアドレスバスを含む）を使って外部メモリをマッピングできるマイコンでは、VRAMをCPUのメインメモリに割り当てる例もないわけではありません。RP2040はCPUバスを引き出すことができないので、そのような使い方には対応できません。

ディスプレイモジュールは、VRAMやコントローラを集積した専用のLSI（ディスプレイコントローラIC）と小型デジタルディスプレイパネルを一体化させた製品です。ディスプレイモジュールに搭載されているコントローラは、小型デジタルディスプレイパネルの低レベルインタフェース（DisplayPortやLVDSのような高級なインタフェースではなくディスプレイパネルを駆動する生のインタフェース）と、ホストとなるマイコンとの通信を行うインタフェースを備え、マイコンとディスプレイの仲介役を果たします。

●マイコン用ディスプレイモジュール

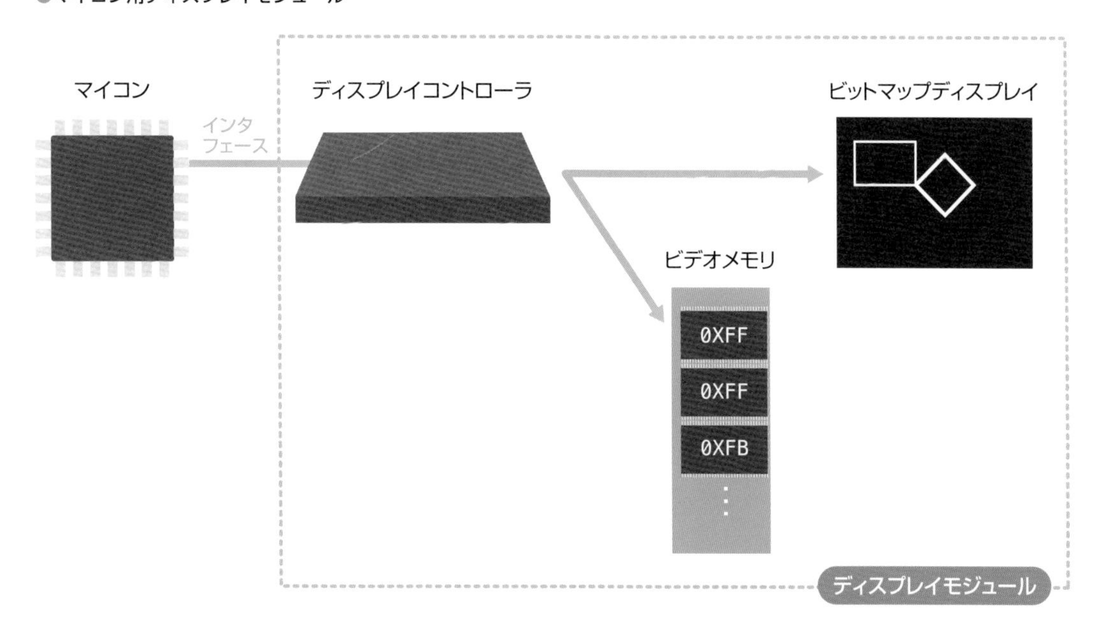

マイコンとディスプレイモジュールを接続するインタフェースにはいくつかの種類がありますが、もっとも多く利用されているのはI^2CとSPIです。

NOTE

パソコンやスマートフォンのディスプレイ表示

アナログディスプレイ信号が使われなくなった現在では、デジタル―アナログ変換を行ってディスプレイ信号を生成するというディスプレイコントローラは使用されなくなりましたが、ディスプレイコントローラがVRAMに書き込まれているビットパターンをデジタルディスプレイパネルに表示するという基本的な仕組みは変わっていません。
パソコンやスマートフォンなどで利用されているSoCでは、メインメモリ中にVRAMがマッピングされています。SoCやGPU（Graphics Processing Unit）の内部にディスプレイコントローラが組み込まれ、HDMIやDisplayPort、あるいはLVDSやMIPIといったディスプレイパネルインタフェースを備えます。

NOTE

大容量VRAM

パソコン（PC/AT互換機）では、VGAやVGAをベースにした高解像度フレームバッファは16bit時代に開発されたために16bitからアクセス可能なリアルモード・メモリ空間（1MB）に割り付けられています。32bitに移行後、グラフィックスカード上のVRAMが32bitのメモリ空間（4GB）のうち最大16MBの領域にマッピングされましたが、現在のグラフィックスカードは数GBといった大容量のVRAMを搭載しており、32bitメモリ空間（4GB）にすべてを割り当てられなくなっています。そこで2020年にAMDが、PCI Expressの64bit機能である「Resizealbe BAR」を使用してVRAMを64bitのメモリ空間にマッピングする「AMD Smart Access Memory」を提案しました。以後、同様の方法でAMD以外のグラフィックスコントローラも大容量のVRAMを64bitのメモリ空間に割り当てられるようになっています。ただし、Resizealbe BARを使用するにはブートローダを含めてPCを完全な64bitネイティブに設定する必要があります。

KEY WORD

DisplayPort

DisplayPortはディスプレイ製品の業界団体VESA（Video Electronics Standards Association）が策定している高速差動シリアル転送技術をベースにしたデジタルディスプレイインタフェースです。一方、HDMI（High-Definition Multimedia Interface）は家電メーカーが共同で策定しているデジタルディスプレイインタフェースです。HDMIは物理層にDisplayPortを利用し、家電向けの拡張や機能を追加しているのが特徴です。

KEY WORD

LVDS

LVDS（Low-Voltage Differential Signaling）は差動高速シリアル信号を用いてLSI間で超高速データ転送を行う技術で、高解像度デジタルディスプレイパネルのインタフェースとしても利用されています。MIPI（Mobile Industry Processor Interface）は「MIPI Alliance」というモバイル機器の業界団体が策定している規格で、LVDSを土台にカメラや高解像度ディスプレイを接続するインタフェースを定義しています。

I²C

I²C（Inter-Integrated Circuit）は、ICとICを結ぶ基板上のインタフェースとして考案された規格です。オランダPhilips社の半導体部門（現在のNXP Semiconductors）が基本的な仕様を策定して公開し、現在はさまざまなICで広く利用されています。

I²Cはシリアルでデータをやり取りするインタフェースで、データを送受信する**SDA**（Serial DAta）と、クロック用の**SCL**（Serial CLock）という2本の線を使ってデータのやり取りを行います。データを送受信するラインがSDAのみなので、同時に双方向のやり取りができない「**単二重**通信」です。代わりにICとICとの間を電源を含めても、わずか4本の線で結ぶだけでデータのやり取りができるのが特徴の1つです。

また、1つのI²Cバスに複数のデバイスを接続することができる特徴を持っています。I²Cではバス上に1つの「**マスタ**」を置き、マスタがI²Cのすべての制御を担います。マスタはI²Cバス上の「**スレーブ**」に対してデータを書き込んだり、データを読み出したりします。スレーブは「**I2Cアドレス**」によって区別でき、1つのI²Cバスに複数のスレーブを接続できるという仕組みです。

新しいI²Cの仕様では1つのI²Cバス上に複数のマスタを置くことができる「**マルチマスタ**」という動作モードをサポートします。ただ、マルチマスタに対応していないデバイスが多いので、本書ではI²Cバス上のマスタは1つであるという前提で話を進めていきます。

次の図はマスタと2つのスレーブをI²Cで接続した例です。図のようにSDAとSCLを並列にすることで複数のスレーブを接続します。

●I²Cの接続

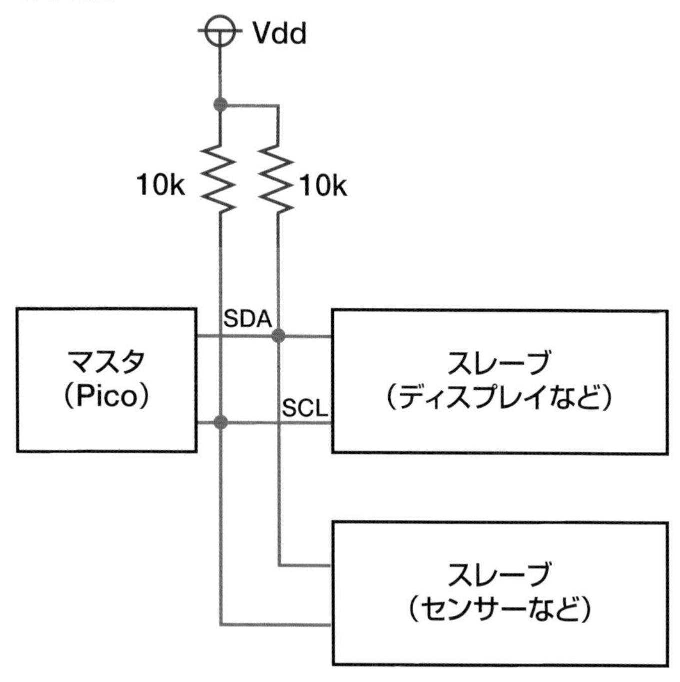

マスタとスレーブ

I^2Cでは長らくマスタ（Master：主人）／スレーブ（Slave：奴隷）という用語が使われてきましたが、2020年前後に技術用語に含まれている差別的な語を取り除こうという動きが始まり、2021年版の最新のI^2C仕様書においてマスター／スレーブから「コントローラ／ターゲット」という語に切り替えられました。
しかし、本書執筆時点では、まだコントローラ／ターゲットという語が馴染んでいるとは言い難く、I^2Cではマスタ／スレーブという語が主流です。たとえば、Linuxカーネルはソースコードから差別語を取り除く作業を2020年から始めていますが、2023年時点でI^2CにはまだMaster ／ Slaveという語が使われています。そのため本書でも、マスタ／スレーブという語を使用します。将来的にマスタはコントローラに、スレーブはターゲットに用語が置き換えられる可能性があることを覚えておいてください。

I^2Cは**オープンドレイン**となっています。オープンドレインは、各デバイスの出力端においてFETのドレイン端子が開放状態になっているということです。

そのため、SDA、SCLの双方にプルアップ抵抗が必要です。

●オープンドレインとは

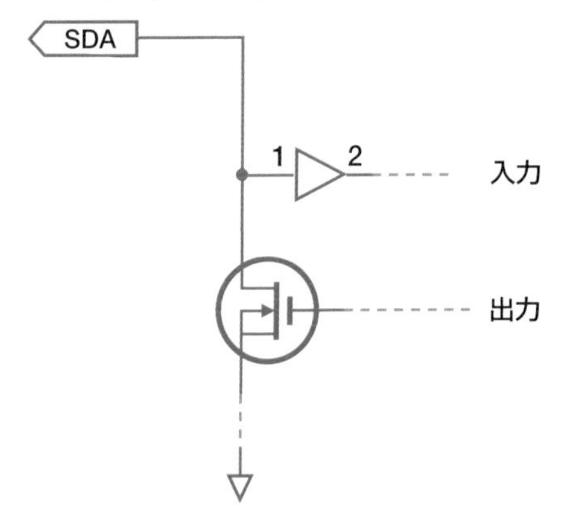

FETのドレインは、トランジスタにおけるコレクタと同じ役割の端子です。そのため、ドレインがオープン（開放状態）ならば電流源を接続しないと機能しません。電流源としてプルアップが必要になります。オープンドレインなので、I^2Cバスはマスタまたはスレーブがバスを駆動していない限り、常にHighの状態になっています。

プルアップ抵抗の値はI^2Cバスに接続するマスタやスレーブの仕様を考慮しますが、一般的には10kΩ前後の抵抗を使っておけばトラブルなく動作すると考えておいていいでしょう。

I^2Cではバスを常にマスタが支配しています。データのやり取りは、マスタからスレーブにデータを書き込む（Write）または読み出す（Read）という動作になります。スレーブ同士のやり取りは発生しません。

同一I^2Cバス上のスレーブはI^2Cアドレスによって識別されます。I^2C仕様では7ビットアドレスと10ビットアドレスの2種類をサポートしますが、10ビットアドレスのデバイスを使う機会はあまりないので、本書では7ビットアドレスに絞って説明していくことにします。

■ I²Cにおける基本的なデータのやり取り

I²Cにおける基本的なデータのやり取り（トランザクション）を次の図で示します。I²Cにおいて、SCLでクロックを供給するのは常にマスタであるということを、まず押さえておいてください。

●I²Cのデータのやり取り

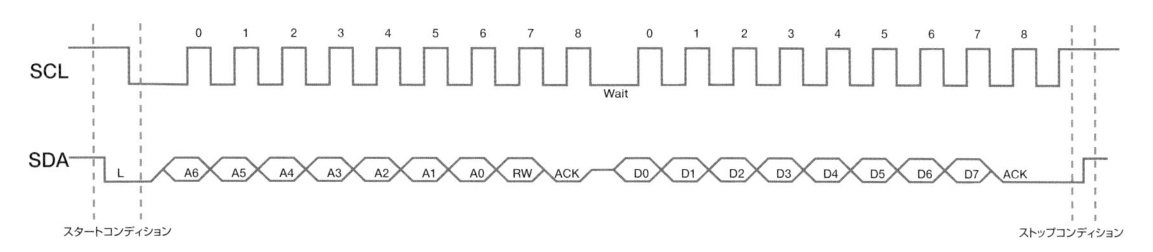

I²Cのトランザクションは、マスタがアイドル時、SCLがHighの状態にときにSDAをLowに引き下げることで開始します。このバス状態を「**スタートコンディション**」といいます。

スタートコンディションに続いて、マスタがトランザクションを行いたいデバイスのI²Cアドレスを、SCLのクロックとタイミングを合わせてSDAに上位ビット（A6）から順に7ビット分送出します。I²CではSCLの立ち上がりタイミングでSDAを読み取り（ラッチし）、SCLの立ち上がりでSDAの状態を遷移させる仕様です。

I²Cアドレスに続いて8ビット目に、トランザクションの方向が「マスタからスレーブへの書き込み（Write）」か「マスタからスレーブの読み出し（Read）」かを示す「RWビット」を送出します。RWビットがLowならWrite、HighならReadです。

マスタが送出したI²Cアドレスを持つスレーブは、9ビット目に確認（Acknowledge：ACK）としてSDAをLowに落とします。スレーブからACKが返らない、つまりSDAがHighのままなら、そのI²Cアドレスを持つスレーブがバス上にないということですからトランザクションは失敗します。ACKが返らない状態をNACK（Not Acknowledge）と言います。

I²Cアドレス確認後、マスタおよびスレーブはデータの受信および送信の準備ができるまでSCLをLowに落とします。SCLがLowに保持されているときはウェイト状態を示し、データの送受信ができません。

双方の準備ができるとSCLがHighに戻るので、RWビットがReadならばスレーブが、WriteならマスタがSCLのクロックに合わせてSDAに8ビットのデータを下位ビットから送出します。8ビット分のデータを受け取った受信側（Readならマスタ、Writeならスレーブ）はACKとして9ビット目にSDAをLowに落とします。

やり取りするデータが1バイトなら以上で終了、複数バイトのときにはデータ-ACK-データ-ACKが繰り返されます。

必要なデータの転送が終了するとマスタがSCLをHighに戻し、続いてSDAをHighに戻します。この状態を「ストップコンディション」といい、I²Cバス上のスレーブにトランザクションの終了を通知する意味を持ちます。

■SMBusプロトコル

物理的なデータのやり取りに関してはI^{2}Cの仕様に定義されていますが、論理的なやり取りの方法（プロトコル）については厳密に定義されているわけではありません。どうやってデータをやり取りするかはI^{2}Cに対応するデバイスの仕様に任されています。

I^{2}Cを使用したプロトコルの標準的な仕様の1つに、Intelが定義した**SMBus**（System Management Bus）があります。

パソコンの高性能化とともに温度を始めとするステータスの管理の重要性が増しマザーボード上に各種センサーやファン回転数を制御するPWMコントローラなどを装備するようになりました。そこで、それらのセンサーやPWMコントローラなどをCPUから制御する標準的な方法として1995年にIntelが定義したのがSMBusです。

SMBusでは物理的なバスとしてI^{2}Cを採用し、SMBusのマスタとセンサーなどのスレーブとのやりとりに関する標準的な手続きを定義しています。I^{2}C対応の各種センサーICを始め多くのI^{2}CデバイスがSMBusに準じたプロトコルを採用するようになりました。

SMBusは簡単にいうと「**コマンド**」ベースのやり取りです。コマンド長は8bitで、まずマスタは操作したいスレーブに対してコマンドを書き込みます。続いてコマンドを送ったスレーブに対してコマンドに対応するReadまたはWriteを行うという手続きになります。

たとえば、SMBus仕様の温度センサーがあり、コマンド0で現在の温度を読み出せるとしましょう。そのような温度センサーとマスタのI^{2}Cによるトランザクションは次の図のようになります。

●典型的なSMBusプロトコル

Stop Conditionを挟むSMBusトランザクション

S	I2C Addr	W	A	Command	A	P

S	I2C Addr	R	A	DATA	A	P

Repeated Start Conditionを使用するSMBusトランザクション

S	I2C Addr	W	A	Command	A	S	I2C Addr	R	A	DATA	A	P

S	スタートコンディション
A	ACK
W	Write
R	Read
P	ストップコンディション

□ マスタが送信

□ スレーブが送信

マスタがコマンドをスレーブに書き込み、続いてスレーブから読み出しを行うという順になります。前出の温度センサーの例なら、コマンドとして0を書き込めばデータとして温度が読み出せるわけです。温度センサーを例にしたので、ここではデータの読み出しですが、コマンドに対応するデータをスレーブに書き込むというトランザクションもももちろんあります。

なお、デバイスによっては「コマンド」ではなく「**レジスタ**」という語を使っています。コマンドかレジスタかはデバイスの機能によって異なりますが、コマンド＝レジスタと考えて構いません。

また、前ページの図で示しているように、コマンド書き込みとデータの読み出しあるいは書き込みの間にストップコンディションを入れるパターンと、ストップコンディションを入れずスタートコンディションでSMBusのトランザクションを継続するパターンの2通りがあります。後者の、ストップコンディションを挟まないスタートコンディションを「Repeated Start Condition」（略して**リスタートコンディション**とも）と言います。

注意が必要なのは、リスタートコンディションを使用しないとSMBusのトランザクションを打ち切るデバイスがある点です。SMBusに明確な決まりがないため、ストップコンディション-スタートコンディションで続けてもコマンドに対応するデバイスもあれば、マスタがI^2Cバスをストップコンディションにした時点をトランザクションの打ち切りと解釈するデバイスもあるのが現実です。こうしたデバイスによる微妙な差異はI^2Cデバイスの仕様書を参照したり、実際に試して確認するしかありません。

■ 高速データ通信は不向きなI^2C

I^2Cの仕様では、SCLのクロック周波数に4通りの最大値が設定されています。すべてのI^2Cデバイスが対応するStandard modeは上限が100kHzです。また、SMBus仕様ではStandard modeの100kHzを上限としています。

I^2Cの拡張仕様として最大400kHzのFast mode、最大1MHzのFast mode Plus、最大3.4MHzのHigh Speed modeがありますが、これらに対応できるかどうかはI^2Cデバイスによりけりです。Fast modeに対応するデバイスは非常に多いですが、Fast mode PlusやHigh Speed modeに対応できるデバイスはそれほど多くはありません。

なお、Picoが搭載しているRP2040マイコンではSCLに最大1MHzのクロックを設定できるため、Fast mode Plusにまで対応できます。

I^2CではSCLに合わせてSDAでデータを転送するので、たとえばStandard Modeであれば速度は最大100kbpsとなります。I^2Cでは複数バイトの連続転送ができるものの、1バイトごとにACKが入るので連続転送時でもデータの生の通信速度は1割ほどクロックより低いと考えておいていいでしょう。

いずれにしても、I^2Cではそれほど高速なデータ通信はできません。そのため、高解像度のフルカラーディスプレイのように大量のデータをマスタから転送する必要があるディスプレイにI^2Cが使用されることはまれです。I^2Cはモノクロディスプレイや低解像度の小型カラーディスプレイのインタフェースとして利用されています。

SPI

SPI（Serial Peripheral Interface）も、I²Cと並んでICとICを結ぶインタフェースとして盛んに利用されているインタフェースです。送受信を同時に行う「**全二重**通信」で、I²Cより高速なデータ転送ができます。

身近なところでは、SDカードがSPIでデータ転送を行う「SPIモード」をサポートしていて、SPIモード利用時最大3.125MB/秒のデータ転送速度が得られます。SDカードネイティブの転送に比べれば低速ですが、まずまずの速度が得られ、配線が簡単であることからマイコンではSDカードのSPIモードがよく利用されます。

SPIは米国Motorolaの半導体部門（Freescale Semiconductorを経て現在はNXP Semiconductors）が提案したインタフェースです。しかしI²Cとは異なり、標準仕様書が存在しているわけではありません。そのため自由度は高いですが、統一されていない部分があります。

■ SPIの基本的な構成

次の図はSPIの一般的な接続例です。SPIでもバスを制御し通信を行う主体であるマスタと、マスタの司令に応じて動作するスレーブで構成されます。I²Cと同じくマスタ／スレーブに代わる用語が使われるようになるかもしれませんが、2023年の時点ではマスタ／スレーブという語が一般的です。

●1695615268346

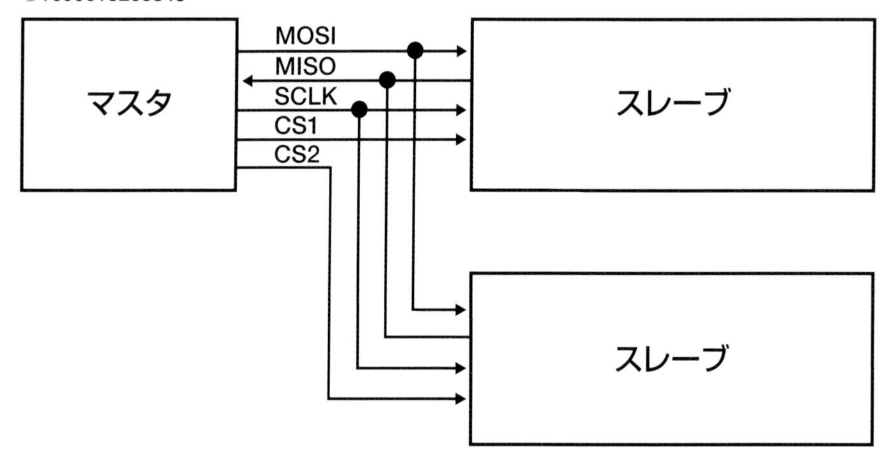

SPIでは信号の方向が明確に決まっているので、信号方向を矢印で示しました。SPIは1つのスレーブあたり4本の信号線を使用します。

シリアルデータのやり取りを行うのは「**MOSI**（Master-Out-Slave-In)」と「**MISO**（Master-In-Slave-Out)」の2本です。名称の通りMOSIはマスタ➡スレーブ方向、MISOはスレーブ➡マスタ方向のシリアルデータを送信する信号線です。片方向に1本ずつあるので送受信を同時に行う全二重通信ができるわけです。

なお、MOSIの代わりに「**Tx**（**Transmitter**)」や「**SDO**（Serial Data Out)」、MISOの代わりに「**Rx**（**Receiver**)」や「**SDI**（Serial Data In)」という略語が使われることもあります。シリアル通信で広く利用されている

略語です。MOSI ／ MISOという語を使わなければならないという縛りも特にないので、このあたりもバラバラです。

SCLK（Serial CLocK）はシリアルデータを同期するためのクロック信号です。SPIではクロック周波数に特に決まりはなく、デバイスの仕様によって任意に変わります。SCLKの上限が決まっていないのでSPIによる通信速度の上限にも特に決まりはありません。

RP2040ではシステムクロックの1/2まで設定できますが、そこまで高速なSPIデバイスはまず存在しませんし扱う機会もあまりないでしょう※2。一方、下限は指定されており、システムクロックの分周比の関係で2MHz以上に設定することとされています。ですから、PicoでSPIを扱う場合、2M bps以上の通信速度となります。

I²CにおけるSCLと同じように、SCLKを駆動するのはマスタです。スレーブがMISOでデータをマスタに送る場合も、SCLKにクロックを供給するのはマスタになります。

※2 10MHzを超えてくるとブレッドボードではインダクタンス分や静電容量による信号の劣化が影響を与えるので、正常に動作させるのが困難になります。ブレッドボードで扱えるのは、せいぜい数MHzと考えておくといいでしょう。

SCLKもまた、SCLK以外にCLKだったりSCKだったりと思い思いの略語が使われる傾向があります。クロックが1本あると覚えておけばいいでしょう。

CSn（nは数）はChip Selectの略です。CSの代わりにSS（Slave Select）という略語が使われることもあります。

SPIでは前ページの回路図のようにMOSI、MISOを共用する複数のスレーブを、CSの信号で識別します。CSは負論理で、マスタがスレーブに対して通信を開始する前に、そのスレーブが接続されているCSをLowに落とします。CSがLowに落ちている間は、そのスレーブが選択された状態にあるということです。

SPIのCSは1対1で接続し、SPIバスにはCSの数だけスレーブを接続することができます。ハードウェアによるSPIコントローラはCSを含めて制御が行われるのが一般的です。ただ、大抵の場合はCSにGPIOを使うこともできます。SPIで通信を始める前に、対象となるスレーブのCSが接続されたGPIOをLowに落とせばいいわけです。

■ SPIのモード

I²CはSCLの立ち下がりエッジでSDAをフェッチ（読み取り）するという明確な決まりがありますが、SPIではそうした決まりがありません。SPIで明確なのはCSが負論理という点で、クロックの位相および信号の読み取りに2パターンずつがあり、組み合わせで4パターンが存在しています。

●SPIのモード

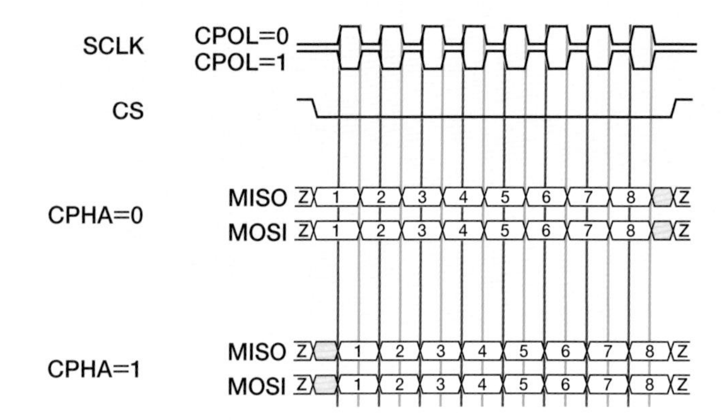

SCLKの極性（Clock POLarity: CPOL）に関して、マスタが駆動していないとき（アイドル時）にSCLKがLowの状態で正のクロックを使用するCPOL＝0と、駆動していないときHighの状態で負のクロックを使用するCPOL=1の2パターンがあります。

そしてMOSI／MISOの状態を読み取るパターンとして、クロックの先行エッジで読み取り、終端エッジでMOSI／MISOの状態を変更するCPHA（Clock PHase Alignment）=0と、先行エッジでMOSIおよびMISOの状態を変え、終端エッジで読み取るCPHA=1の2パターンがあります。

次の表のように、CPOLとCPHAの組み合わせで4パターンになり、0～3の「SPIモード」でそれぞれを区別するのが一般的です。

●SPIモード番号とCPOL／CPHA

SPIモード番号	CPOL	CPHA	読み取りエッジ
0	0	0	SCLKの立ち上がり
1	0	1	SCLKのたち下がり
2	1	0	SCLKのたち下がり
3	1	1	SCLKの立ち上がり

どのモードで動作するかはSPIデバイスの仕様によりますが、モード0で動作するデバイスが多いようです。

■高速通信が可能なSPI

SPIには特に通信速度に上限があるわけではなく、デバイスの仕様や工作の品質によって適切なSCKLのクロック周波数を選択することになります。ほとんどの場合、I^2Cよりも高速な通信が可能なことから、ディスプレイにおいてはVGA解像度程度のカラーディスプレイまでならSPIで対応できます。なので、組み込みでも小型のカラーディスプレイではSPIが多く利用されています。

SSD1306搭載の有機ELディスプレイを使おう

前節まででディスプレイの仕組みと、Picoで利用されるインタフェースについて解説しました。ここではPicoで実際に小型ディスプレイパネルを使ってみることにしましょう。超小型有機ELディスプレイを取り上げます。

バックライト不要で視認性がいい有機ELディスプレイ

「**有機EL**」の「EL（Electro Luminescence：電界発光）」は電界によって発光する現象を指します。主にディスプレイパネルとして普及が進んでいますが、実は照明にも利用されています。

ほとんどの電界発光は電子とホールの衝突による発光なので、LEDもELの一種であると言えます。有機ELとLEDの違いは発光体に有機素材が使われている点です。

有機ELでは電極から電子とホールを有機素材に送り込み、有機素材内で双方が衝突することで有機素材が励起し有機素材が発光します。LEDと比べた際の利点として、有機素材を平面に蒸着したり塗布することで平面発光デバイスやディスプレイを作成できることが挙げられます。LEDはPN接合点が光る点発光デバイスなのでLEDでディスプレイを製作することは極めて困難で、いまのところ超大型の業務用ディスプレイを除くとLEDをピクセルに使用したディスプレイは市販されていません※1。

※1　LEDバックライトを用いる液晶ディスプレイをLEDディスプレイと呼称するメーカーが一部にあります。ピクセルを構成しているのはあくまで液晶ですから真のLEDディスプレイと呼べるかは微妙です。

有機素材を変えることで、発光色を比較的自由に変えられるためカラーディスプレイも可能です。実際、テレビやPC用ディスプレイでは有機ELが普及しつつあります※2。

※2　大画面テレビ向けにもっとも普及している韓国LG Electronics製の有機ELパネルは白色有機ELにカラーフィルタを組み合わせてフルカラー化する「WOLED」と呼ぶ技術を使っています。対してRGBで発光する有機ELで大画面のパネルを作るのは難しいようで、いまのところモバイル向けの小型パネルに利用されています。

フルカラーの有機ELディスプレイは実用化されてから日が浅いですが、単色の有機ELディスプレイは1990年代に実用化され、家電製品や自動車のディスプレイとして利用されてきました。自発光するためにバックライトが不要で、コントラスト比が大きく視認性が高いのが単色有機ELディスプレイの利点です。小型のモジュールであれば液晶ディスプレイモジュールと価格もさほど変わらないので、はっきり表示させたいなら有機ELを選ぶ価値があるでしょう。

有機ELディスプレイコントローラ「SSD1306」

組み込み向けの小型有機ELディスプレイの多くは、香港Solomon Systech Limited（晶門半導体有限公司）製の「**SSD1306**」というコントローラを搭載しています。アマチュアが入手できる小型の有機ELディスプレイはほぼSSD1306が利用されていると考えていいくらいに普及しています。

SSD1306は128×64ドットまでの解像度に対応できる有機ELパネルドライバとホストインタフェース（マイコンなどと接続するインタフェース）を内蔵したコントローラです。SSD1306が対応するホストインタフェースはI^2C、SPI、そしてIntel 8080および旧Motorola 6800互換のCPUバスインタフェース※3です。ただ、モジュールとしてCPUバスインタフェースに対応している製品はほとんど見かけず、市場に出回っているSSD1306搭載有機ELディスプレイモジュールはI^2CかSPI、もしくは両対応のいずれかです。

※3　Intel製の8080および8080と互換性を持つZilog製のZ80とMotorola製の6800や後継の6809は一世を風靡した8ビットCPUで、8ビットCPUバスの事実上の標準として組み込みのCPUでも広く利用されました。現在でも両CPUのバスインタフェースに対応できるコントローラが多く存在しています。CPUバスインタフェースを用いると、SD1306の内部VRAMをCPUのメモリにマッピングしてCPUからVRAMの書き換えが行えます。RP2040はCPUバスインタフェースを外部に引き出していないので、このような使い方はできません。

通販サイトなどでSSD1306を検索すると、多数の有機ELディスプレイモジュールがヒットしてきます。解像度は64×32ドット～128×64ドットで、画面サイズは1インチ前後から2インチ程度までです。

色はモノクロで、単色の白や青の製品が購入できます。また、単色の白にカラーフィルムを貼り付けて、行ごとに色を変えることでカラフルな表示が行える製品もありますが、フルカラーではありません。

サイズや色が異なっていても、SSD1306搭載のディスプレイモジュールでインタフェースがI^2Cの製品なら同じように扱えます。本書では、KKHMF 0.91インチIIC I^2CシリアルOLED液晶ディスプレイ（128×32ドットの超小型ディスプレイモジュール）を例にしていきますが、読者はSSD1306搭載I^2C接続から気に入った製品を手に入れればいいでしょう。

●**SSD1306搭載超小型ディスプレイモジュール**
KKHMF 0.91インチIIC I^2CシリアルOLED液晶ディスプレイ（https://www.amazon.co.jp/dp/B088FLH7DG/）

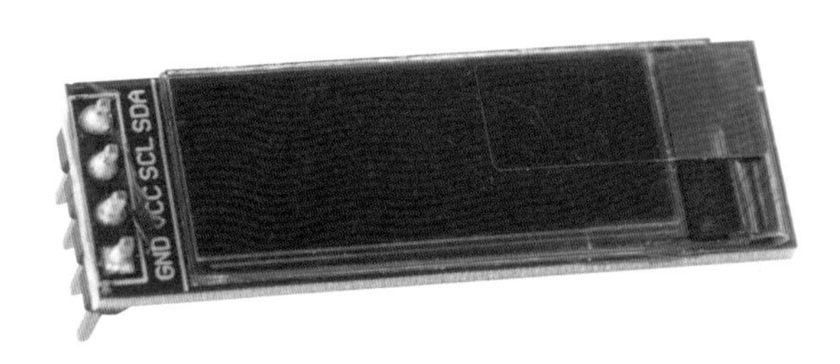

ディスプレイモジュールとPicoの接続

I^2Cは2本の信号線（SDAとSCL）しか必要としないので、電源を含めて4本の線でPicoとディスプレイモジュールを接続するだけで利用できます。このように接続は簡単ですが、I^2Cにどの端子を使うかを決めなければなりません。

■ハードウェアI^2CコントローラとソフトウェアI^2Cコントローラ

MicroPythonでは、I^2Cに対して**machine.I2C()**と**machine.SoftI2C()**という2通りのクラスを用意しています。machine.I2C()はマイコンのハードウェアI^2Cコントローラを使用するクラス、machine.SoftI2C()はGPIOを使用してI^2Cのトランザクションを行うクラス（ソフトウェアI^2Cコントローラを使用するクラス）です。

ハードウェアI^2Cはインタープリタの負担が軽く高速ですが、SDAおよびSCLにはPico内蔵のI^2Cコントローラが割り当てられているピンしか使えません。PicoはI2C0とI2C1という2つのI^2Cコントローラを内蔵していて、Chapter1-3あるいはChapter3-1に掲載したピン割り当てのうち「I2Cn SDA」「I2Cn SCL」（nは数字）と記されているピンならば利用できます。

一方、ソフトウェアによるI^2Cはインタープリタの負担が大きい代わりに、GPIOであればどのピンでもSDAおよびSCLとして利用できるという自由度の高さが特徴です。

machine.SoftI2C()とmachine.I2C()は、後述するコンストラクタのIDパラメータを除けば完全に同じものとして扱えます。一般的には、ハードウェアI^2Cに割り当てられているピンが使用できるならmachine.I2C()を、何らかの理由（たとえば空いていないなど）で利用できないならmachine.SoftI2C()という使い分けがいいでしょう。

Pico向けのMicroPythonでは、machine.I2C(0)のデフォルトとしてSDAにGP4が、SCLにGP5が割り当てられます。GP4とGP5を使うのであれば、SDAやSCLを明示的に指定する必要はありません。なので、特段の理由がなければ、GP4（6番ピン）をSDAに、GP5（7番ピン）をSCLにするのがいちばん楽でしょう。

machine.SoftI2C()、machine.I2C()はともにSDAおよびSCLに設定したピンの内蔵プルアップ抵抗を有効化します。ですから、プルアップ抵抗を外付けする必要もありません。

なお、Chapter3-2で説明している通り、Picoの内蔵プルアップ抵抗は50kΩ～80kΩ程度です。I^2Cのプルアップ抵抗としてはやや高めですが、ほとんどの場合は問題ありません。

超小型ディスプレイモジュールは次ページの図のように電源を含めて4本のジャンパでPicoに接続するだけで動作します。実に簡単ですね。

●Picoと超小型ディスプレイモジュールの接続の配線図

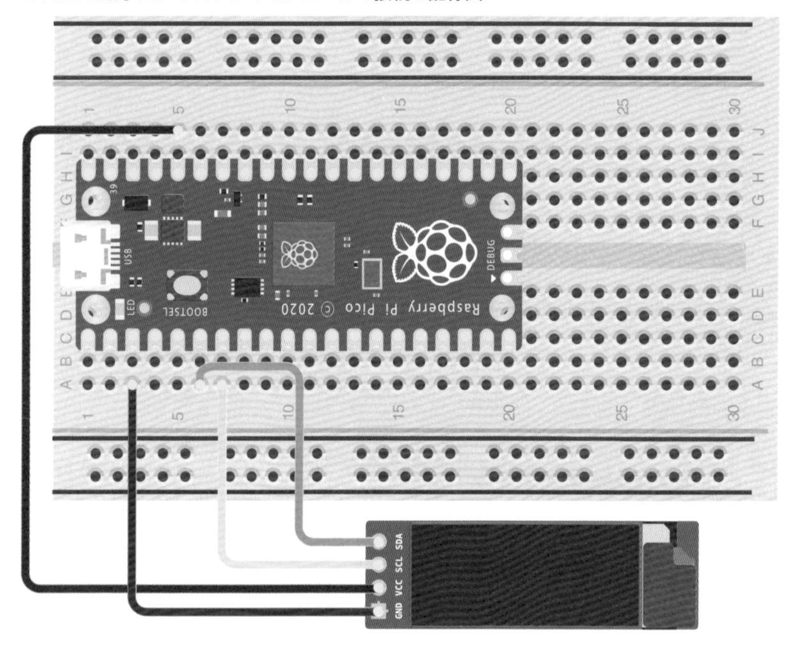

ディスプレイモジュールを接続したら、PicoをUSBケーブルでパソコンに接続し、Thonnyを起動してください。Shell欄で次のように入力します。

```
>>> from machine import I2C Enter
>>> i2c=I2C(0, freq=400000) Enter
>>> i2c.scan() Enter
[60] ―― 60と表示される
```

まず「from machine import I2C」と実行します。

次に「i2c=I2C(0, freq=400000)」を実行し、machine.I2C()のインスタンスI²Cを作成します。コンストラクタの第1パラメータはハードウェアI²Cのコントローラを識別するID番号で、Picoでは0または1を指定できます（上では0を指定）。ID番号が0のSDAのデフォルトがGP4、SCLのデフォルトがGP5に設定されています。なお、machine.SoftI2C()はIDの指定が不要です。

freqパラメータはSCLのクロック周波数の指定です。Hz単位で指定でき、省略したときにはStandard modeの100kHz（100000）に設定されます。SSD1306はFast mode（400kHz）をサポートするので、400000を指定しています。

「i2c.scan()」を実行します。scan()メソッドはI²Cアドレスを創出して、ACKが返ってきたI²Cデバイス、つまりI²Cに接続されているデバイスのI²Cアドレスを配列で返してくれます。上のように「[60]」が返ってくれば、SSD1306搭載のディスプレイモジュールがI²Cで正常に接続できていることを意味します。

なお、表示されているアドレスは10進数で、16進数になおすと「0x3C」です。0x3CはSSD1306のデフォルトのI²Cアドレスで、ほとんどのSSD1306搭載モジュール製品はデフォルトのI²Cアドレスのまま出荷されていますから、scan()を実行すると「[00]」が返ってくるわけです。

例外的にI²Cアドレスを変えている製品があるかもしれません。その場合は以降のI²Cアドレスの指定を、ここで表示されている値に変えてください。

SSD1306ライブラリを利用して表示を試そう

SSD1306はとてもポピュラーなコントローラなので、MicroPython公式のライブラリが用意されています。PicoのMicroPythonファームウェアにはSSD1306ライブラリが同梱されている場合もありますが、同梱されているかはケースバイケースなので、インストール方法を説明しておきます。

■SSD1306ライブラリのインストール方法

ファームウェアに同梱するライブラリは、ファームウェアをビルドするときに取捨選択します。MicroPython公式がビルドする際にファームウェアのサイズなどに応じて決めていると思われるので、必ずしも同梱されるとは限りません。まずは、利用しているファームウェアにSSD1306のライブラリが同梱されているか調べてみましょう。

Thonnyを起動し、「ファイル」メニューから「ファイルを開く」➡「Raspberry Pi Pico」（Pico Wの場合は「RP2040 Device」）を選択します。次の図のように内容が空である場合は、オプションのライブラリは同梱されていないので、追加のインストールが必要です。

一方「lib」というフォルダがあり、その下にssd1306.pyというファイルが存在しているときはインストールは必要ありません。

●Picoのストレージが空か調べる

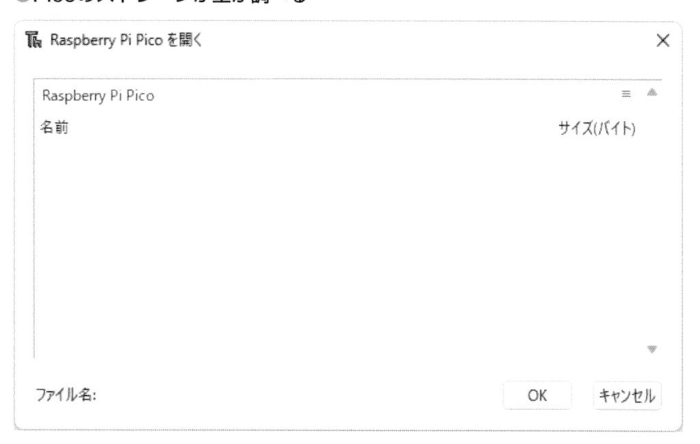

追加のインストールが必要なときには、まずThonnyの「ツール」メニューから「パッケージを管理」を選択

してください。検索欄に「ssd1306」と入力して「Search micropython-lib and PyPi」ボタンをクリックします。次の図のように検索結果にSSD1306ドライバが表示されます。

●SSD1306ドライバを検索

表示されている「ssd1306 @ micropython-lib」という文字列に含まれるリンクをクリックすると、画面下部に「インストール」ボタンが現れます。「インストール」ボタンをクリックしてください。

●インストールボタンをクリック

サーバーからライブラリがダウンロードされPicoにコピーされます。終わると「閉じる」ボタンが有効化するのでダイアログを閉じます。

インストールしたドライバは、MicroPython内蔵ストレージのlib/ディレクトリ以下にコピーされています。Thonnyの「ファイル」メニューから「ファイルを開く」を選択すると確かめることができます。

■ SSD1306ライブラリの仕組み

SSD1306ライブラリのソースコードは、MicroPythonの公式Githubで公開されています※4。ライブラリをブラックボックスとして使うこともできますが、内部の構造に関して多少把握しておけば、うまく動かないときに対処したり、簡単な改造を加えることができるようになります。おおまかにSSD1306ライブラリの構造を説明しておくことにしましょう。

※4 https://github.com/micropython/micropython-lib/blob/master/micropython/drivers/display/ssd1306/ssd1306.py

SSD1306ライブラリの本体であるssd1306.pyには、SSD1306クラスが定義され、そのサブクラスとしてI^{2}C用のSSD1306_I2CとSPI用のSSD1306_SPIが定義されています。そしてSSD1306クラスは、MicroPythonに同梱されているframebufモジュールにあるFrameBufferクラスのサブクラスとなっています。

FrameBufferクラスは、メモリ中のVRAMと同じ形式のフレームバッファに対して描画を行うクラスです。FrameBufferクラスのコンストラクタは次のようになっています。

```
framebuf.FrameBuffer(buffer,width,height,format[,stride])
```

bufferにフレームバッファを渡し、widthに幅、heightに高さを渡します。strideは表示領域の幅とフレームバッファにおけるX軸方向の幅が異なるタイプのVRAMに対応するためのオプションパラメータです。たとえば、表示領域の幅は128ドットだがVRAMの幅は256ドット分あるというような例で、コントローラによってはハードウェア横スクロールができるといったようなケースがあります。そのような場合、strideにVRAMの幅を設定します。

formatにはVRAMの形式を定数で指定します。VRAMの形式として、MicroPythonでは組み込み向けのディスプレイモジュールでよく利用されているモノクロ3形式、16bitカラー1形式、グレースケール3形式が定義されています。

それらのうち、定数framebuf.MONO_VLSBのVRAM形式が、SSD1306のVRAMに適合します。framebuf.MONO_VLSB形式のVRAMについて簡単に説明しておきましょう。

SSD1306はモノクロなので、VRAMの1bitが1つのピクセルに対応し1バイトが画面上の8ドットに対応します。次ページの図を見てください。

●framebuf.MONO_VLSB形式のVRAMフォーマット

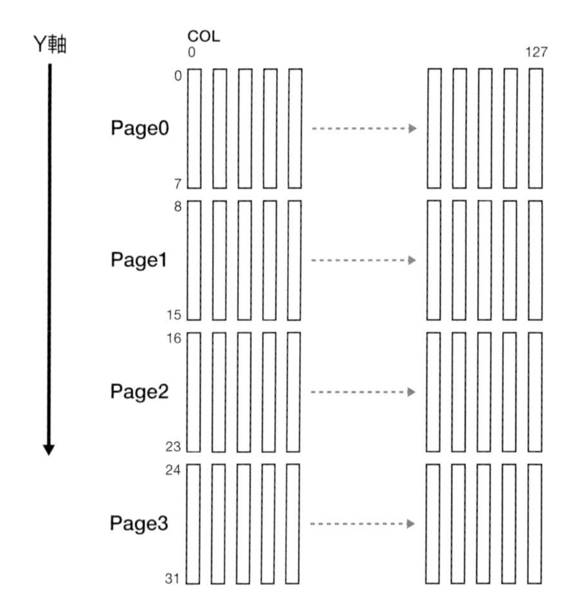

左上が座標（0,0）の原点です。VRAMの先頭バイトの0ビット目が座標（0,0）に対応し、2ビット目はY軸方向の座標（0,1）に、そして7ビット目は座標（0,7）に対応と、1バイトがY軸方向の8ドットに対応します。そのようなバイトが128バイト並んで128×8ドット分を構成し、これをPageと呼びます。

Page0が座標（0,0）～（127,7）、Page1は座標（0,8）～（127, 15）……という形でPageが並びます。筆者の手元にある製品はパネル解像度128×32ドットですからPage0～Page3までの4ページ分になりますが、SSD1306自体は最大128×64ドットまでのパネルに対応し、128×64ドットの製品ならVRAMはPage7までの8ページ分あります。

Y軸方向8ドット分がX軸方向に並ぶというVRAMの構造は、パソコンなどのVRAMを扱ったことがある人にとっては少し奇妙に感じるかも知れません。ラスタグラフィック※5はX軸方向にビットが並ぶ形式が一般的で、多くのVRAMもそのように構成されているからです。

※5　ピクセルで構成されるグラフィック

ただ、組み込み用のディスプレイモジュールではSSD1306のようなタイプのVRAMがよく利用されます。理由は推測ですが、この形式だと文字の描画はしやすく、組み込み用途ではディスプレイに文字を描画する機会が多いために採用例が多いのかも知れません。

SSD1306ライブラリの親クラスであるSSD1306クラスは、framebuf.FrameBufferクラスを継承しています。次ページに、コンストラクタおよびshow()メソッドの抜粋を示します。

●SSD1306クラスのコンストラクタ

```
class SSD1306(framebuf.FrameBuffer):
    def __init__(self, width, height, external_vcc):
        self.width = width
        self.height = height
        self.external_vcc = external_vcc ②
        self.pages = self.height // 8
        self.buffer = bytearray(self.pages * self.width) ①
        super().__init__(self.buffer, self.width, self.height, framebuf.MONO_VLSB)
        self.init_display() ③
    <中略>
    def show(self):
        x0 = 0
        x1 = self.width - 1
        if self.width != 128:
            # narrow displays use centred columns
            col_offset = (128 - self.width) // 2
            x0 += col_offset
            x1 += col_offset
        self.write_cmd(SET_COL_ADDR) ④
        self.write_cmd(x0)
        self.write_cmd(x1)
        self.write_cmd(SET_PAGE_ADDR)
        self.write_cmd(0)
        self.write_cmd(self.pages - 1)
        self.write_data(self.buffer) ④
```

①インスタンス変数bufferにbytearray(self.pages*self.width)を代入しています。これがメモリ上に確保するフレームバッファです。バッファのサイズは先に説明した通りで、SSD1306のフレームバッファは解像度の高さを8で割った数だけPageがあり、1つのPageが幅と同じバイト数です。

②その他、external_vccと言うパラメータがあります。これはSSD1306が持つ有機ELパネルの駆動用電源端子の扱いに関連するパラメータです。設定する値は真理値で、TrueとFalseでリフレッシュタイミングなど一部の初期化値が変更されます。ほとんどのSSD1306搭載ディスプレイモジュールはFalseで問題ないですが、正常に表示されないときにはTrueを設定してみるといいかもしれません。

③コンストラクタの最後にself.init_display()を呼び出しています。self.init_display()にはSSD1306の初期化コードが実装されています。SSD1306の初期化は少々ややこしく本書では詳細には解説しませんが、基本的にはSSD1306に対してコマンドを発行するself.write_cmd()を使って初期化に必要なコマンドを順番にSSD1306に送っているだけです。

④コマンドをSSD1306に送るself.write_cmd()およびデータをSSD1306に送るself.write_data()は、実際にユーザーが利用するサブクラスSSD1306_I2C、SSD1306_SPIのほうに実装されています。なので、後ほど説明します。

framebuf.FrameBufferクラスは、コンストラクタで設定されたフレームバッファ上に図形や文字を描くメソッドを用意しています。主なメソッドの概要を次の表にまとめておきます。詳細はMicroPythonの公式ドキュメントも参照してください。

●framebuf.Framebufferの主な描画メソッド

メソッド	機能
fill(c)	指定したカラー cでバッファを埋める
pixel(x,y,c)	指定した座標にカラー cの点を描く
line(x1,y1,x2,y2,c)	座標（x1,y1）から座標（x2,y2）にカラー cの線を引く
rect(x, y, w, h, c[, f])	カラー cで矩形x,y,w,hを描く。fにTrueを指定すると矩形を塗りつぶす
ellipse(x, y, xr, yr, c[, f, m])	楕円x,y,xr,yrをカラー cで描く。fで塗り潰し指定、mで描画する象限の指定ができる
poly(x, y, coords, c[, f])	座標x,yに座標配列coordsの多角形をカラーcで描く。fで塗り潰し指定ができる
text(string,x,y,c)	カラー cで座標x,yに文字列stringを描画する
scroll(xstep, ystep)	xstep、ystepで指定したドット分だけスクロールする
blit(framebuf,x,y,[key=-1,palette])	x,y位置にframebufを転送する。keyで背景色、paletteでカラーパレットを指定できる

I²CやSPI接続のディスプレイモジュールでは、VRAMがモジュール側にあり、インスタンス作成時に渡されるバッファは前述のようにメモリ中に確保されているバッファです。したがって、上表のメソッドを呼び出しても描画が行われるのはメモリ中のバッファですから、パネルに表示されるわけではありません。

パネルに表示を行うためには、バッファをVRAM（SSD1306のマニュアルではGDDRAMと表記）に転送する必要があります。それを行うのがshow()メソッドです。

おおまかな流れとしては、まずGDDRAMにデータを書き込む始点と終点を用意し、SET_COL_ADDRコマンドで始点カラムと終点カラムを、SET_PAGE_ADDRコマンドで開始ページおよび終了ページを設定します。ここでいう**カラム**は、178ページの図「framebuf.MONO_VLSB形式のVRAMフォーマット」に書き込んだ**COL**のことです。Pageのオフセット値で、幅128ドットの製品ならX座標と等価です。

ただ、コメントに英語で記されているように幅64ドットなど128ドットに満たない製品では、デフォルトでGDDRAMの中央の領域が表示に使われているのでパネル上のX座標とカラムは等価になりません。

始点と終点を設定後、write_data()メソッドでデータを書き込むと、設定した始点と終点のGDDRAMにデータが転送され、バッファの転送が完了します。show()メソッドではバッファをすべてGDDRAMに転送してしまっているので単純です。

write_cmd()とwrite_data()も見ていくことにしましょう。両メソッドはサブクラスSSD1306_I2CおよびSSD1306_SPIに実装されています。ここではI²C接続の製品を扱うので、利用するのはSSD1306_I2Cクラスです。

SSD1306_I2Cクラスを次ページに掲載します。

●SSD1306_I2Cクラス

```
class SSD1306_I2C(SSD1306): ①
    def __init__(self, width, height, i2c, addr=0x3C, external_vcc=False):
        self.i2c = i2c
        self.addr = addr
        self.temp = bytearray(2)
        self.write_list = [b"\x40", None]  # Co=0, D/C#=1
        super().__init__(width, height, external_vcc)

    def write_cmd(self, cmd): ②
        self.temp[0] = 0x80  # Co=1, D/C#=0
        self.temp[1] = cmd
        self.i2c.writeto(self.addr, self.temp)

    def write_data(self, buf): ③
        self.write_list[1] = buf
        self.i2c.writevto(self.addr, self.write_list)
```

①SSD1306_I2Cクラスは、次のようにディスプレイの解像度とmachine.I2Cオブジェクトを渡してインスタンスを作成します。

```
i2c = I2C(0)
ssd = SSD1306_I2C(128, 32, i2c, addr=0x3C)
```

addrパラメータでI^2Cアドレスを指定できるので、前節のscan()メソッドで調べデフォルトの0x3Cでなかった場合は、例のようにaddrパラメータをアドレスを指定してください。コンストラクタからわかるようにデフォルト値として0x3Cが設定されているので、0x3Cの製品ならaddrパラメータを省略できます。

②machine.I2CにはI2Cデバイスとやり取りするいくつかのメッドが用意されています。write_cmd()では指定したI2Cアドレスのスレーブに対して配列のデータを送るI2C.writeto()を送っています。

③write_data()ではベクタデータを送るI2C.writevecto()を使ってSSD1306にデータを送っています。

SSD1306の制御で解説したSMBusとは少々趣が異なります。SSD1306に送信する第1バイト目をControl byteといい、Control byteに続くI^2CストリームがコマンドであるかデータであるかをControl byteによって区別します。

Control byteで意味を持つのはbit7（最上位ビット）とbit6のみです。bit7をContinuation bit（Co）といい、0ならば続くバイト列がコマンドを含まないデータ列であることを示すビットです。データを連続して送るときにはCoを0にしなければなりません。

bit6はData/Command Selection bit（D/C#）です。Control byteに続くバイト列がデータならば1、コマンドならば0にします。予備知識ですが、略号の「D/C#」の末尾の#は、上付き線が利用できない環境でよく利用される負論理を表す記号です。つまりデータが正論理、コマンドが負論理ということを表しています。

もともとD/C#は、4線式SPIや8ビットCPUバスインタフェースだと独立した信号線です。I^2Cでは信号線の代わりにControl byteを使用している形で、名称を信号線から引き継いでいるというわけです。

実際のwrite_cmd()とwrite_data()を見ると、I2C.writeto()やI2C.writevecto()でSSD1306に送信するバイト列の第1バイト目にControl byteを入れて、コマンドやデータを送っていることが読み解けるでしょう。

■有機ELディスプレイに文字や図形を描いてみよう

SSD1306ライブラリを使って有機ELディスプレイに表示してみることにしましょう。ここまでの説明でも触れた通り、表示させるだけならば簡単です。スクリプトを書く必要すらないほどです。試しに「Hello, world」を枠で囲んで表示してみます。

SSD1306搭載モジュールを174ページの配線図のように接続して、USBケーブルでPicoとパソコンを接続し、Thonnyを起動します。シェル欄に次のように入力します。

まず「from machine import I2C」と入力します。

次に「from ssd1306 import SSD1306_I2C」と入力して、SSD1306ドライバをインポートします。

「i2c=I2C(0)」と入力し、machine.I2C()のインスタンスI^2Cを作成します。

「ssd=SSD1306_I2C(128, 32, i2c)」と入力して画面表示幅、高さ等を指定します。

「ssd.fill(0)」と入力してバッファをクリアします。

「ssd.text("Hello, world", 1,1)」で表示する文字列（Hello, world）を入力します。

「ssd.rect(0, 0, 12*8+1, 9, 1)」で文字列を枠で囲みます。

```
>>> from machine import I2C Enter
>>> from ssd1306 import SSD1306_I2C Enter
>>> i2c=I2C(0) Enter
>>> ssd=SSD1306_I2C(128, 32, i2c) Enter
>>> ssd.fill(0) Enter ―― バッファを0クリア
>>> ssd.text("Hello, world", 1,1 ) Enter ―― 文字列を描く
>>> ssd.rect(0, 0, 12*8+1, 9, 1) Enter ―― 文字列を枠囲み
>>> ssd.show() Enter ―― パネルに表示
```

「ssd.show()」と実行するとパネルに表示します。

●枠囲みの文字が表示された

温度センサー「DHT-11」を使ってみよう

ここではポピュラーな温湿度センサー「DHT-11」を使って、Picoで温度・湿度を測る方法を紹介します。DHT-11は基本的に測定した温度と湿度をマイコンに一方的に送るだけの機能しかないので非常に簡単に利用できます。

ポピュラーな温湿度センサー

さまざまな情報を表示できる有機ELディスプレイが利用できるようになりました。次は、表示する情報を得るためにセンサーの使い方を説明していくことにします。

ここではとてもポピュラーな**温湿度センサー「DHT-11」**を扱います。

DHT-11は中国広州の「奥松電子」(英名：Aosong Electronics、以下Aosong)という大手センサーメーカーが手掛けている温湿度センサーです。温度と湿度が測定できるセンサーとしては比較的安価なことに加えて、校正など面倒な手続きを必要とせずに湿度を測定できる利便性からマイコンでよく利用されています。

●温湿度センサー DHT-11

DHT-11の測定値はせいぜい8ビット精度で、高精度が求められる用途には向きません。ざっくりとした気温と湿度が知りたい用途に適しています。たとえば温室の気候制御やエアコンの制御などの空気管理には最適でしょう。AosongはDHT-11とほぼ同じ方法で扱えるさまざまな精度のセンサーをラインアップしているので、他のAosong製センサーに替えて高精度に変更するといったことも容易です。

DHT-11はAmazonなどのネットショップから購入できるほか、秋月電子通商でも入手できます。DHT-11とともにプルアップ抵抗も併せて購入しておくといいでしょう。標準の推奨値は5kΩ前後ですから、4.7kΩや5.1kΩの抵抗を用意しておきます。

●本節で使う部品の主な入手先

部品名	数量	入手先
DHT-11	1	秋月電子通商(M-07003)
1/4W 4.7kΩカーボン抵抗	1	秋月電子通商(R-07831)

DHT-11とマイコンとの接続方法

DHT-11はデジタルで測定値を出力するタイプのセンサーです。マイコンとの接続インタフェースは**1-Wire**風の独自シリアル方式を採用しています。

1-Wireは、かつてリアルタイムクロックIC（RTC）を手掛けていたDallas Semiconductor社が、RTC用のインタフェースとして提案した簡易型シリアルインタフェースです※1。電源ラインにシリアルデータを乗せる手法※2を用いることで、GNDと併せわずか2本の線でセンサーとデータのやり取りができるのが特徴です※3。

※1　Dallas Semiconductorは後に各種インタフェースICやアナログICなどを手掛けていたMAXIM Integrated社に買収され、さらにMAXIM Integrated社を半導体大手Analog Devicesが買収したため、現在1-Wireの商標を所有しているのはAnalog Devicesになっています。

※2　電源とデータを分け2線とする方式も1-Wireに定義されています。

※3　I^2Cは基板上でIC間を接続するためのインタフェースで、せいぜい10センチ程度までしか引き回せません。無理に延長する例はなくはないですが、クロックスキュー（クロックとデータのズレ）の影響を受けやすくなるのでお勧めはできません。

I^2Cなどと比べると通信速度は極めて低速（最大16k bpsまたは120k bps）ですが、最大100メートルという長距離でデータのやり取りができる仕様で、マイコンとセンサーを離さないといけないケースにも対応が可能です。

もっとも、DHT-11はあくまで1-Wire風であって1-Wireの仕様に完全に準拠しているわけではありません。DHT-11には4本のピンがありますが、うち1本は未使用（NC：Not Connect）で、電源、SDA（Serial DAta）、GNDの3つの端子で利用します。端子の割り当てを右に示します。

●DHT-11の端子割当（上から見た配置）

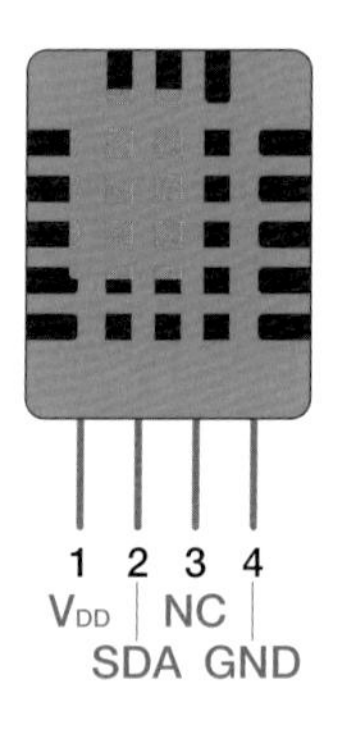

端子は、センサーの格子がある面を正面に見て左からV_{DD}、SDA、NC、GNDの順です。V_{DD}とGNDは電源に接続します。DHT-11は3.3～5Vの電源電圧で動作し、SDAのハイレベルはV_{DD}の電圧になります。

SDAは任意のGPIOポートに接続します。DHT-11の仕様ではI^2CのSDAと同じようにプルアップが必要です。プルアップ抵抗の推奨値は5kΩで、このプルアップ抵抗値でSDAを最大5メートルまで引き回すことができるとされます。

Picoでそこまでセンサーを遠距離に設置する必要があるケースはほとんどないでしょうが、用意した4.7kΩまたは5.1kΩでSDAをプルアップします。SDAのプルアップ抵抗周りの配線にはややセンシティブなところがあり、接触不良などを起こすとDHT-11との通信でエラーが起きることがあります。DHT-11の取り付けおよびプルアップ抵抗の取り付けをしっかり行うよう注意してください。

GPIOはどの端子でも動作します。ここでは次のようにPicoのGP15（20番ピン）に接続することにします。

●DHT-11とPicoの接続

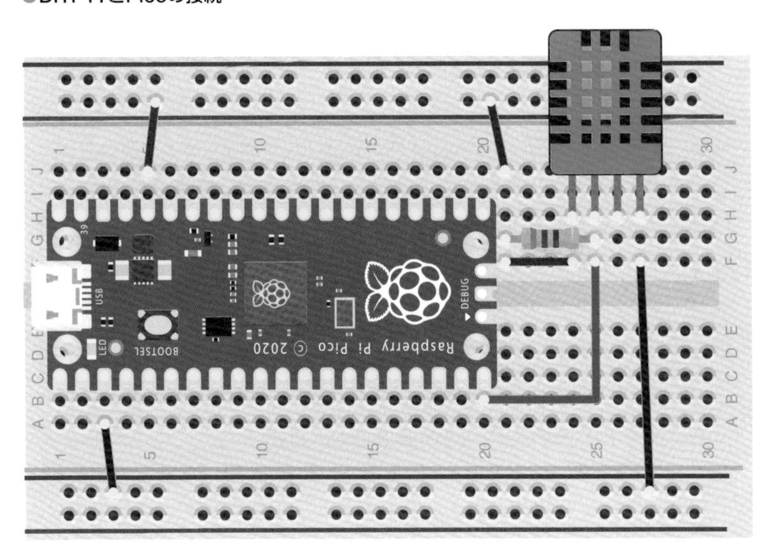

DHT-11とマイコンのデータのやり取り

センサーで測定した温湿度は、SDAを通じてシリアルデータでマイコンに送られます。DHT-11はシンプルなセンサーで、基本的に測定した温度と湿度をマイコンに一方的に送るだけの機能しかありません。

1-Wire風のDHT-11にはI²Cのようなクロックラインがないので、クロックに合わせて0、1のデータを送るということはできません。そこで、DHT-11はパルスの幅（時間）でデータの1か0かを区別します。SDAはプルアップされている前提で、マイコンがDHT-11から温度と湿度を得る手順は次のようになります。

1. マイコンがSDAをLowに落とし18ミリ秒（以上）後にHighに戻す（スタート信号）
2. DHT-11がSDAをLowに落とし80マイクロ秒後にHighに戻す（応答信号）
3. 約80マイクロ秒後にDHT-11がデータの送信を始める

マイコン側がSDAを18ミリ秒以上Lowに落とす動作が、データを取得するスタート信号になります。スタート信号を受信したDHT-11は、応答として約80マイクロ秒SDAをLowに落とし、さらに80マイクロ秒後に湿度の上位バイト、下位バイト、温度の上位バイト、下位バイト、チェックサムの順でSDAを通じてマイコンにデータを送ってきます。データは湿度16ビット、温度16ビット、チェックサムは8ビットで合計40ビット分です。

ただし、低価格版のDHT-11は温度および湿度の下位バイトには意味がなく、データシートでは常に0になると記されています。実際には0ではない値が送られてくることもあるのですが、信頼できる測定値ではないと考えていいでしょう。なので、温度、湿度ともに精度は8ビットです。

チェクサムは温度と湿度の合計4バイトを加算した値の下位1バイトです。マイコン側で受信したデータを合算して下位1バイトをチェックサムと比較し、合致すれば受信したデータに間違いがないと確認できます。

前述のようにデータ本体はパルスの時間で0か1を区別します。ここがDHT-11と1-Wireが少し違う点で、1-WireではLowパルスの時間で0か1を区別しますが、DHT-11ではHighパルスの時間で0か1を区別します。次の図を見てください。

●DHT-11のデータパルス

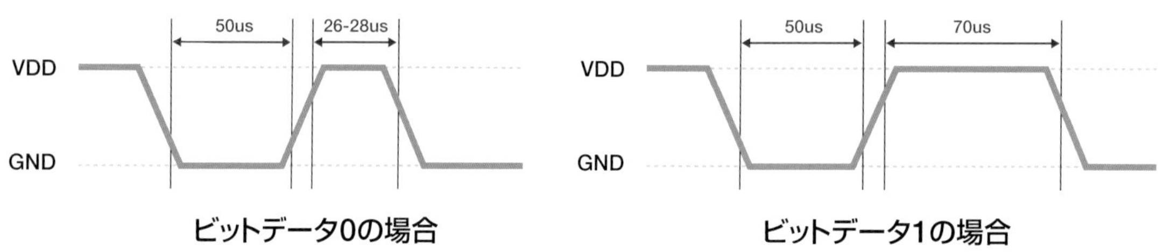

上の図のように、DHT-11では0は50マイクロ秒のLow＋26～28マイクロ秒のHigh、1は50マイクロ秒のLow＋70マイクロ秒のHighで表現されます。実際にデータのやり取りを行っている冒頭部分の実測を、次に掲載しておきましょう。

●DHT-11の実際のデータ送信の実測

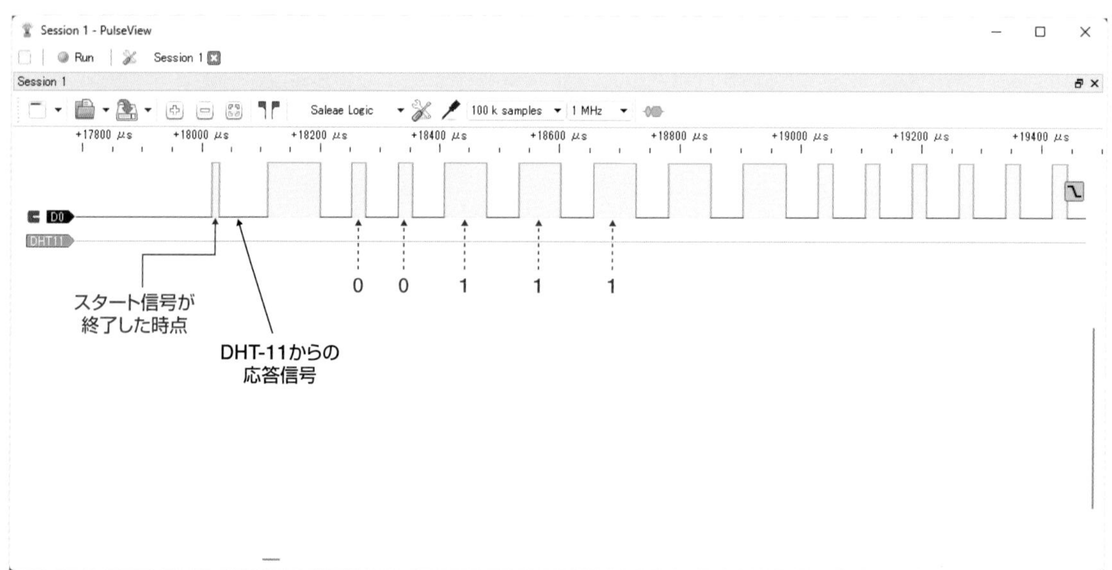

+18000 μs（18ミリ秒）と記されているところでLowからHighに戻っていますが、ここがスタート信号が終了した時点です。直後の約80 μ秒のLowがDHT-11からの応答信号で、その80マイクロ秒後からデータの送信が始まっています。前ページのグラフと突き合わせると0、0、1、1……とデータビットがDHT-11から送られてきていることが目視で確認できるはずです。

MicroPython標準のDHTライブラリを使おう

DHT-11からデータを得る手順は以上です。MiroPythonにはmachine.time_pulse_us()というパルス幅をマイクロ秒オーダーで測定してくれるユーティリティ関数が用意されているので、スクリプトの自作もさほど難しいものではありません。

ですが、MicroPythonにはDHT-11とその高精度版であるDHT-22に対応するライブラリが標準で組み込まれているので、それを利用するのが簡単でしょう。Thonnyを起動してシェル欄で「help('modules')」と実行すると、MicroPythonで利用できるモジュールの一覧が次ページの図のように得られます※4。

※4　画面例はPicoです。PicoWはnetwork関連モジュールが含まれるので画面とは少し異なります。

```
>>> help('modules') Enter
```

●標準モジュール一覧（Picoの例）

```
__main__          framebuf            uasyncio/funcs     ujson
_boot             gc                  uasyncio/lock      umachine
_boot_fat         math                uasyncio/stream    uos
_onewire          micropython         ubinascii          urandom
_rp2              neopixel            ucollections       ure
_thread           onewire             ucryptolib         uselect
_uasyncio         rp2                 uctypes            ustruct
builtins          uarray              uerrno             usys
cmath             uasyncio/__init__   uhashlib           utime
dht               uasyncio/core       uheapq             uzlib
ds18x20           uasyncio/event      uio
Plus any modules on the filesystem

>>>
```

上の図のように「dht」という名前のモジュールがあるはずです。dhtがDHT-11とDHT-22向けのライブラリモジュールです。

使い方は簡単です。シェル欄で利用する例を次に示しましょう。

「from machine import Pin」でmachineモジュールのPinクラスをインポートします。

「import dht」でdhtモジュールをインポートします。

「sensor=dht.DHT11(Pin(15))」を実行すると、GP15でDHT11オブジェクトを得ます。

「sensor.measure()」を実行すると、DHT-11からデータを受信します。

「sensor.humidity()」を実行すると湿度が返ってきます。

「sensor.temperature()」を実行すると温度が返ってきます。

```
>>> from machine import Pin Enter
>>> import dht Enter
>>> sensor=dht.DHT11(Pin(15)) Enter  ── GP15でDHT11オブジェクトを得る
>>> sensor.measure() Enter  ── DHT-11からデータを受信する
>>> sensor.humidity()
62  ── 湿度
>>> sensor.temperature()
28  ── 温度
>>>
```

dhtモジュールを使うためにPinクラスが必要です。DHT-11のSDAを接続したGPIO番号をもとに、次のようにしてDHT11クラスのインスタンスを作成します。

```
sensor=dht.DHT11(Pin(GPIO番号))
```

DHT11のmeasure()メソッドを呼び出すとDHT-11のデータが読み取られます。DHT-11の仕様上の制限で、measure()メソッドを呼び出す間隔は1秒以上開けなければならない点に注意してください。

なお、measure()メソッドの呼び出しは、まれに失敗することがあります。DHT-11はパルス時間を測るという少々アナログ的な方法でデジタルデータを伝送するので、何らかの理由でパルスの時間が正しく測れなかったりするとチェックサムが合わずに失敗したりするわけです。

頻繁に失敗するようならDHT-11とPicoの接続を見直す必要がありますが、まれに失敗する程度なら特に気にする必要はありません。失敗したときは、1秒以上間隔を開けて改めてmeasure()メソッドを呼び出せばいいでしょう。

measure()メソッドによりDHT-11から取得した温度の値はtemperature()メソッドで、また湿度はhumidity()メソッドで取得できます。どちらも整数です。

温湿度計を作ってみよう

有機ELディスプレイと温湿度センサーを組み合わせて、温湿度計を作ってみましょう。最初は英語表示で行い、次にディスプレイに漢字を表示する方法を解説します。

ディスプレイつき温湿度センサー

有機ELディスプレイと組み合わせて温湿度計のスクリプトを作ってみることにしましょう。

Picoと有機ELディスプレイ、温湿度センサーの配線図を示します。

●温湿度計の配線図

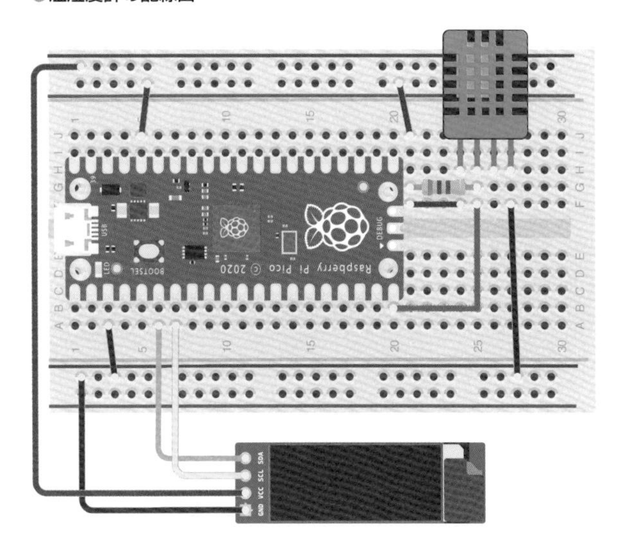

有機ELディスプレイへの文字表示の方法と、DHT-11から温湿度を取得する方法という主要な要素をすでに説明しているので、スクリプトの作成は簡単です。参考例としてth_meter.pyを掲載します。

●温湿度計スクリプト

sotech/5-5/th_meter.py

```
from machine import Pin
from machine import I2C
from ssd1306 import SSD1306_I2C
import dht
import time

# 有機ELパネル
i2c = I2C(0, freq=400000)
ssd = SSD1306_I2C(128, 32, i2c)

# DHT-11センサー
sensor = dht.DHT11(Pin(15))

while True:
    os_error = False
    try:
        sensor.measure()
    except OSError as e:
        os_error = True ②

    line1 = "Temp: {0:2d} C".format(sensor.temperature()) ①
    line2 = "Hum : {0:2d} %".format(sensor.humidity()) ①
    line3 = "DHT-11 error" if os_error else "" ③

    ssd.fill(0)
    # 温度表示
    ssd.text(line1, 1, 0 )
    # 湿度表示
    ssd.text(line2, 1, 9 )
    # エラー表示
    ssd.text(line3, 1, 18 )
    ssd.show()

    time.sleep(2)
```

①2秒に1回、measure()メソッドを呼び出して温度と湿度を測定し、有機ELディスプレイに表示しています。

DHT-11のようなデジタルセンサーは、データのやり取りを行ったり測定を行うたびに若干の電力を消費して、それが熱に変わります。なので、あまり頻繁にセンサーにアクセスするとセンサーの自己発熱に測定値が影響を受ける可能性があります。先述の通りDHT-11の測定間隔は最小1秒ですが、自己発熱を考慮して、できるだけ呼び出す頻度を抑えたほうがいいでしょう。

②スクリプトのポイントはエラーへの対応です。DHT-11はときに測定データが正常に取得できないことがあ

りえるセンサーです。measure()メソッドが失敗した場合、measure()メソッドがOSError例外を上げてきます。

③MicroPythonのTry～except文でOSError例外をキャッチして、エラーが発生したら3行めにエラーメッセージを表示するようにしました。ユーザーは、エラー表示により現在、表示されている温湿度が信頼にならないと把握できます。なお、measure()メソッドが失敗したときにtemperature()およびhumidity()で読み出せる温湿度は、1つ前のmeasure()メソッドの測定値です。

有機ELディスプレイに日本語を表示しよう

前ページのth_meter.pyでは温度に「Temp」、湿度に「Hum」というラベルを表示しました。ssd1306ライブラリのtext()メソッドが英数字しか表示できないからですが、ひらがなや漢字を表示できると便利ですよね。

MicroPythonで日本語表示を扱うのは、容量や速度の点できついところがありますが、温湿度計はせいぜい2秒に1回しか画面を更新しないので、表示が多少遅くても大きな問題にはならないでしょう。そこで日本語を表示する例も紹介しておきます。

マイコンで小型ビットマップディスプレイ上に日本語を表示するときには、X Window Systemのフォントセットに含まれる12ドットフォント「K12」や14ドットフォント「K14」などのビットマップフォントファイル（BDF形式フォントファイル）利用したり、FONTX/FONTX2形式[※1]のフォントファイルを利用する例が多く見られます。

※1　日本IBMが1990年代に発売した日本語版MS-DOS「日本語IBM DOS J4.0/V」（通称DOS/V）向けに開発された日本語フォントドライバ用ビットマップフォントファイル形式。DOS/Vはすでに過去のものですが、フォントファイルは現在でもマイコンでよく利用されます。

しかし、これらのフォントファイルの文字コードがJISあるいはShift-JISであるのに対して、MicroPythonではUNICODEの一形式である**UTF-8**が文字コードとして使われています。標準Pythonならば、UNICODEとJISやShift-JISとの相互変換はライブラリで簡単にできます。しかし、MicroPythonにはそうしたライブラリがなく、自力で行うとけっこう面倒なのです。

いくつか方法が考えられ、またさまざまな試みが行われていますが、本書ではESP-32マイコンのMicroPythonで日本語表示を行う「pinot」というライブラリをPicoで利用してみることにしましょう。

pinotの仕組みについては、ライブラリ作者の解説ページ[※2]で詳しく説明されています。簡単に説明すると、pinotではK12／K14／K16フォントを元にしたフリーの日本語ビットマップフォント「東雲フォント」[※3]を、UNICODEで並び替えた独自のフォントファイル「Pinot Font（PFN）」に変換して利用しています。フォントファイル側をあらかじめUNICODEで並び替えているので、MicroPython上での文字コード変換およびフォントファイルの探索が最小限で済む仕組みです。

※2　「MicroPython だけで UTF-8 の漢字を表示」
（https://zenn.dev/nom/articles/20211016-micropython-code-to-display-utf8-kanji）

※3　http://openlab.ring.gr.jp/efont/shinonome

■日本語表示の温湿度計を実行してみよう

pinotのソースコードや変換済みフォントファイルはGithubからダウンロードできます※4。Github上のコードはESP-32マイコンでさまざまなディスプレイに日本語を表示するためのライブラリを含んでいます。本書での利用には不要なものも多いので、必要なファイルだけをダウンロードしましょう。

※4　https://github.com/yoshinari-nomura/pinot

必要なのは、fontsディレクトリの「shnmk12u.pfn」、libディレクトリの「display.py」と「pnfont.py」の3つのファイルだけです。

- fonts/
  - ・shnmk12u.pfn
- lib/
  - ・display.py
  - ・pnfont.py

●Githubからfonts/ディレクトリ以下の1ファイルとlib/以下の2ファイルをダウンロード

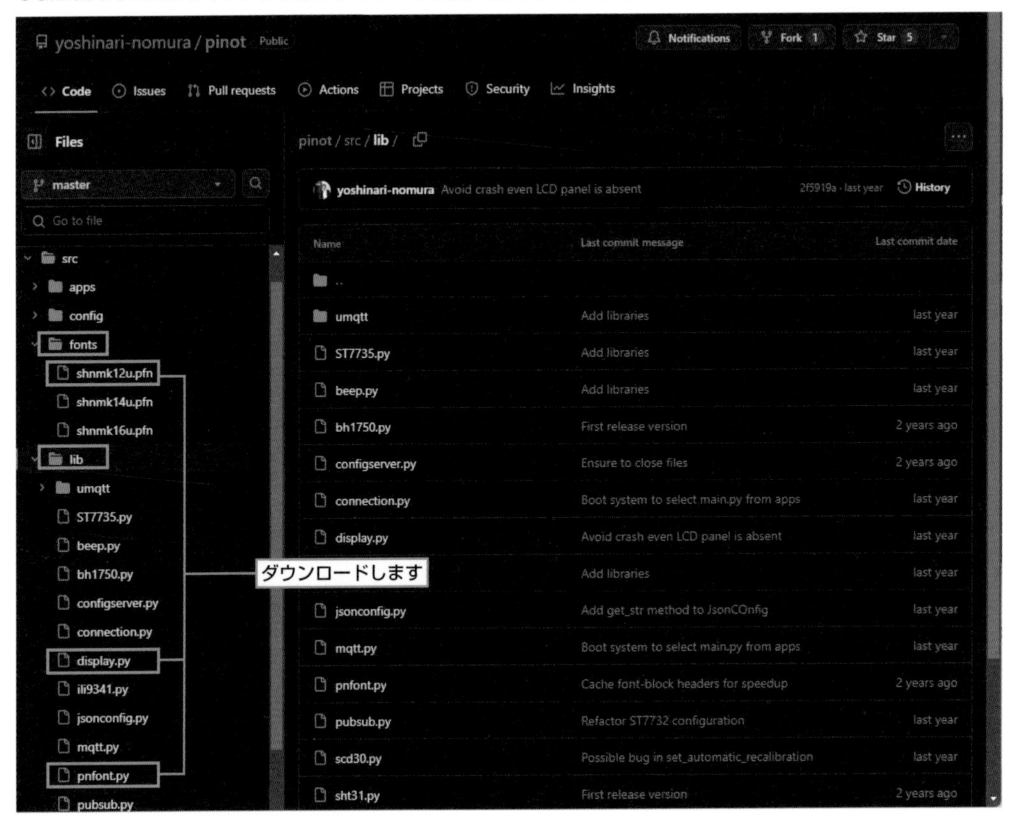

Webブラウザで Githubの該当するファイルを開くと、右上にダウンロードボタンが表示されるので、クリックしてダウンロードしてください。

次に、パソコン上の適当な場所に「temp_hum」というディレクトリを作成します。そこにダウンロードしたファイルを格納しましょう。

ディレクトリ以下に配置するファイルは、先にダウンロードした3つのファイルと、日本語表示を行う温湿度計のスクリプト本体main.pyです。

●日本語表示を行う温湿度計のスクリプト

sotech/5-5/main.py

```
from machine import Pin
from machine import I2C
from ssd1306 import SSD1306_I2C
from display import PinotDisplay
from pnfont import Font
import dht
import time

i2c=I2C(0, freq=400000)
ssd = SSD1306_I2C(128, 32, i2c)
fnt = Font('/fonts/shnmk12u.pfn')
disp = PinotDisplay(panel = ssd, font = fnt)

# DHT-11センサー
sensor = dht.DHT11(Pin(15))

while True:
    os_error = False
    try:
        sensor.measure()
    except OSError as e:
        os_error = True

    line1 = "温度: {0:2d} C".format(sensor.temperature())
    line2 = "湿度: {0:2d} %".format(sensor.humidity())
    line3 = "DHT-11エラー" if os_error else "                "

    #ssd.fill(0)
    # 温度表示
    disp.locate(1, 0)
    disp.text(line1)
    # 湿度表示
    disp.locate(1,12)
    disp.text(line2)
    # エラー表示
    disp.locate(1,24)
    disp.text(line3)

    time.sleep(2)
```

main.pyをThonnyの編集欄に入力して、temp_hum/ディレクトリ直下にmain.pyというファイル名で保存します。さらに、temp_hum/ディレクトリ以下にfonts/ディレクトリとlib/を作成し、fonts/ディレクトリ以下にshnmk12u.pfn、lib/ディレクトリ以下にdisplay.pyとpnfont.pyを格納します。

●ディレクトリとファイルの配置

- temp_hum/
  - ・main.py
  - ・fonts/
    - ・shnmk12u.pfn
  - ・lib/
    - ・display.py
    - ・pnfont.py

これらのディレクトリをPicoにコピーします。Thonnyのメニューで「表示」をプルダウンさせ、「ファイル」を選択します。

●Githubからfonts/ディレクトリ以下の1ファイルとlib/以下の2ファイルをダウンロード

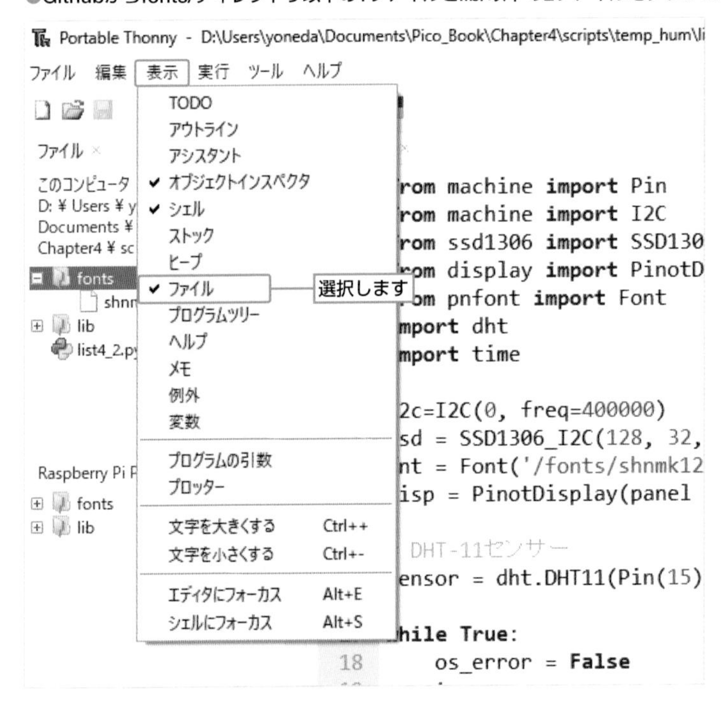

Thonnyの左ペインにファイルエクスプローラーが表示されます。ファイルエクスプローラーの上段がパソコ

ン側、下段がPicoのフラッシュメモリストレージです。

まず、上段で先に用意したtemp_humディレクトリを開いてください。fonts/を選択して右クリックし、「/をアップロード」（Picoのルートディレクトリにアップロードする機能）を選択すると、fonts/ディレクトリ以下がPicoにアップロードされます。

●fonts/を選択して右クリックし「/をアップロード」を選択

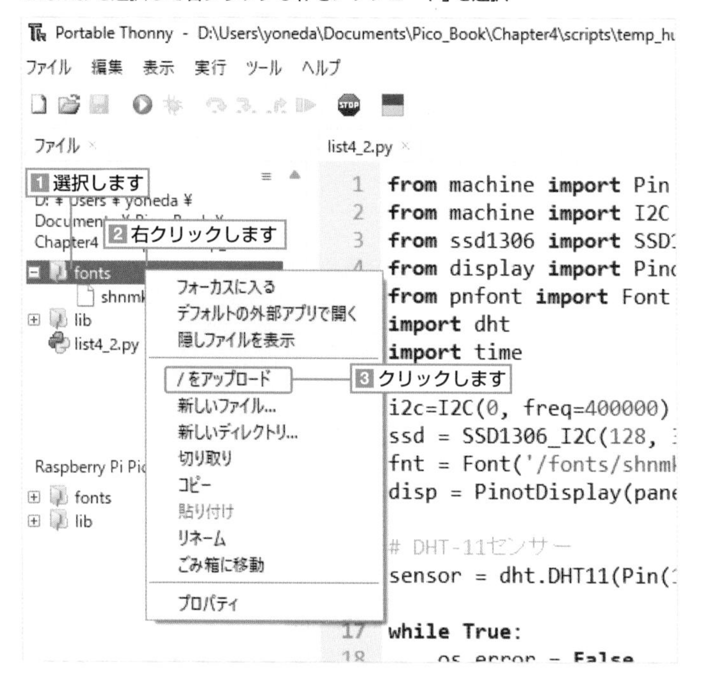

同じ方法でlib/ディレクトリをアップロードし、最後にmain.pyをアップロードしてください。

REPL上で Ctrl キーと D キーを同時に押すとPicoがソフトリセットされて再起動します。main.pyの実行が始まり、有機ELディスプレイに「温度」「湿度」という漢字のラベルが表示されます。

●漢字が表示された

■日本語表示の方法

日本語表示を行うために利用するのは、display.pyからインポートしたPinotDisplayクラスと、pnfont.pyからインポートしたFontクラスです。

次の行で東雲12ドットフォントファイルからFontクラスのインスタンスを作成します。

```
fnt = Font('/fonts/shnmk12u.pfn')
```

Fontクラスを通じて日本語フォントのフォントグリフを得てディスプレイに表示するクラスがPinotDisplayクラスです。コンストラクタにSSD1306_I²Cのインスタンスと Fontクラスのインスタンスを渡してPinotDisplayクラスのインスタンスを作成します。

```
disp = PinotDisplay(panel = ssd, font = fnt)
```

文字表示はPinotDisplayクラスのtext()メソッドで行います。表示位置はPinotDisplayのインスタンスに保持されているカーソル位置X、Y座標で、カーソル位置はlocate()メソッドで移動させることができます。フォントサイズは全角1文字が12×12ドットですから、それを考えてカーソル位置を変えて表示すればいいわけです。

なお、PinotDisplayクラスではテキスト描画後に内部でshow()を呼び出しているため、text()メソッドを呼び出すだけでパネルに文字が表示されます。英数字のみの温湿度計では2秒に1回の表示更新時に画面全体をいったんssd.fill(0)でクリアしていましたが、日本語表示を行うmain.pyではクリアしていません。これは、日本語表示が低速なことと内部でshow()メソッドが呼び出される影響で画面クリアを行うと画面がちらついて見えるためです。なのでmain.pyでは更新時にフレームバッファに上書きすることでちらつきを抑えています。

温度と湿度の表示業は数字の桁数を2で固定しているために、表示を上書きしても文字が残るなどの不都合は起きないでしょう。不都合が起きるのはエラー表示の行です。画面クリアの代わりにエラーがないときに空行などで上書きしておかないとエラー表示が延々と残り続けることになります。

このようにPinotDisplayクラスとFontクラスを使うことで、比較的、簡単に日本語の表示を交えることができます。使い方を覚えておくと役に立つでしょう。

Pico Wを使って
リモートで温湿度を測定する

Wi-Fi機能を持つPico Wを使って、リモートで温湿度を測定するガジェットを作成してみましょう。MicroPythonに用意されているモジュールを使えば、Pico WのWi-Fiが簡単に利用できます。

Wi-Fi機能を持ったPico W

温室の温湿度を把握したいとか、ペットがいる部屋の温湿度を外出先からもチェックできるようにしたい、という使い道を考えている人もいるかもしれません。

Picoは単体ではネット接続はできませんが、Wi-Fiを搭載するPico Wならば簡単です。Pico Wを使えば遠隔の温度や湿度を測定するガジェットが作成できます。

そこで、ここでは前節の知識を前提にしつつ、Pico Wを使って遠隔の温湿度を測るガジェットを作成してみます。Picoでは本節の内容は実行できないので注意してください。

配線図を次に示します。

●Pico Wを使いリモートで温湿度を測定するガジェットの配線図

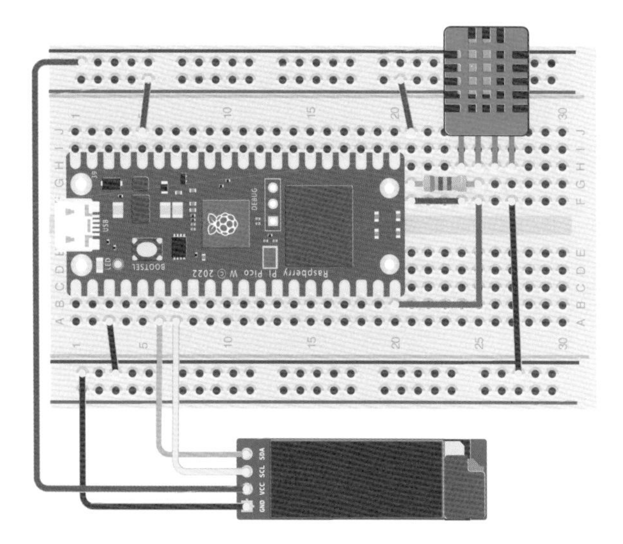

networkモジュールでPico Wをネットに接続する

Pico Wでは、Wi-Fi搭載マイコンの先駆け的な存在であるESP8266シリーズやESP-32マイコン向けのMicroPythonで利用されているnetworkモジュールを、ほぼ変更なしに利用できます。実際の使い方をREPLで確認してみることにしましょう。

Chapter 2-2の手順でセットアップしたPico Wをパソコンに接続してThonnyを起動してください。REPLでコマンドを実行していきます。

「import network」でnetworkモジュールをインポートします。

「wlan=network.WLAN(network.STA_IF)」でwlanオブジェクトを作成します。

「wlan.active(True)」を実行し、Wi-Fiを有効にします。

「wlan.scan()」を実行し、アクセスできる無線LANアクセスポイントをスキャンします。

```
import network Enter
wlan=network.WLAN(network.STA_IF) Enter
wlan.active(True) Enter
wlan.scan() Enter
```

次のようにPico WのWi-Fiが受信可能な範囲にあるアクセスポイントの情報が（複数ある場合はカンマで区切られて）表示されます。

●アクセスポイント一覧が表示される

```
シェル
Type "help()" for more information.
>>> import network
>>>
>>> wlan=network.WLAN(network.STA_IF)
>>> wlan.active(True)
>>> wlan.scan()
[(b'\                    \x00\x          :94\
x19V'                    :94\x19V', 8, -66, 7, 6),
(b'SE                    )]
>>>
>>> |
                                    MicroPython (RP2040) • Boar
```

network.WLANはオンボードのWi-Fiモジュールを制御するクラスです。コンストラクタに定数network.STA_IFかnetwork.AP_IFを渡して、network.WLANのインスタンスを作成します。network.AP_IFはクライアントモード、network.AP_IFはアクセスポイントモードです。

Pico W向けのMicroPythonはクライアントモードとアクセスポイントモードの両方をサポートします。クライアントモードはアクセスポイントに接続して、アクセスポイント子機として振る舞う一般的なモードで、本節ではクライアントモードを取り上げていきます。

network.WLANのコンストラクタを呼んだだけでは、Wi-Fiインタフェースの電源はオンになりません※1。

※1 すでにWi-Fiインタフェースの電源が別のスクリプトなどでオンになっている可能性はあります。

Pico Wの電源投入後の状態ではWi-Fiインタフェースの電源が切れているので利用できないわけです。activate()メソッドをTrueを渡して呼び出すと、Wi-Fiインタフェースの電源がオンになります。

scan()は通信できるアクセスポイントを列挙して、その情報をタプルで返すメソッドです。scan()を呼び出して、タプルの中に含まれているアクセスポイントならば基本的には接続できるはずです。

このように、Picoでは実に簡単にWi-Fiを利用することができます。使い方にもよりますが、本稿で前提にしている温室などの温湿度測定では、Pico Wを設置する場所は基本的に常に同じでしょうから、Pico W起動時に決まったWi-Fiアクセスポイントに自動的に接続しておくと何かと便利でしょう。

Chapter 2で説明した通り、MicroPythonではboot.py、main.pyの順で自動実行されます。そこで、boot.pyにWi-Fiアクセスポイントに接続するスクリプトを記述することにしましょう。

boot.pyでは、アクセスポイントに接続すると同時に、接続に成功したらNTP（Network Time Protocol）を使ってインターネット上のNTPサーバーから時刻を得て、RP2040内蔵の**リアルタイムクロック**（Real Time Clock：RTC）の時刻合わせを行います。RTCなどboot.pyの要素については後で説明することにしましょう。

実際のboot.pyのサンプルを次に示します。

●アクセスポイントへの接続設定を記述

sotech/5-6/boot.py

```
1  import sys
2  import time
3  import network
4  import ntptime
5  from machine import RTC
6  import gc
7  
8  SSID='your_ap_ssid' ①
9  PASS='your_passphrase' ②
10 
11 IFCONFIG=('192.168.1.240', '255.255.255.0', '192.168.1.1', '192.168.1.1') ②
12 
13 def wifi_connect(ssid, passkey, timeout=20):
14     conn = network.WLAN(network.STA_IF)
15     if conn.isconnected():
16         return conn
17 
18     conn.active(True)
19     conn.connect(ssid, passkey)
20 
21     while not conn.isconnected() and timeout > 0:
22         time.sleep(1)
23         timeout -= 1
24     if conn.isconnected():
```

```
25      return conn
26  else:
27      return None
28
29  setup_rtc_from_ntp():
30     rtc = RTC()
31     ntptime.host = 'ntp.nict.jp'
32     now = time.localtime(ntptime.time() + 9 * 60 * 60)
33     rtc.datetime((now[0], now[1], now[2], now[6], now[3], now[4], now[5], 0))
34     now = rtc.datetime()
35     print("%04d-%02d-%02d %02d:%02d:%02d" %(now[0], now[1], now[2], now[4],⮐
    now[5], now[6]))
36
37  if __name__ == "__main__":
38  conn = wifi_connect(SSID, PASS)
39  if conn is None:
40      print('Can not connect to ' + SSID)
41  else:
42      conn.ifconfig(IFCONFIG) ③
43      time.sleep(1)
44      print('Connect to ' + SSID)
45      # 日時設定
46      setup_rtc_from_ntp()
47
48  gc.collect()
```

いくつかの項目を自身の環境に合わせて変更する必要があるため、Thonnyの編集欄にboot.pyを入力します。

①変数SSIDの右辺（SSID='your_ap_ssid'部分）は、このPico Wを接続させたいWi-Fiアクセスポイント名（ESSID）に変更します。また、変数PASSの右辺（PASS='your_passphrase'部分）はWi-Fiアクセスポイントのパスフレーズに変更してください。

②変数IFCONFIGの右辺（IFCONFIG=('192.168.1.240', '255.255.255.0', '192.168.1.1', '192.168.1.1')）は、Pico WのIPアドレス情報です。タプル（カンマ区切り）でIPアドレス、ネットマスク、デフォルトゲートウェイ、DNSアドレスの順に記述します。後述するサンプルで、Pico Wを簡単なWebサーバーとして機能させます。LAN内の別のPCからブラウザでPico Wにアクセスするので、Pico Wを固定のIPアドレスで接続しておいたほうがアクセスしやすいでしょう。利用しているLANの事情に合わせてIFCONFIGの右辺を変更してください。

③なお、何らかの事情でPico WのIPアドレスを固定できず、DHCPサーバーからIPアドレスを取得したいときは、次のようにします。まず、11行目のIFCONFIGの設定行をコメントアウトします。次に、42行目の引数からIFCONFIGを次のように取り去ってください。

```
conn.ifconfig()
```

このようにIPアドレスの設定を自動にした場合、ブラウザでPico Wにアクセスするために何らかの方法でPico Wに割り当てられたIPアドレスを調べる必要があります。

SSID、PASS、IFCONFIGそれぞれを読者の事情に合わせて変更したらboot.pyをPico W側に保存してください。REPLのシェル上でCtrlキーとDキーを同時に押すと、Pico Wがソフトリセットされ再起動時にboot.pyが自動実行されます。

REPLプロンプトが表示されるまでに少し時間がかかるかも知れません。起動時に次のように表示されれば、Wi-Fiアクセスポイント（例では「your_ap」）に接続できています。

```
Connect to your_ap          アクセスポイント名が表示される
2023-10-26 10:50:07         現在時刻が表示される
MicroPython v1.20.0 on 2023-04-26; Raspberry Pi Pico W with RP2040
Type "help()" for more information.
```

「Can not connect to your_ap」というエラーメッセージが表示される場合、アクセスポイントの接続に失敗しています。変数SSIDやPASSが正しく設定されているか確認してください。電波が弱いという可能性もありますが、前出のscan()メソッドの返値に接続しようとするアクセスポイント名が含まれていれば、基本的に接続できるはずです。

「Connect to your_ap」は表示されるが現在時刻が表示されない場合、DNSサーバーの設定が誤っていてホスト名の正引きに失敗しているか、IPアドレス情報が正しく設定できていない可能性があります。変数IFCONFIGの右辺を見直してください。どうしても現在時刻が表示されないときには、固定IPアドレスを諦めてDHCPサーバーによる自動設定に切り替えるのも一つの方法です。

■ Wi-Fiアクセスポイントへの接続

アクセスポイントへの接続は簡単です。network.WLANクラスのactive()メソッド呼び出してWi-Fiインタフェースの電源をオンした後、connect()に引数として接続先アクセスポイント名（ESSID）とパスフレーズを渡して呼び出せば接続が行われます。

接続できていればisconnect()メソッドがTrueを返します。もしisconnect()がFalseを返したとしても接続できないとは限らない点に注意してください。電波がやや弱いなどの理由で接続に失敗しているだけかもしれません。boot.pyでは20回の再試行を行って、それでもisconnect()メソッドがTrueを返さないときには接続失敗とみなすようにしています。

IPアドレスの設定はifconfig()メソッドで行います。すでに説明している通り、ifconfig()メソッドの引数に4つのIPアドレス情報をまとめたタプルを渡すと、そのIPアドレスに設定されます。一方、引数を渡さないときにはDHCPサーバーからIPアドレス情報を取得して設定を行ってくれます。

■ RTC（リアルタイムクロック）とその設定方法

PicoやPico Wが搭載するRP2040マイコンには、現在時刻を保持するRTC（リアルタイムクロック）チップが内蔵されています。RTCは電源が入っている限り、RTC自身で時を刻み続け現在時刻を保持してくれる便利なチップです。

Wi-Fiを持たないPicoでRTCを利用する場合、電源オン時にユーザーが手動で現在時刻をRTCに設定するようなユーザーインタフェースを作るといった方法で、起動時にRTCに現在時刻を書き込んでやらなければなりません※2。利用者にとって非常に手間なのでPicoでRTCを使う機会は少ないでしょう。

※2　またはボタン電池で時刻を長期間、保持できるRTCチップを外付けして、RTCチップ側に時刻を設定しておき、Picoが起動したときにRTCチップから時刻を得る方法が考えられます。RTCが二重になる点が無駄ですが、RP2040をバッテリーで常時通電するよりは現実的かもしれません。

一方、Wi-Fiを搭載するPico Wであれば、**NTP**（Network Time Protocol）を使ってインターネット上の標準時刻サーバーから現在時刻を得て、RTCに書き込む方法で自動的にRTCを初期設定できます。Wi-Fiでインターネットに接続してさえいれば利用者にとっての手間はゼロなので、RTCをより活用しやすいでしょう。

NTPは時刻サーバー（**NTPサーバー**）から時刻を得るインターネット標準のプロトコルです。インターネット上には多数のNTPサーバーがあり、そこから現在時刻を得ることができます。

NOTE

日本の主要なNTPサーバー

日本では、電波による基準時刻（日本標準電波JJY）の提供など日本標準時の決定を行っている国の機関である日本情報通信研究機構（NICT）が、基準時計に接続された最上位階層（NTPでは「Stratum 1」と呼びます）のNTPサーバーを稼働させているほか、日本最大のインターネットエクスチェンジJPIXを運用するインターネットマルチフィード株式会社がStratum 1のNTPサーバーを稼働させています。日本ではこの2つが代表的なNTPサーバーでしょう。

NTPは、クライアントとサーバーの間で往復のやり取りを行って、クライアントとサーバー間のネットワーク遅延時間を測定し、遅延を打ち消す仕組みになっています。さらに一般的なNTPクライアントは、ネットワーク的に離れた複数のNTPサーバーを参照し、統計的な方法を使ってネットワーク遅延のゆらぎによる誤差をも打ち消すことで、ミリ秒オーダーの正確な時刻を得ることができます。

さすがにマイコンでそこまでできないので、ネットワークの遅延のゆらぎによって数十ミリ秒からワーストでは数百ミリ秒程度の誤差が生じる可能性はあります。しかし、マイコンの一般的な用途なら十分な精度でしょう。

NTPの2036年問題

NTPは世界標準時1900年1月1日を起点とした現在時刻を32ビット整数で送信しています。よって、値が2036年にオーバーフローしてしまう問題（いわゆる2036年問題）を抱えています。2036年はもはや遠い将来というほどではなくなっていますから、NTPにも近い将来に大幅な改修が行われる可能性があります。

Pico W版のMicroPythonに標準で同梱されているntptimeモジュールは、NTPサーバーから時刻を得てRTCに書き込む動作までを一気に行ってくれる極めて便利なモジュールです。

RTCの設定は基本的に右の2行で行えます。

```
import ntptime
ntptime.settime()
```

ただ、このようにして設定したRTCの時刻が協定世界時（Universal Time Coordinated：UTC）になるのが問題点です。標準PythonならばUTCと日本標準時（Japan Standard Time：JST）の相互変換を行う仕組みが組み込まれているのですが、MicroPythonにはそのような仕組みがありません。

Pico Wを海外でも利用するのであれば、RTCにUTCを設定しておき、スクリプト内で現在時刻を利用するときにUTCからPico W利用地の時差（日本ならば＋9時間）を加えるという使い方も検討できます。しかし、Pico Wを日本国内だけで利用するのなら、RTCにJSTを書き込んでおいたほうがずっと便利です。

boot.pyのsetup_rtc_from_ntp()が、NTPからUTCを得てJSTに変換してRTCに書き込む関数です。setup_rtc_from_ntp()ではまず、MicroPythonでRTCを扱うmachine.RTCクラスのインタンスを得ています。

```
rtc = RTC()
```

続いてntptime.host変数を設定しています。ntptime.host変数にはntptimeモジュールが参照するNTPサーバーのホスト名が設定されており、デフォルトは世界的に利用されているntp.orgです。ntp.orgのままでもいいのですが、ネットワーク的に近いところほど誤差が小さくなるので、日本の代表的なNTPサーバーであるntp.nict.jpを設定しています。

UTCからJSTへの変換には、timeモジュールを利用しています。NTPからのUTCをUNIXエポックタイム※3で返すntptime.time()に9時間分の秒を加算してJSTのUNIXエポックタイムに変換します。それをtime.localtime()を使って日時の配列に変換します。

※3　1970年1月1日午前0時を起点とした経過秒をUNIXエポックタイムと言います。標準Pythonは、UNIXエポックタイムを倍精度浮動小数点数で保持していて1秒未満の粒度を保証します。一方、MicroPythonは整数で保持しますからMicroPythonにおけるUNIXエポックタイムの粒度が秒になります。

time.localtime()が返す配列は年、月、日、時、分、秒、曜日（月曜を起点に0～6）、年通算日（1月1日を起点とした1～365または366）の順です。

その配列を元にRTC.datetime()メソッドでRTCに時刻を設定します。RTC.datetime()にわたす配列は年、月、日、曜日、時、分、秒、サブ秒（Pico／Pico Wではサブ秒は意味を持たず常に0）の順で、曜日の位置がtime.localtime()と違うので、並び替えが必要です。

これでRTCに正確なJSTを設定できます。RTC.datetime()は引数を渡さなければ先述の順でRTC日時を返してくれます。MicroPythonスクリプト内でmachine.RTCクラスを通じて常に正しい日時が扱えるわけです。

ブラウザでPico Wが測定している温度を確認

DHT-11を接続したPico Wを遠隔から温度を測定する方法はいくつか考えられます。

たとえば、Pico W上で簡単なHTTPサーバーを動作させ、HTTPでアクセスしたらDHT-11で温度を測定し、JSONやXMLなどで返す方法があります。スマホのアプリなどと組み合わせれば遠隔から温湿度を知ることができますし、Linuxサーバー上で動作するスクリプトで定期的にPico Wにアクセスして温湿度を記録し集計するといったこともできるでしょう。

また、Pico W上で定期的に温湿度を測定してデータとして保存しておき、簡易Webサーバーでそのデータを閲覧できるようなWebページをPico W上に作る方法もあります。Pico Wはメモリなどリソースが小さいので、蓄積しておけるデータの量に制限はありますが、この方法なら他のアプリやスクリプトと連動させる必要なくPico Wのみで温湿度を外部から知ることができるようになります。

ここでは、この2つの機能を併せ持つスクリプトを作成することにします。具体的には、http://[Pico WのIPアドレス]/にブラウザでアクセスすると、次ページのような過去最大数時間程度（変更可能に設計）の温度変化を閲覧できるグラフを表示します。

●ブラウザに表示されるグラフの例

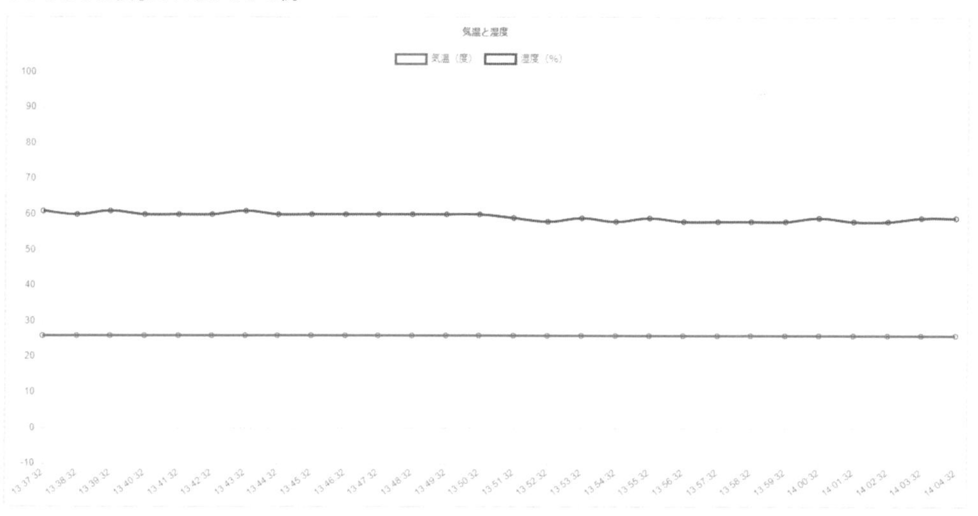

グラフ表示には、ポピュラーなオープンソースJavaScriptライブラリ「Chart.js」※4を利用します。

※4　https://www.chartjs.org/

Chart.jsではインターネット上のCDN（Contents Delivery Network）が利用できるので、サイズが大きいChart.js本体スクリプトをPico W上に置く必要がありません。Pico Wで動作する簡易なHTTPサーバーでも見栄えの良いグラフを描くことができます。

一方、http://[Pico WのIPアドレス]/measureにアクセスすると、Pico W側で温湿度を測定し、結果を{"humidity": 58, "temperature": 26}のようなJSON形式で返します。前述のように、このURLはLinuxサーバー上のスクリプトなどから定期的にアクセスして温湿度を取得する用途に利用できるでしょう。Linuxサーバーなら容量に制限はなく、データベース等も利用できるので、過去数年分の温湿度を蓄積したり、Pico Wを複数箇所に設置して複数の場所の温湿度をまとめて見るといったアプリも簡単に作成できます。

Pico Wで動く簡易HTTPサーバー

まず、Pico W上で動作する簡易なHTTPサーバーの実装例を先に説明します。Wi-Fiでネットワークに接続している状態ならば、MicroPython上では標準Pythonとほぼ同じsocketモジュールを使ってネットワークの通信を行うことができるので、標準Pythonでネットワーク関係のスクリプトを作成した経験がある人なら、特に説明を要するほどのものではありません。

また、Pythonのsocketモジュールは、他のプログラミング言語でも広く利用されているSocketインタフェースと共通のネットワーク通信フレームワークを提供しているので、Python以外のプログラミング言語とも大きな差はありません。

簡単なHTTPサーバーの例を掲載します。接続元IPアドレスの表示に、本章前半で取り上げた有機ELディスプレイを使っています。

●簡易なHTTPサーバー

sotech/5-6/simple_http.py

```
import usocket as socket
import network
import time
from ssd1306 import SSD1306_I2C
from machine import I2C

html = '''
<html>
    <head><title>Pico W</title></head>
    <body>
        <h1>Welcome to Pico W</h1>
    </body>
</html>
'''

i2c = I2C(0)
ssd = SSD1306_I2C(128, 32, i2c)

def display_info(ipaddr):
    line1 = "Connect from:"
    line2 = ipaddr
    ssd.fill(0)
    ssd.text(line1, 0, 0)
    ssd.text(line2, 0, 9)
    ssd.show()

sock = socket.socket(socket.AF_INET, socket.SOCK_STREAM) ①
sock.bind(('', 80)) ②
sock.listen() ③

try: ⑥
    while True:
        conn, addr = sock.accept() ④
        display_info(str(addr[0]))
        req = conn.recv(1024).decode() ⑤

        if not req.startswith('GET / HTTP/1.1'):
            conn.sendall('HTTP/1.1 404 Not Found\r\n')
```

```
            conn.close()
        else:
            conn.send('HTTP/1.1 200 OK\r\n')
            conn.send('Content-Type: text/html\r\n')
            conn.send('Connection: close\r\n\r\n')
            conn.sendall(html)
            conn.close()
except KeyboardInterrupt: ⑥
    pass

sock.close()
```

simple_http.pyをThonnyのエディタ欄に入力して実行ボタンをクリックしてください。

●ウェルカムページが開く

LAN（同一ネットワーク）上のパソコンでブラウザを起動し、http://[Pico WのIPアドレス]へアクセスすると、右のようなウェルカムページが表示されます。また、有機ELディスプレイに接続元ブラウザのIPアドレスが表示されます。

①ネットワークの通信には、標準PythonにおけるSocketモジュールのMicroPython版であるusocketモジュールを利用します。まず次の行でAF_INET（IPv4ネットワーク）のSOCK_STREAM（TCP）でsocketオブジェクトを取得します。

```
sock = socket.socket(socket.AF_INET, socket.SOCK_STREAM)
```

②次にbind()を使ってsocketオブジェクトをローカルアドレスのポート80番（HTTP）に登録します。MicroPythonのbind()はIPアドレス（もしくはホスト名）とポート番号のタプルを引数として取り、IPアドレスが空ならばローカルにあるネットワークインタフェースにsocketオブジェクトを登録します。

```
sock.bind(('', 80))
```

③そしてlisten()でsocketオブジェクトを接続待ちの状態に移行させます。

```
sock.listen()
```

④接続待ちの状態になったsocketでaccept()を呼び出すと、接続があるまで待機状態になり、外部からクライアントに接続されるとaccept()が接続済みの新しいsocketオブジェクトconnと、接続元の情報addrを返して

くれます。

```
conn, addr = sock.accept()
```

よってネットワーク・サーバーは一般的に、永久ループの先頭でaccept()を呼び出し、accept()が受けた接続に応じてレスポンスを返すように作成することになります。

⑤conn.recv()は相手から受信したデータをByteArrayで返します。次の行は受信したデータ先頭1024バイトをByteArrayから文字列にデコードしています。

```
req = conn.recv(1024).decode()
```

HTTPの場合はGET / HTTP/1.1のようなHTTPリクエストがreqに格納されますから、指定されたパスに応じたデータを相手に送り返せばいいわけです。送信にはsend()およびsendall()が使用できます。ともに引数のデータを相手に送信しますが、send()は引数のデータをすべて送信するとは限らず、実際に送信できたバイト数を返します。一方、sendall()は引数のデータすべてを相手に送信するまでエラーがない限り戻りません。

⑥なおsimple_http.pyではaccept()のループをtry ～ exceptで囲っていますが、これはThonny上で利用するためのものです。try ～ exceptで囲まずに、ThonnyのStopボタンを押してスクリプトを止めると、ポート80番にbind()されたsocketがクローズされないまま終わってしまい、以後、Pico Wをハードリセット（電源をいったんオフ）するか、ガベージコレクタが未使用になったsocketを見つけて片付ける（おおむね数分かかります）までポート80番が使えなくなってしまいます。

ThonnyのStopボタンはKeyboardInterrupt例外でスクリプトを停止させているので、try ～ exceptでKeyboardInterrupt例外をキャッチし、スクリプトから抜けるときにbind()したsocketをクローズします。これでポート80番が使えなくなる症状が抑えられます。Thonnyで実行しないのであれば、try ～ exceptで囲う必要はありません。

定期的に温湿度を測定して保持するthermohygrometerクラス

このシステムは、定期的にDHT-11で温度と湿度を測定して配列などに保存しておき、HTTPサーバーで測定値を送信するスクリプトで実現できますが、注意が必要なのはHTTPサーバーへのアクセスがいつ発生するかわからない点です。

たとえば、5分おきにDHT-11で温度を測定して配列に保存するとします。DHT-11とやり取りをしている最中に、たまたまHTTPサーバーへのアクセスが発生するかもしれません。DHT-11からのデータの読み取りや、データを蓄積している配列へのアクセスがバッティングすると、思わぬバグが発生する可能性があります。

そこで、DHT-11で温湿度を測定したり、定期的に測定したデータを保持するthermohygrometerというクラスを作成します。thermohygrometerクラスにDHT-11の測定や配列へのアクセスを集約し、バッティングが起きないよう調停を行うわけです。

thermohygrometerクラスをthyg.pyというファイルに実装しました。Thonnyでthyg.pyを入力してPico W

に保存してください。

●thermohygrometerクラス

sotech/5-6/thyg.py

```
import dht
import time
import gc
import micropython
import _thread
from machine import Pin
from machine import RTC
from machine import Timer ②

DHT_PIN = 15
TICK = 3
SIZE = 60

class thermohygrometer(): ①

    def __init__(self, dht_gpio = DHT_PIN, tick=TICK, size=SIZE):
        self.rtc = RTC()
        self.dht = dht.DHT11(Pin(dht_gpio))
        self.data = []
        self.tick = tick
        self.size = size

        self.timer = Timer(period=60*1000, mode=Timer.PERIODIC, callback=self._⏎
timer_handler) ③
        self.lock = _thread.allocate_lock()

    def _timer_handler(self, t):
        now = self.rtc.datetime()
        if now[5] % self.tick == 0:
            micropython.schedule(self._store_measurement_data, 0) ④

    def _store_measurement_data(self, arg): ⑤
        # ロックをかける
        self.lock.acquire()
        try:
            self.dht.measure()
        except OSError as e:
            pass

        now = self.rtc.datetime()
        nowstr = "{0:02d}:{1:02d}:{2:02d}".format(now[4],now[5],now[6])
        self.data.append([nowstr, self.dht.temperature(), self.dht.humidity()])
        if len(self.data) > self.size:
            del self.data[0]
        # ロック解除
```

```
        self.lock.release()
        # ガベージコレクト
        gc.collect()

    def measure(self): ⑦
        self.lock.acquire()
        try:
            self.dht.measure()
        except OSError as e:
            pass
        self.lock.release()
        return {'temperature' :self.dht.temperature(), 'humidity':self.dht.⮐
humidity() }

    def get_list(self): ⑥
        if len(self.data) == 0:
            return None
        # 配列のコピーを返す
        rval = []
        self.lock.acquire()
        for v in self.data:
            rval.append(v)
        self.lock.release()
        return rval

    def get_last(self):
        if len(self.data) == 0:
            return None
        self.lock.acquire()
        rval = self.data[-1]
        self.lock.release()
        return rval
```

①thermohygrometerクラスは、指定された間隔で温度と湿度を測定し、指定した数の履歴を保持します。コンストラクタの引数は次の通りです。

thermohygrometer(dht_gpio=DHT-11のGPIO番号, tick=測定間隔（分）, size=保持する履歴数)

デフォルトではdht_gpioが15、tickが3、sizeが60です。デフォルトならばGP15に接続されたDHT-11で3分おきに測定を行い、60の履歴を保存しますから過去3時間分の温度と湿度のデータをthermohygrometerのインスタンスから取得できるわけです。tickとsizeを調節すれば任意の時間だけ履歴を保持できますが、sizeを増やしすぎるとメモリが不足するので注意してください。

②定期的に測定を行うためにChapter4-4で取り上げたmachine.Timerクラスを使っています。コンストラクタを見るとわかるようにmachine.Timerによってタイマ割り込みハンドラ_timer_handler()が1分間隔で呼び出されます。

③_timer_handler()では、現在の時間をRTCから取得して分が指定された間隔で割り切れたらmicropython.

schedule()を呼び出しています。micropython.schedule()は**指定した関数の実行を予約**するクラスです。

```
micropython.schedule(予約する関数, 引数)
```

④micropython.schedule()で実行を予約する関数は1つの引数を取り、引数はmicropython.schedule()の2番めの引数で指定できます。micropython.schedule()で関数の実行が予約されると、MicroPythonインタープリタは**可及的速やかに**その関数を実行しますが、ガベージコレクションや割り込み等の都合により即時事実行されないこともありえます。

thermohygrometerクラスではタイマ割り込みハンドラ_timer_handler()では温度測定を行わず、micropython.schedule()で実行を予約した関数_store_measurement_data()のほうで測定を行っています。このようにしている理由は、一般論として割り込みハンドラは速やかに終了させるべきだからです。

RP2040向けのMicroPythonではハードウェアタイマ割り込みではなく、ソフトウェアタイマが使われます。ハードウェア割り込みは他の割り込みとの競合の問題などがあるので割り込み処理は速やかに終了させなければなりません。一方、ソフトウェアタイマは、ハードウェア割り込みほど速やかに終了させる必要はありませんが、タイマハンドラで長時間を費やすのは良くありません。インタープリタがスクリプト本体のコードの実行を一時中断してタイマハンドラを呼び出しているからです。

DHT-11とのデータのやり取りには20ミリ秒程度の時間がかかるため、タイマハンドラで実行するのは避けるべきでしょう。そのようなときに活用できるのが、micropython.schedule()というわけです。余談ですが、ハードウェア割り込みの遅延呼び出しの仕組みは多くの高レベルOSに用意されていて標準的に利用されています。micropython.schedule()はMicroPythonにおける遅延呼び出しのためのユーティリティ関数です。

⑤_store_measurement_data()では、DHT-11で温度と湿度を測定するとともに、インスタンス配列dataに測定時間、温度、湿度を追加します。その処理全体を低レベルスレッドAPIを提供する_threadモジュールのロック機構を使って排他制御を行っているのがポイントです。

たとえば、ブラウザで温度や湿度のデータを見ようとしたまさにそのタイミングで、_store_measurement_data()が起動したらインスタンス配列dataへの書き込みと読み出しがバッティングするかもしれません。また、先述のようにJSON形式でブラウザから温度測定を可能にする予定なので、DHT-11へのアクセスがバッティングするおそれもあります。そのようなバッティングを避けるために_threadモジュールのロック機構を利用します。

_threadモジュールは、マルチスレッドの土台になるモジュールで、MicroPythonではマイコンに依存するマルチスレッドの機能を抽象化しています。ここまで触れてきませんでしたが、RP2040マイコンは2基のCPUコアが内蔵しています。MicroPythonはほとんど1基のCPUしか使っていませんが、_threadモジュールで新規スレッドを作成することにより2基目のCPUを活用できるのです。

ただ、ここではスレッドの機能を直接に利用しているわけではなく、_threadモジュールに含まれるlockオブジェクトのみを利用しています。lockオブジェクトは、_threadモジュールにおけるMutex機能を提供するオブジェクトです。

Mutexは、信号機のようなものと考えてください。次の行で信号機lockを取得できます。

```
lock = _thread.allocate_lock()
```

次のようにrequire()メソッドを呼び出すと**赤信号**を灯すことができます。

```
lock.acquire()
```

赤信号の状態にあるとき、他のスレッドでは青信号に変わるまでlock.acquire()の呼び出しが終了しません。赤信号をともしたスレッドでlock.release()が呼び出されると信号が青に変わり、他のスレッドでは新着順でlock.acquire()の呼び出しが終了する仕組みです。

このようにして、lock.acquire()とlock.release()で囲われたコードは、1つのスレッドでしか実行されない仕組みです。スレッドと述べてきましたが、割り込み処理やネットワーク処理、あるいはRP2040では2つあるCPUを使用したマルチスレッドの実行でlockオブジェクトを利用できます。

micropython.schedule()ではバッティングすると困るDHT-11の温湿度測定と、インスタンス配列dataへの読み書きをlock.acquire()とlock.release()で囲うことにより、バッティングによるトラブルを防いでいます。

_store_measurement_data()ではもう1つ、関数の終了時にgcモジュールのcollect()を呼び出すことで明示的にガベージコレクションを実行している点も説明が必要でしょう。

ガベージコレクションはMicroPythonインタープリタが定期的に実行してくれています。ただ、極めて短時間にガベージが蓄積されると自動実行によるガベージコレクションが間に合わず、思わぬエラーが発生する可能性があります。

_store_measurement_data()では設定数を超えるデータ数がインスタンス配列dataにたまると古い測定値を削除しています。この操作によりガベージが蓄積されます。gc.collect()を呼び出すと、そこで明示的にガベージコレクションが行われるので思わぬエラーが防げるわけです。

⑥thermohygrometerクラスではget_list()メソッドでインスタンスが保持するデータ配列を外部から取得できます。ここでPythonは基本的に参照渡しですから、単純にインスタンス配列dataを返すことはできません。インスタンス配列dataは定期的に更新されている動的な配列だからです。よって多少非効率ですが、get_list()では配列のコピーを作成して返します。配列のコピーの作成時にもlock.acquire()～lock.release()で囲ってロックを掛けておかなければなりません。

⑦thermohygrometerクラスのmeasure()メソッドはDHT-11で現在の温湿度を測定してdictオブジェクトで返します。measure()はhttp://Pico WのIPアドレス/measureをサポートするために用意しました。

温度のグラフを表示するmain.py

簡易なHTTPサーバーの実装方法と、DHT-11を扱う足回りとしてthermohygrometerクラスを説明してきました。これで先述のグラフなどを表示するWebページを提供するスクリプトを作成する準備整ったわけです。温湿度をグラフ表示できる簡易HTTPサーバーを次のmain.pyに掲載します。

●温湿度をグラフ表示できる簡易HTTPサーバー

sotech/5-6/main.py

```
import usocket as socket
import network
import time
import ujson as json
import gc
from thyg import thermohygrometer
from ssd1306 import SSD1306_I2C
from machine import I2C
from machine import Timer

http_header = ''' ①
HTTP/1.1 200 OK\r
Content-Type: {0:s};charset=UTF-8\r
Cache-Control: no-store, no-cache, max-age=0, must-revalidate, proxy-revalidate\r
Connection: close\r
\r
'''

graph_body = ''' ②
<body>
  <canvas id="ThygChart"></canvas>
    <script src="https://cdnjs.cloudflare.com/ajax/libs/Chart.js/2.7.2/Chart. ⮐
bundle.js"></script>

  <script>
  var thyg = document.getElementById("ThygChart");
  var ThygChart = new Chart(thyg, {
    type: 'line',
    data: {
      labels: %s,
      datasets: [
        {
          label: '気温（度）',
          data: %s,
          borderColor: "rgba(255,0,0,1)",
          backgroundColor: "rgba(0,0,0,0)"
        },
        {
          label: '湿度（%）',
          data: %s,
          borderColor: "rgba(0,0,255,1)",
          backgroundColor: "rgba(0,0,0,0)"
        }
      ],
    },
    options: {
      title: {
```

```
          display: true,
          text: '気温と湿度'
        },
        scales: {
          yAxes: [{
            ticks: {
              suggestedMax: 100,
              suggestedMin: -10,
              stepSize: 10,
            }
          }]
        },
      }
    });
  </script>
</body>

'''

html_base = ''' ③
<!DOCTYPE html>
<html lang="ja">
<head>
    <meta charset="utf-8">
    <title>Pico W</title>
</head>
{0:s}
</html>
'''

th = thermohygrometer(tick=3)
i2c = I2C(0)
ssd = SSD1306_I2C(128, 32, i2c)

current_thyg = th.measure()
connect_from = ""

def display():
    global current_thyg
    global ssd

    ssd.fill(0)
    line1 = "Temp: {0:2d} C".format(current_thyg['temperature'])
    line2 = "Hum : {0:2d} %".format(current_thyg['humidity'])
    line3 = "Connect from:"
    line4 = connect_from

    ssd.text(line1, 0, 0)
    ssd.text(line2, 0, 8)
    ssd.text(line3, 0, 16)
```

```
    ssd.text(line4, 0, 24)
    ssd.show()

def timer_handler(id):
    global current_thyg
    global th
    global ssd

    current_thyg = th.measure()
    display()

display()
tim = Timer(period=60*1000, mode=Timer.PERIODIC, callback=timer_handler)

# 簡易Webサーバー

sock = socket.socket(socket.AF_INET, socket.SOCK_STREAM)
sock.bind(('', 80))
sock.listen(4)
try:
    while True:
        conn, addr = sock.accept()
        connect_from = str(addr[0])
        display()
        req = conn.recv(1024).decode()
        if req.startswith('GET / HTTP/1.1') or req.startswith('GET /graph ⮐
HTTP/1.1'):
            pheader = http_header.format("text/html")
            tlist = th.get_list()
            html = ""
            if tlist is None:
                html = html_base.format("<body><h1>Data not ready</h1></body>")
            else:
                labels = []
                temps = []
                hums = []
                for v in tlist:
                    labels.append(v[0])
                    temps.append(v[1])
                    hums.append(v[2])
                hbody = graph_body % (json.dumps(labels), json.dumps(temps), ⮐
json.dumps(hums))
                html = html_base.format(hbody)
            # 送信
            conn.send(pheader)
            conn.sendall(html)
            conn.close()

        elif req.startswith('GET /measure HTTP/1.1') or req.startswith('GET / ⮐
json HTTP/1.1'):
```

```
            pheader = http_header.format("text/json")
            body = json.dumps(th.measure())
            conn.send(pheader)
            conn.sendall(body)
            conn.close()

        else:
            conn.sendall('HTTP/1.1 404 Not Found\r\n')
            conn.close()

        gc.collect()

except KeyboardInterrupt:
    pass

sock.close()
```

main.pyの内容をThonnyに入力して、Pico Wにmain.pyとして保存してください。保存後、Pico Wをリセットして数分すると、有機ELディスプレイに現在の温度と湿度が表示されるはずです。

さらに10分ほど待ってから、LAN（同一ネットワーク）上のパソコンのWebブラウザでhttp://[Pico WのIPアドレス]/へアクセスします。すると、204ページのようなグラフが表示されるはずです。なお、1つ以上のデータが蓄積されるまでグラフは表示されないので気をつけてください。

また、http://[Pico WのIPアドレス]/measureを開くと、JSON形式で現在の温度と湿度が返ります。これらを確認してください。

スクリプト内の変数①http_headerがHTTPヘッダ、③html_baseがHTMLテキストの枠組み、②graph_bodyがグラフWebページのbodyコンテンツです。

このスクリプトではhttp://[Pico WのIPアドレス]/でWebページを、http://[Pico WのIPアドレス]/measureではJSONを返すので、ヘッダのContet-typeはtext/htmlとtext/jsonの2通りが必要です。そこで、http_header内でContet-typeをPythonの文字列フォーマットの置換文字列{0:s}にしておき、

```
http_header.format("text/html")
```

というような方法でヘッダのContent-typeを切り替えています。

Chart.jsを使ったグラフのWebページも同様の方法が使えますが、.format()では文字列に{}が入っているとエスケープが必要になり面倒なので、.format()の代わりに%記法を使用しました。Chart.jsが必要とする横軸の時間ラベルと、温度と湿度のデータを「%s」としておき、%記法でJSON文字列に置換するわけです。

データのJSON化にはjsonモジュールのMicroPython版であるujsonモジュールが利用できます。使い方はjsonモジュールとだいたい同じで、ujson.dumps(obj)でオブジェクトobjを、JSON文字列に変換してくれます。

スクリプトでは、thermohygrometerのインスタンスから取得したデータ配列を時間、温度、湿度の配列に変換して、それをujson.dumps()を使ってJSON文字列に変換し、%記法でChart.jsのデータ部に埋め込んでいます。

バッテリーでPico Wを動かそう

前節までに作成した温湿度センサーをバッテリー駆動させる方法を解説します。バッテリー駆動できれば場所を選ばず設置・稼働できます。バッテリーには単三電池が利用可能なバッテリーケースを使用します。

乾電池２本のバッテリーケースがお勧め

ワイヤレスでモニタリングできるPico Wにバッテリーをつないで使えば、設置する場所の自由度がぐっと広がるはずです。

PicoやPico Wは簡単にバッテリーで動作させることができます。基本はVSYS端子（39番ピン）に1.8Vから5.5Vの電圧を出力するバッテリーをつなぐだけです。ただし、VSYS端子の電圧が2.6Vを下回るとPico／Pico Wの性能が低下するとされているので、性能を維持したいなら2.6V以上の出力があるバッテリーを接続すべきでしょう。

乾電池２本で3Vの電圧が作れるバッテリーケースを利用するのがお勧めです。バッテリーケースは安価で、乾電池はどこでも入手でき、Pico／Pico Wを駆動させるに十分な容量があるからです。

乾電池２本用のバッテリーケースなら何でもいいのですが、筆者は秋月電子通商で販売されているバースイッチ付き電池ケース（秋月通販番号P-00327）を愛用しています。

●秋月電子通商で買えるリード線・スイッチ付き単三電池ケース
「電池ボックス　単３×２本　リード線・スイッチ付」(https://akizukidenshi.com/catalog/g/gP-00327/)

このケースには電池を接続する金属バーが設けられていて、バーを上げておけば電圧が出力されません。バーの操作で電源のオンオフができるのが便利です。

乾電池2本をこのバッテリーケースに取り付けて、リード線の赤をVSYS端子に、リード線の黒を任意のGNDに接続してバーを下ろせば、Pico Wが電池で動き始めます。

バッテリーの残量を知る方法

バッテリーで動かすこと自体は簡単ですが、バッテリー使用時の懸念点はバッテリーの状態がわからないことでしょう。バッテリーが減ってきたら交換したいので、現在のバッテリーの状態がわかれば便利です。

Pico ／ Pico Wが搭載するRP2040マイコンは高性能な**アナログ・デジタルコンバーター（ADC）**を搭載しています。ADCは5本のアナログ入力（ADC0 ～ ADC4）があり、ADC3が基板上でVSYS端子につながっています。なので、ADCを使ってADC3のアナログ電圧を測れば、現在のバッテリーの健康状態を知ることができるのです。

Wi-Fiを搭載しないPicoではADC3（GP29）のアナログ電圧を取得するだけです。しかし、Pico WではADC3が割り当てられているGP29がWi-Fiコントローラに使用されているため、Picoほど簡単ではありません。

おさらいになりますが、Pico Wに搭載されているWi-FiコントローラCYW43439は、eSPIというSPIの拡張仕様のインタフェースでRP2040に接続されています。Pico WではSPIコントローラを使用せずに、PIO（Programmable I/O）を使ってCYW43439を駆動しています。SPIコントローラのリソースをCYW43439に割いてしまうと、PicoとPico Wの互換性が損なわれるので、PIOを使用しているものと推測できます。

Wi-FiコントローラとADCに関わる回路をPico Wのデータシートに掲載されている回路図から抜粋します。

●GP25およびGP29とWi-Fiコントローラ

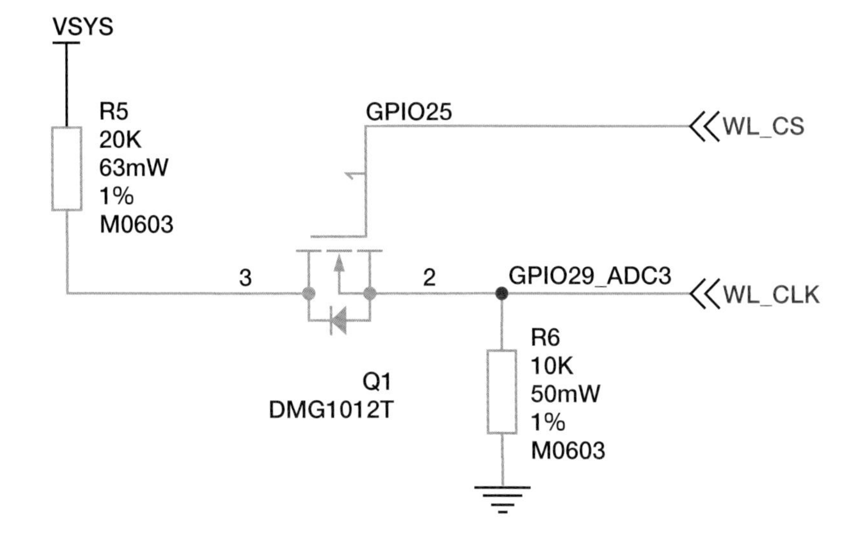

回路図では、WL_CSはWi-FiコントローラのCS（Chip Select）に、WL_CLKはWi-FiコントローラのSPIクロック（CLK）に接続されています。GP25はWL_CSとQ1と記されたFETのゲートに接続されていますね。Wi-Fiコントローラが使用中だとWL_CSがLowに落ちますから（Chapter5-2のSPIの解説も参照）FETのドレイン（Q1の3）とソース（Q1の2）の間が遮断され、GP29はWL_CLKだけに接続される形になる回路です。

WL_CSをHighにしてWi-Fiコントローラが選択されない状態にすると、FETのドレイン（Q1の3）とソース（Q1の2）が導通してGP29（＝ADC3）にVSYSがつながります。GP29とVSYSはR5（20kΩ）とR6（10kΩ）で分圧されていますから、GP29にはVSYSの1/3の電圧が与えられることになります。

以上からPico WにおいてADC3でVSYSの電圧を測るには、次の手続きが必要になることがわかります。

1. Wi-Fiを一時的に停止する
2. GP25（WL_CS）をHighにする
3. GP29をPIOからADCに切り替える
4. GP29の電圧をADCで測定する（※その3倍の値がVSYSの電圧）
5. GP29をPIOに戻す
6. Wi-Fiの再開する

次に、本節で作成するガジェットの配線図を示します。

●バッテリー駆動するガジェットの配線図

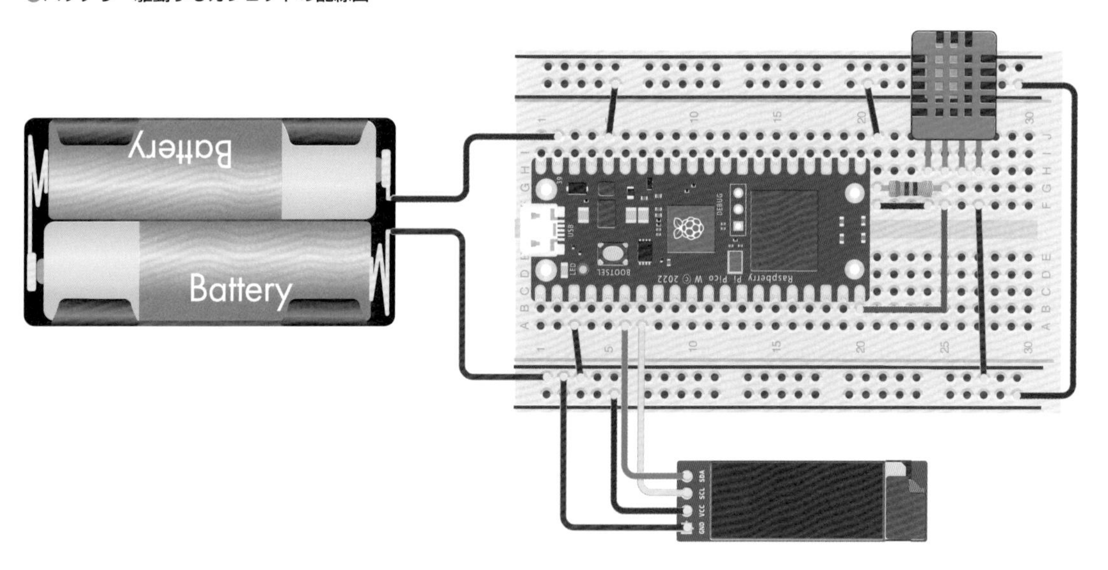

ADCの使い方

RP2040内蔵のADCは、分解能12bit（0～4095）で、Pico/Pico Wのデフォルトでは基板上の電圧レギュレーターの出力3.3Vが基準電圧となっています。アナログの分解能は3.3V÷4095≒0.8mVとなります。

入力チャンネルADC0～ADC4のうち、ユーザーに開放されているのはADC0～2の3本です。ADC3は基板上でVSYSに接続され、ADC4は基板上の温度センサーにつながっています。ADC4の温度センサーは主としてRP2040チップの温度を測定する目的で装備されていて、環境温度の測定には適していません。ADC4の温度センサーを使ってチップの過熱状態を検出するといったことができます。ユーザーに開放されているADC0～ADC2と関連の端子は、Pico/Pico Wのピン番号31～35番に割り当てられています。

●ADC関連の端子

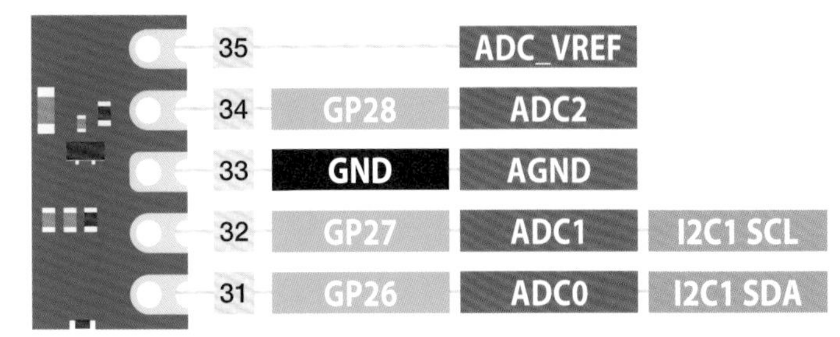

ADC0～2はGP26～GP28と共用です。ADC_VREFは外部基準電圧の端子で、AGNDとADC_VREFの間に電圧を与えると、電圧レギュレーター3.3Vの代わりにAGND-ADC_VREF間の電圧が基準電圧として使われます。

内蔵ADCは高精度とは言えませんが、マイコン内蔵のADCとしては高性能で、自動的にアナログ電圧のサンプリングを行うフリーランモードを利用することにより最大500Kサンプリング毎秒という高速なアナログ電圧の取り込みが可能です。

ただ、残念ながらフリーランモードを使用した高速サンプリングは現在のMicroPythonではサポートされていません。本稿を執筆している時点でmachine.ADCクラスを通じて行えるADCの操作はシンプルに端子の電圧を測ることのみです。

したがって、使い方はとても簡単です。

```
from machine import ADC
adc = ADC(26)
voltage = adc.read_u16() * 3.3 / 65535
```

machine.ADCクラスのコンストラクタの引数は、利用したいADCチャンネルが割り当てられているGPIO番号です。この例ではADC0が割り当てられている26番を指定しています。

測定値は符号なし16ビット整数でADCを読み取るread_u16()メソッドで行います。先述の通り、RP2040内蔵のADCは分解能12bitで基準電圧3.3Vですが、read_u16()は16bit整数で返すので値に3.3÷65535を掛けてやれば16ビット整数を電圧に変換できます。

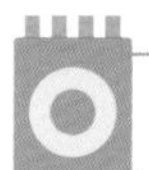

Pico WでVSYSに接続されたバッテリー電圧を測定

ADCの使い方とPico WにおけるVSYS電圧測定の概要を説明しました。残る要素として、ピン機能の切り替えについて少し説明を加えておくことにします。

ここまで本書では、GPIOと他の機能が共用になっていると漠然と述べてきました。たとえば、MicroPythonで次のような行を実行するとGP26がGPIOからADC0に自動的に切り替わります。

```
adc = ADC(26)
```

なので、MicroPythonを使用する限り、ピン機能の切り替えはMicroPythonが自動でやってくれるものと考えていいので、ピン機能の切り替えについて気にする必要はありません。

ただ、先述の通りPico WでVSYS電圧を測る場合、GP29をADCに切り替えて測定したあと、Wi-Fiコントローラ用のPIOに切り替える必要が出てきます。この切り替えは自動では行えないので、切り替え方を把握しておく必要があるわけです。

RP2040のピン機能はUser Bank I/Oレジスタ群にあるGPIOn_CTRL（nはGPIO番号）レジスタのFUNC_SELフィールドに書き込まれているファンクション番号によって切り変えられます。ファンクション番号と機能の割り当ては「RP2040 Datasheet」(https://datasheets.raspberrypi.com/rp2040/rp2040-datasheet.pdf）の237ページにある「2.19.2. Function Select」の表にまとめられています。一部抜粋します。

●Function Selectの抜粋（https://datasheets.raspberrypi.com/rp2040/rp2040-datasheet.pdfの237ページより）

	Function								
GPIO	F1	F2	F3	F4	F5	F6	F7	F8	F9
0	SPI0 RX	UART0 TX	I2C0 SDA	PWM0 A	SIO	PIO0	PIO1		USB OVCUR DET
1	SPI0 CSn	UART0 RX	I2C0 SCL	PWM0 B	SIO	PIO0	PIO1		USB VBUS DET
27	SPI1 TX	UART1 RTS	I2C1 SCL	PWM5 B	SIO	PIO0	PIO1		USB OVCUR DET
28	SPI1 RX	UART0 TX	I2C0 SDA	PWM6 A	SIO	PIO0	PIO1		USB VBUS DET
29	SPI1 CSn	UART0 RX	I2C0 SCL	PWM6 B	SIO	PIO0	PIO1		USB VBUS EN

Function Select表にはGPIO0～GPIO29までのファンクション番号と機能の割り当てがまとめられていますが、表には、その一部を掲載しておきました。

表の横軸F1～F9がファンクション番号で、たとえばGPIOやADCの機能をGPIO29に割り当てるならファクション番号5番（F5）のSIO（117ページ参照）を選択することになります。ファクション番号0番がありませんが、FUNC_SELフィールドが0のときはGPIOピンに機能が割り当てられない、未割り当て状態になる仕様です。

Wi-Fiの有効・無効に必要なPIOは、内部的にはPIO0とPIO1という2つのバンクに分かれています。Wi-Fiが使用しているPIOはバンク1つまりPIO1ですから、GP29のADCによる電圧測定が終わったらファクション番号7に切り替えればいいことになります。

GPIOピンのファクション番号の切り替えは、RP2040向けのMicroPythonではハードウェア固有機能のPin.ALTに実装されており、ハードウェアレジスタにアクセスすることなく、Pin.ALTでaltパラメータにファクション番号を指定して行えるようになっています。具体的には次の行を実行すれば、GP29がPIO1に切り替わります。

```
machine.Pin(29, Pin.ALT, alt=7)
```

以上で、Pico WでVSYS電圧を測定するすべての要素が整いました。次にVSYS電圧をミリボルト単位で返すget_vsys_voltage()関数の例を示します。

●get_vsys_voltage()関数

```
from machine import Pin
from machine import ADC

VSYS_PORT = 29
WIFI_CS = 25

def get_vsys_voltage():
    wlan = network.WLAN(network.STA_IF)
    # Wi-Fiの現在の状態を保存
    wlan_status = wlan.active() ②

    try: ①
        # Wi-Fiをオフにする
        wlan.active(False) ③
        # Wi-FiチップのCSをHighにして非選択状態に
        p = Pin(WIFI_CS, mode=Pin.OUT)
        p.value(1)

        # GP29の電圧＝VSYS/3
        vsys = ADC(VSYS_PORT)
        a_raw = vsys.read_u16()
        v = a_raw * 3300 // 65535
        return v * 3

    finally: ①
        # GP29をPIOに戻す
        Pin(VSYS_PORT, Pin.ALT, pull=Pin.PULL_DOWN, alt=7)
        # Wi-Fiのステータスを戻す
        wlan.active(wlan_status)
```

Wi-FiコントローラにGP29を戻す処理は、電圧測定時にエラーが発生しても必ず実行されないと、Wi-Fiが使えなくなってしまいます。

①そこで、get_vsys_voltage()では、Pythonのtry～finallyステートメントを使って、finally節でWi-FiコントローラにGP29を戻す処理を含む終了処理を記述しています。

②まず関数の先頭でwlan.active()を呼び出し、現在のWi-Fiのステータス（有効・無効）を変数wlan_statusに一次保存しておきます。

③続いてwlan.active(False)でWi-Fiを無効化し、GP25をHighに切り替えてWL_CSを無効にしてからGP29をADCに切り替えて電圧を測定するという手順です。

この手順の中で仮にエラーが生じたとしても、finally節に記述されているGP29のPIO1への切り替えと、Wi-Fiステータスのリストアは実行されるので、この関数がWi-Fi機能に影響を与えることはありません。

先に作成した温湿度測定アプリで、有機ELディスプレイにバッテリー電圧を表示するよう変更すると便利でしょう。Chapter 5-6の212ページのmain.pyに上のコードをマージしてください。そのうえでdisplay()関数を次のように変更すれば、4行目にバッテリー電圧が表示されるようになります（マージしたコードをsotech/5-7/main.pyとして収録しています）。

●get_vsys_voltage()関数

```
def display():
    global current_thyg
    global ssd

    vsys = get_vsys_voltage()
    ssd.fill(0)
    line1 = "Temp: {0:2d} C".format(current_thyg['temperature'])
    line2 = "Hum : {0:2d} %".format(current_thyg['humidity'])
    line3 = connect_from
    line4 = "battery {0:1.2f} v".format(vsys / 1000)

    ssd.text(line1, 0, 0)
    ssd.text(line2, 0, 8)
    ssd.text(line3, 0, 16)
    ssd.text(line4, 0, 24)
    ssd.show()
```

バッテリー電圧が小数点２桁までの数値で表示されます。先述のように、VSYS電圧が2.6Vを下回るとPico Wの性能が低下するので、2.6Vをバッテリー交換の目処にするといいでしょう。

また、2.6Vを下限として残量をパーセント表示にするとか、バッテリー残量のアイコンを表示するといったことも簡単に行えます。読者自身で工夫してみてください。

Part 6

人を検出したら動き出すファンを作る

本章では「人を検出」したら「モーターを動かしてファンを回す」という課題に取り組んでみます。温暖化が進んでいるので、自動的に回る扇風機みたいなものがあったら嬉しいですよね。マイコンを使うほどの課題ではありませんが、この課題によりいくつかの題材を学ぶことができます。
人間を検出したいということはよくあります。いくつかの方法がありますが、本書ではもっとも簡単でポピュラーな「集電型人感センサー」を取り上げます。集電型人感センサーは人の検出でもっとも広く利用されているセンサーですから、使い方を覚えておくと何かと役に立つでしょう。
モーターの制御にはモータードライバICとPWMを利用します。マイコンで何かを動かすといった物理世界への働きかけを行う際にはモーターが必要です。モーターの制御方法を覚えておけば、Picoを使ったガジェットの制作の幅が広がるでしょう。

人感センサーを使ってみよう

赤外線を使って人を検出するセンサーを使えば、非力なマイコンでも人を検出することができます。ここでは集電型人感センサーを使ってPicoで人を検出する方法を解説します。

赤外線で人を検出するセンサー

電子工作で人を検出する方法はいくつかあります。たとえば、カメラを使って画像を取り込み、ディープラーニングやカスケード検出器といったAI処理を使って、画像中の人の形を検出するという方法が考えられます。

この方法のメリットは、人以外の誤検出が比較的少ない点です。少なくとも犬や猫を人と誤検出することは、まずないと期待できます。

デメリットはコストとCPUパワーが必要な点です。画像を取り込むカメラが必要ですし、AI処理はCPUへの負担が大きいので、処理をする端末に十分なCPUパワーがないとリアルタイムの人検出が困難になります。

PicoにはGoogle製AIフレームワークの組み込み向けサブセットであるTensorFlow Liteが移植されています。それを利用すれば、画像を使った人検出も不可能ではありません。しかし、CPUパワーやメモリが少ないので高速な検出は不可能で、人検出の取りこぼしが起きる可能性はあります。

電子工作で古くから幅広く利用されているのが「**集電型人感センサー**」です。たとえば、玄関や車庫に取り付けるセンサーライトに使われている人感センサーは、ほぼ100%が集電型です。その他、家電製品の人検出もたいてい集電型人感センサーが使われています。

集電型人感センサーには**集電セラミック**という特殊なセラミックが使われています。集電セラミックは熱の変化によって集電分極が変わる性質があり、熱の変化を電圧の変化として取り出せます。極めて感度が高く、人間が発する赤外線にも反応します。集電セラミックの前で熱を発する人が動けば、それが電圧の変化に変わるので人がいるのがわかる仕組みです。

欠点は、赤外線を発する動くものなら何にでも反応してしまう点です。たとえば犬や猫などの動物や自動車にも反応します。センサーは赤外線に反応するため、検出対象が人とは限らないわけです。

また、人がじっと動かないと分極状態が変化しなくなり反応が止まります。人間が動きを完全に止めるのは難しいことなので、この現象はそういうこともあるとおぼえておく程度でいいでしょう。

秋月電子通商の焦電型赤外線センサー SB412A

集電型人感センサーはさまざまな種類の製品が販売されていますが、本書ではマイコンに取り込みやすい信号に変換する回路が組み込まれている集電型赤外線センサーモジュールSB412A（秋月電子通商通販コードM-09002）を利用することにします。

●焦電型赤外線センサー SB412A
（https://akizukidenshi.com/catalog/g/gM-09002/）

●SB412Aのピン割り当て図

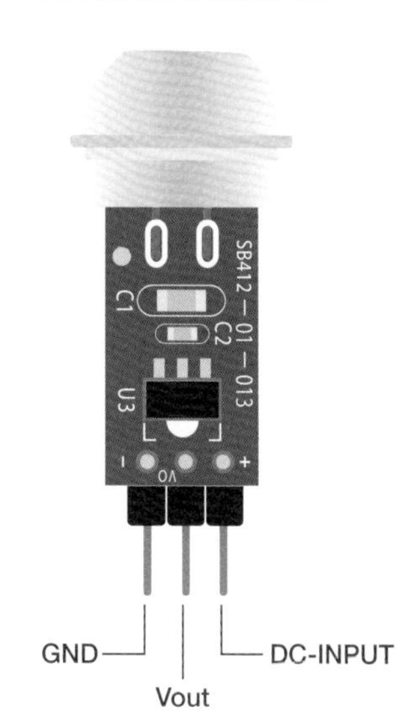

SB412Aの基板の先についている電球のような部分がセンサーで、3つの端子を持つモジュールです。センサー部の直径が13.5mmと集電型赤外線センサーとしては比較的小さいので、組み込み機器に利用するのに適しています。

基板上に－と印刷されている端子がGND、＋と印刷されている端子が電源で、中央が出力ピンです。SB412Aの動作電圧は3.5～12Vで、3.3Vでの動作は保証されていませんから、＋端子をPicoのVBUS端子（40番ピン）に接続して5Vで動作させるといいでしょう。

－端子は適当なGNDに接続してください。中央の出力ピンはGPIOならどこでも利用できますが、本稿ではGP16（21番ピン）を使っていくことにします。

なお、SB412Aの基板上にはレギュレータが搭載されていて、外部電源の電圧を基板上で3Vに変換しているので、電源電圧に関わらず出力ピンの電圧は約3Vです。なのでPicoのIO電圧3.3VのGPIOに直結しても問題ありません。接続（配線図）を次ページに掲載しておきます。

集電型赤外線センサーが人を検出する範囲は、電球型のセンサーの前方に扇型に広がる領域です。したがって、ブレッドボードに直接にSB412Aを取り付けると、センサーが天井を向く格好になり、少し不便かもしれません。実用時には、ジャンパケーブルを使って端子とPicoをつなぐといいでしょう。

●集電型赤外線センサーとPicoの接続（配線図）

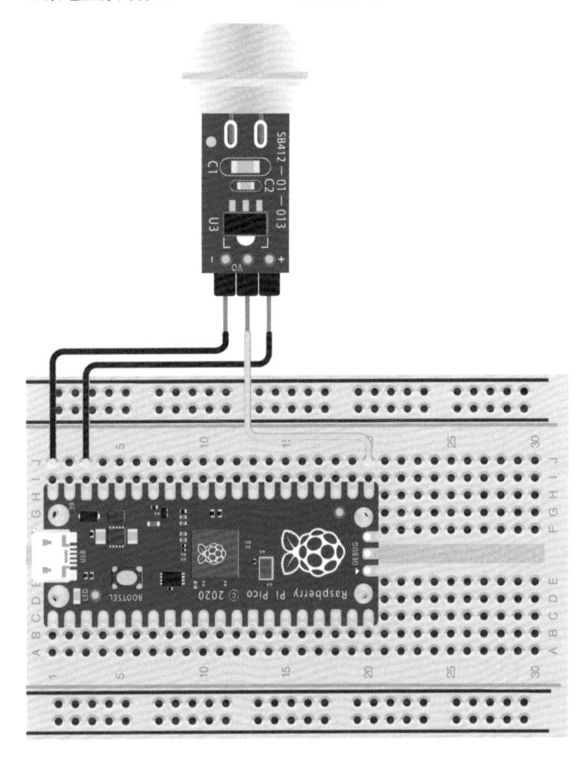

●部品表

製品	数	秋月電子通商通販コード	URL
焦電型赤外線（人感）センサーモジュール SB412A	1個	M-09002	https://akizukidenshi.com/catalog/g/gM-09002/

接続を終えたら、テストを行ってみます。SB412Aは、人を検出すると中央の端子がHighになり、検出していないときはLowの状態です。Thonnyを起動して、REPLコンソールで次のように入力してください。
「from machine import Pin」でmachineモジュールのPinクラスをインポートします。
「sensor = Pin(16, Pin.IN)」でセンサーを起動します。

```
>>> from machine import Pin Enter
>>> sensor = Pin(16, Pin.IN) Enter
```

センサーを人がいない方向に向けて10秒ほど待ちます。その後、REPLコンソールで「sensor.value()」と実行すると、「0」（人を検知できなかった状態）が返ります。

```
>>> sensor.value() Enter
0
```

センサーを人に向けて、再度「sensor.value()」を実行すると「1」が返ってきます。このようにセンサーが正常に稼働するか確認しておいてください。

なお、SB412Aは人がいなくなっても10秒前後の間、Highの状態を保持するディレイが組み込まれています。ディレイ時間の長さは、基板上の半固定抵抗（ボリューム）で調節できます。ボリュームは精密ドライバーで動かすことができ、TIMEを＋方向に動かすとディレイ時間が長くなり、－方向に動かすとディレイ時間が短くなります。読者の用途や都合に合わせて、ディレイ時間を調節しておいてください。

●ディレイ時間を調節する半固定抵抗がある

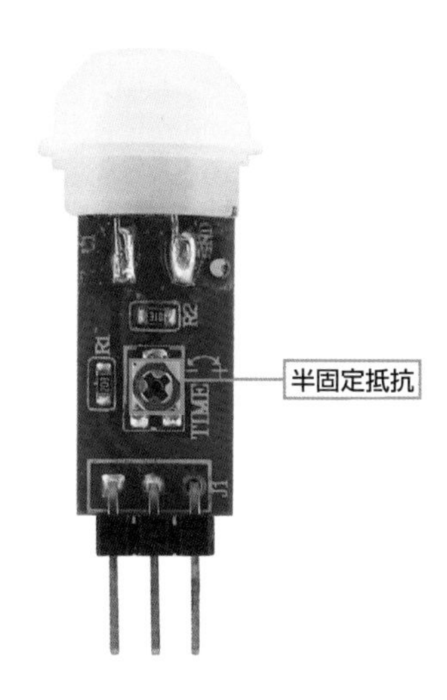

人を検出するMicroPythonスクリプト

ここまでで、簡単に人が検出できることがわかりました。これをMicroPythonでスクリプトに起こしてみることにしましょう。

前述のように、SB412Aは人を捉えると出力ピンがHighになり、人がいなくなるとLowに落ちます。よって、Part3で説明したGPIO割り込みを、Pin.IRQ_RISING（信号の立ち上がりで割り込み）で利用するのがもっとも確実です。集電型赤外線センサーが人を検出したら、割り込みが呼ばれるわけです。

そこで、Pin.IRQ_RISINGを検出したら、コールバック関数を呼び出すHumanSensorクラスを作成しておくことにします。

●HumanSensorクラス

sotech/6-1/hs.py

```
from machine import Pin
import micropython

class HumanSensor():
    def __init__(self, sensor = 16, callbackfunc = None):
        self.sensor_pin = Pin(16, Pin.IN)
        self.sensor_pin.irq(self._sensor_handler, trigger=Pin.IRQ_RISING)
        self.callback = callbackfunc

    def _sensor_handler(self, p):
        if self.callback is not None:
            micropython.schedule(self.callback, p)
```

HumanSensorクラスのインスタンスを作成すると、GP16に接続された集電型赤外線センサーモジュールが人を検出するたびに「コールバック関数」が呼び出されます。

```
hs = HumanSensor(sensor=16, callbackfunc=コールバック関数)
```

hs.py自体はそれほど説明の必要はないでしょう。指定されたGPIOポートを入力で初期化して割り込みを登録します。割り込み処理_sensor_handler()では、インスタンス作成時に渡されたコールバック関数の実行をmicropython.schedule()で予約します。

上のプログラムをPico側にhs.pyというファイル名で保存しておいてください。

HumanSensorクラスを実際に動作させるテストスクリプトをdetector.pyに示します。

●HSクラスの動作を試すテストスクリプト

sotech/6-1/detector.py

```
from hs import HumanSensor

def mycallback(p):
    print("human detect")

sensor = HumanSensor(callbackfunc=mycallback)
while True:
    machine.idle()
```

detector.pyの内容をThonnyに入力して実行ボタンをクリックしてください。集電型赤外線センサーを人に向けると、次ページの図のようにコンソールに「human detect」と表示されます。

人が検出されるとコールバック関数mycallback()が呼び出されます。ここで人が検出されたときの処理を記述すればいいわけです。

●テストスクリプトを実行している様子

```
シェル ×
>>> %Run -c $EDITOR_CONTENT

  MPY: soft reboot
  Connect to aterm-0d514d-g
  2023-11-04 20:17:32
  human detect
```

人を検出したらスマホに通知

Pico Wの活用例として、人を検出したらスマートフォンに通知が来る例を解説します。ここではPico Wのネットワーク機能を使うので、Wi-FiがないPicoでは動作しない点に注意してください。

Chapter5-6で作成したboot.pyを使って、Pico WがWi-Fiアクセスポイントに接続した状態になっていることを前提に解説します。Pico Wのフラッシュメモリにboot.pyを保存してWi-Fiアクセスポイントに接続しておきましょう。

スマートフォンに通知を送る方法はいくつかあります。ここでは**LINE**を利用することにしました。LINEを使っていない場合は、LINEアプリをスマートフォンにインストールしてユーザー登録しておいてください。

LINEは、Web APIを使ってLINEアプリに通知を送る「**LINE Notify**」というサービスを提供しています。Pico WからWeb APIにアクセスすればLINEアプリに通知を送ることができるわけです。

●LINE NotifyのWebページ（https://notify-bot.line.me/ja/）

LINE Notifyを利用するには、事前に登録と認証用のアクセストークンの取得が必要です。パソコンのブラウザでhttps://notify-bot.line.me/ja/にアクセスしてください。画面左上の「ログイン」をクリックして、LINEに登録しているメールアドレス（もしくは電話番号）とパスワードでログインします。初回ログイン時にはスマートフォンのLINEアプリを使った二段階認証が求められるので、画面の指示に従ってログイン手続きを行います。

ログインできたら画面右上のIDをクリックしてプルダウンメニューを表示し、「マイページ」を選択してください。

●マイページを選択

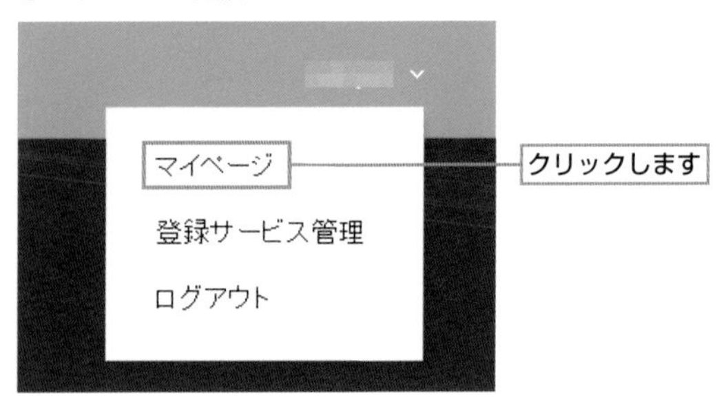

マイページに移ると、画面の下段に「トークンを発行する」というリンクがあります。このリンクをクリックします。

●トークンを発行するをクリック

アクセストークンの発行(開発者向け)

パーソナルアクセストークンを利用することで、Webサービスの登録をせずに通知を設定することができます。

トークンを発行する

LINE Notify API Document

トークン名および通知を行うトークルームの設定に切り替わります。トークン名は通知に含まれるので、わかりやすい名前をつけておくといいでしょう。ここでは「Pico W Alert」としておきました。トークルームは「1:1でLine Notifyから通知を受け取る」を選択しておきます。

以上を設定したら「発行する」ボタンをクリックします。

●トークンの設定

画面中央にトークンが表示されます。トークンはランダムな文字からなる長い文字列です。「コピー」ボタンをクリックするとクリップボードにコピーされるので、エディタなどに貼り付けて保存しておいてください。メモをなくした場合、トークンを削除して発行し直すことになります。

●コピーをクリックしてトークンをテキストとして保存しておこう

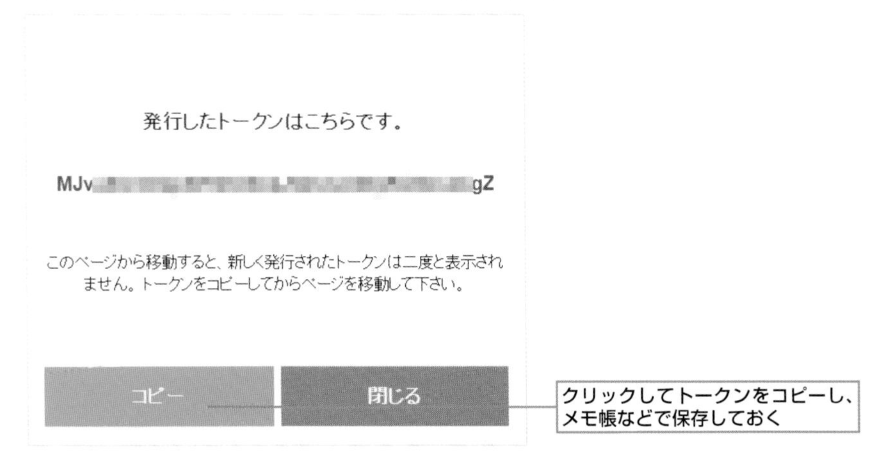

以上で準備ができました。LINE Notifyの詳細は「Line Notify API Document」で詳しく解説しています。

通知を送るだけなら簡単で、https://notify-api.line.me/api/notifyに通知メッセージのPOSTを実行するだけです。

POST実行時、Content-typeをapplication x/www-form-urlencodedにし、認証用のトークンをAuthorization: Bearer 認証用トークンとしてHTTPヘッダで送信します。POSTする内容はmessage=通知したいメッセージだけでOKです。

POSTの実行には、Python-RequestsモジュールのMicroPython版であるurequestsモジュールが利用できます。urequestsモジュールは、Pico W版のMicroPythonインタープリタに同梱されているので別途インストールする必要はありません。

以上で材料は揃いました。人を検出したらLINE Notifyを送信するスクリプトをmain.pyに示します。

●人を検出したらLINEに通知するスクリプト

sotech/6-1/main.py

```
import usocket as socket
from urequests import post
from hs import HumanSensor
import machine

TOKEN = "your_access_token" ①

def line_notify(msg): ②
    url = 'https://notify-api.line.me/api/notify'
    rheaders = {
            'Content-type':'application/x-www-form-urlencoded',
            'Authorization':'Bearer ' + TOKEN

    }

    message = "message=" + msg
    req = post(url,headers=rheaders,data=message)
    return req.status_code

def mycallback(p):
    line_notify("human detect")

hs = HumanSensor(callbackfunc=mycallback)
while True:
    machine.idle()
```

main.pyをThonnyに入力します。①TOKENの右辺を、先に入手したトークンに変更した上で、実行ボタンを押してください。集電型赤外線センサーを人に向けると、スマートフォンのLINEアプリに次のような通知が届きます。

●LINEに通知が来た

②LINEに通知を送るのがline_notify()関数です。引数に渡したメッセージをLINEアプリに通知します。Web APIのURLに必要なHTTPヘッダを含めてPOSTを実行しています。

urequestsモジュールのpostクラスは、標準Pythonで利用されているPython Requests※1のpostクラスと同じように利用でき、dataパラメータにPOSTしたいデータを埋め込めば、それをurlパラメータに指定したURLにPOSTしてくれます。その際に特別なヘッダを必要とするときには、headersパラメータにDICT形式で追加ヘッダを指定できます。

※1　https://requests.readthedocs.io/en/latest/

postクラスのコンストラクタがPOSTを実行後、そのインスタンスから実行時のステータスを取り出すことができます。クラス変数status_codeにPOST実行時のHTTPレスポンスステータスコードが収容されており、200ならば成功、それ以外なら何らかのエラーと判断できます。main.pyではエラーの判断を行っていませんが、必要ならば追加するといいでしょう。

以上のように、Pico Wならば非常に簡単にスマートフォンに通知を送ることができます。main.pyをPico Wに保存して、電池で動くようにすれば、防犯用に人がめったにこないところなどに仕掛けておくといった使い方ができるでしょう。ただし、頻繁に人や動物などが来て集電型赤外線センサーが反応するようなところですと、通知が連発して用を足さない恐れもあります。

なお、SB412Aは3.5V以上の電源電圧が必要なので、バッテリ駆動を行う際には3.5V以上とれるバッテリーを用意してPicoのVSYS端子とSB412Aに接続するようにしてください。Chapter5-7で解説したバッテリー電圧の測定を利用すれば、バッテリが減ってきたときにも通知を送るといったことも簡単にできます。

モーターを制御しよう

人の検出ができるようになったので、続いてファンを動かすモーターの制御を説明していくことにしましょう。モーターやそれに類するデバイスは、電気で物を動かしたりするときには必ず必要になります。そこで、まず市販されているモーターの選び方を説明したうえで、その制御方法を説明していくことにしましょう。

モーターの仕組みと選び方

モーターの選定でもっとも重要になるのが、モーターの回転力を表す**軸トルク**（あるいは単にトルク）です。軸トルクは、モーターで動かそうと考えているものを動かすことができるのかの目安で、軸トルクが不足するモーターでは目的を果たすことができません。

軸トルクはモーターのカタログに記されており、単位はgf・cm（グラムフォース・センチメートル）もしくはg・cm（グラム・センチメートル）か、N・m（ニュートン・メートル）やmN・m（ミリニュートン・メートル）です。gf・cmとg・cmは同じ単位と思って構いません[※1]。

※1　1N・m＝約10197gf・cm

直感的にわかりやすいのはg・cmでしょう。モーターの軸に1cmのアームを取り付け、アームの先に錘（おもり）を吊るし、持ち上げることができる重りの重さを示すのがg・cmです。

●グラムフォース・センチメートルとは

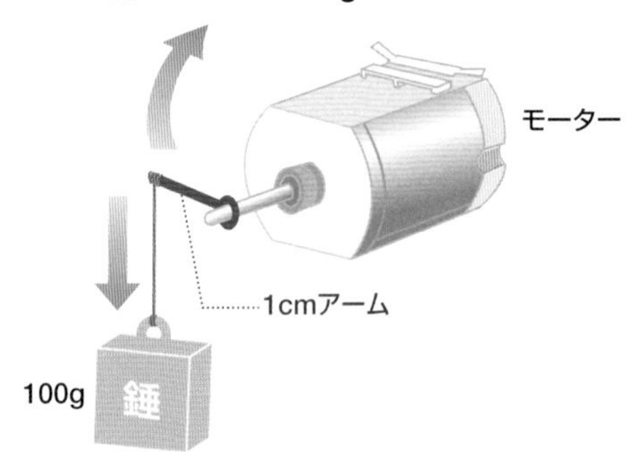

DCモーター（direct current motor：直流モーター）の軸トルクは少し直感に反するところがあって、**軸の回転数に反比例**し**モーターに流れる電流に比例**します。

ガゾリンエンジンなどの内燃機関の軸トルクは、おおむね回転数が増えると上昇する特性を持っています。内燃機関で軸トルクを生み出しているのは、シリンダーにおける燃焼で、回転数が増えるほど時間あたりの燃焼回数が増える結果として軸トルクが増大します※2。内燃機関は自動車やバイクといった形で日常的に触れることが多いので、回転数が増えるほどトルクが増すという感覚をなんとなく抱いている人が多いでしょう。

※2　現在の自動車エンジン等では、コンピュータ制御や過給器を組み合わせ、低回転から大きなトルクが得られるよう工夫されています。

しかしモーターにおいては、軸が静止しているときに軸トルクが最大になります。これを**静止トルク**といいます。モーターのカタログには静止トルクが記載されているのが一般的で、その他にモーターの効率が最大になる動作点でのトルク値が記載されていることもあります。

余談ですが、EV（電気自動車）が加速が良いと言われているのは、このようなモーターの性質によります。EVが静止しているとき、モーターに流れる電流が最大となり最大のトルクが得られるので一気に加速できるわけです。

なぜこうなるのか少し説明しておきましょう。モーターを電源につないでモーターが回っているときの、ざっくりした状態を次に示します。

●モーターが回転しているときの状態は？

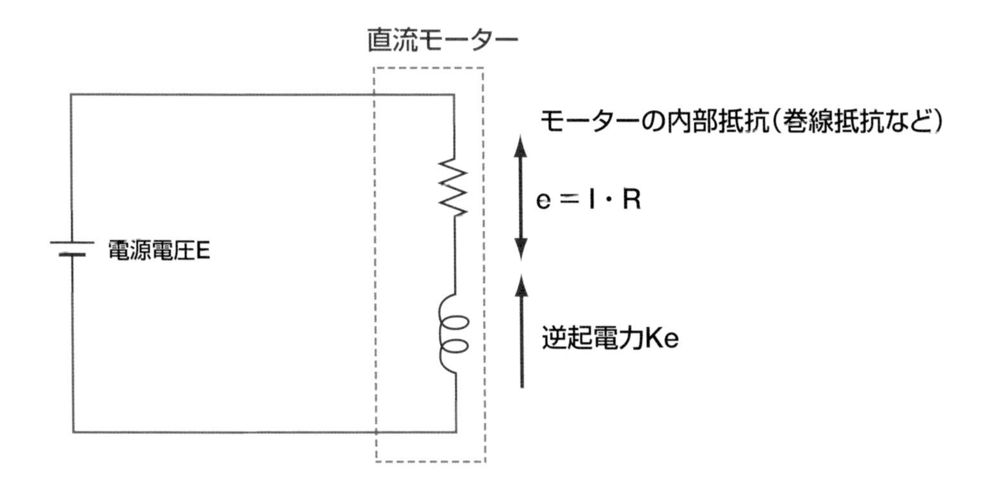

点で囲われているコイル（ぐるぐる巻いた記号）と抵抗をあわせたものがモーターと考えてください。モーター内部には、主としてモーターの巻線による抵抗Rがあり、電流Iを流すとI・Rの電圧eが内部抵抗により消費される電圧となります。同時にコイルの両端には電流とは逆方向の**逆起電力**Keが発生します。

逆起電力Keの大きさは、モーターの回転軸の角速度に比例します。平たくモーターの回転速度に比例すると考えていいでしょう。

モーターに電流を流しモーターが回転しているとき、電源電圧Eと内部抵抗の抵抗の両端電圧e、そして逆起電力Keが釣り合った状態にあります。つまりE＝Ke＋eが成り立っています。

このとき、モーターの軸に吊るしている錘の重量を増やしたとしましょう。つまり軸に与えるトルクを増加させたとします。すると軸の回転速度が低下して逆起電力Keが低下します。E＝Ke＋eの関係式が常に成り立つ中で、Keが低下するわけですからモーターに流れる電流が増加することによりE＝Ke＋eの定常状態が保たれます。つまり軸の回転速度が低下したときトルクが増加した形になるわけです。

では電源電圧Eを増加させたときはどうなるでしょうか。軸に与えられているトルクが一定ならば、電源電圧を上昇させると電流が増加しモーターの回転速度が増加します。逆起電力Keが回転速度に比例して増加しE=Ke+eの定常状態が保たれます。

以上のような、モーターにおけるトルク、電流、電圧の関係を覚えておくと、モーターの制御やモーターの選定に役立つでしょう。モーターに流せる電流の大きさや電圧の大きさには上限があり、また回転速度もモーターによって異なります。モーターの最大電流、最大電圧、回転速度、そしてトルクの大きさが、自分の用途に適合するモーターを選定する必要があるわけです。

DCモータードライバICを使おう

DCモーターは、外乱要因によりモーターに流れる電流が大きく増減します。モーターの軸に加わる力によって電流が大きく変化しますし、逆起電力やノイズを生じるという厄介な性質もあります。

DCモーターをLEDのようにトランジスタで制御することは特に難しくはないのですが、外乱要因を考慮しないとならないので設計には気を使う必要があります。

そこで、本書ではDCモーター制御用の専用ICを搭載したモジュールキットを利用することにしました。本書で利用するのは、秋月電子通商で販売されている「**TB6612使用Dual DCモータードライブキット**」（秋月電子通商 通販コード K-11219）です。

●TB6612使用Dual DCモータードライブキット（https://akizukidenshi.com/catalog/g/gK-11219/）

「キット」と命名されていますが、ICと周辺パーツは基板に実装済みで、ユーザーがはんだ付けしなければならないのはピンヘッダと端子台の2つだけです。基板に付属しているピンヘッダと端子台を完成例写真のような形になるようにはんだ付けしてください。基板の裏表を間違えると面倒なので注意しましょう。

なお、付属の端子台は2端子の端子台×3個に分かれていますが、サイドの溝と突起で連結できるように作られています。連結すると強度が増すので、はんだ付けする前に連結して6端子にしておくといいでしょう。端子台のピンは金具が大型で放熱しやすく、熱を上げにくいのではんだ付けが難しですが、じっくりとピンを熱することがコツです。

このキットに搭載されているモータードライバIC「**TB6612**」は最大2台のモーターを制御できるICです。モーターの制御は**PWM**（Pulse Width Modulation：**パルス幅変調**）による回転速の変更と正転、反転、停止（端子ショートによるブレーキ）ができます。

モーター電源とロジック電源が分かれていて、モーターに対して独立した電源が利用できます。TB6612には過電流防止回路があり、モーターにICの最大定格を超える電流が流れることを防止しますが、本稿で利用するモーターは静止時最大2.2Aの電流が流れる仕様です。

Picoから取れる電源のうち最大の電流が得られるのはUSBのVBUS端子ですが、USB 2.0までの仕様だと最大500mAまでで、多くのUSBハブが500mAを上限としていることを考えると、モーターの電源としては使いにくいものがあります。また先述のようにモーターはノイズなどの塊ですから、ロジックの電源にモーターをつなぐのは、あまり得策ではありません。

ですから、モーターに対しては独立した別電源を使うほうが安全でしょう。秋月Dual DCモータードライブキットでは、端子台側の「GND」と記された端子がモーター電源のGND、「VM」と記された端子がモーター用電源端子になります。

●小型DCモーター FA-130RA-2270L
（https://akizukidenshi.com/catalog/g/gP-09169/）

本書では、この秋月Dual DCモータードライブキットを使って小さなファンを回します。ファン用のモーターとして、秋月電子通商で販売されている小型DCモーター「FA-130RA-2270L」（秋月電子通商通販コードP-09169）を使うことにしました。

FA-130RA-2270Lの電源電圧は1.5～3Vで、乾電池1～2本で駆動させるのに適した小型DCモーターです。静止トルクは26gf・cmで、静止電流は2.2Aとされています。制御に使うTB6612は、モーター電流最大1.2Aで、それを超えると電流制限が機能します。したがって、静止時には定格の半分程度の電流しか流せないですから、TB6612利用時の静止トルクはスペックの半分強程度と考えておけばいいでしょう。

小型モーターなりにトルクは小さいですが、小型ファンを回す程度なら十分です。模型店にいくと小型モーターの軸に適合するいろいろなファンを手に入れることができます。筆者は、電気小物製品・部品を手掛けている朝日電器（ELPA）製のガード付きプロペラ「**HK-MP3H**」を使用しました。

直径10mmの3枚羽プロペラで、ガードとして外輪がついているのが特徴です。ガードのおかげで羽を手や物に当てる危険がわりと少ないので、小型扇風機的な用途に適しています。また、適合シャフト径2mmで、FA-130RA-2270Lを始めとする小型モーターの軸ならはめ込むだけで使えます。

なお、以降の実験するときには、プロペラを取り付けたモーターを、小さなスタンドに輪ゴムなどを使って固定するといいでしょう。回転時にケーブルなどを絡ませないよう注意してください。

●ELPAガード付きプロペラHK-MP3H
(https://www.monotaro.com/g/00959191/)

モーターを配線しよう

秋月Dual DCモータードライブキットは、TB6612を使って最大2台のモーターA、Bを制御できます。ピンヘッダ側がロジック入力で、端子台側がモーター出力となっています。

端子台側に「AO1」「AO2」と「BO1」「BO2」という4つの端子があります。AO1がモーターAの+端子、AO2がモーターAの−端子で、BO1、BO2はそれぞれモーターBのプラス・マイナス端子です。今回は1台のモーターしか使わないので、AO1、AO2にモーターをつないでおきます。

モーターの電源は先述の通り端子台側の「VM」と「PGND」です。モーター電源にはChapter5-7で紹介している単3形バッテリケースを使うといいでしょう。バッテリの+をVMに、−を端子台のPGNDに接続します。

●秋月Dual DCモータードライブキットのピン割り当て図

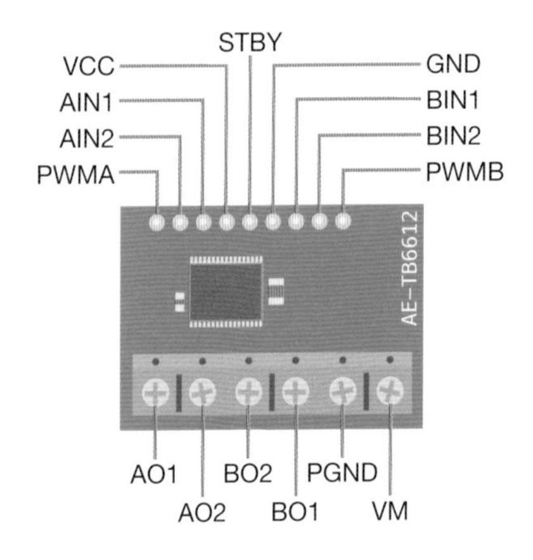

なお、端子台は上のネジをドライバで緩めると側面の金具が開くので、ケーブルを金具の間に入れてネジを閉

めて固定します。

ピンヘッダのロジック入力をPicoに接続してモーターをPicoから制御します。モーターA、モーターBそれぞれにたいしてPWM、IN1、IN2という3本のロジック入力があります。今回はモーターAしか使わないので、使用するロジック入力はPWMA、AIN1、AIN2の3本です。

AIN1とAIN2はモーターの回転開始・停止と回転方向を制御するロジック入力です。AIN1とAIN2の論理を下表に掲載しておきます。

●AIN1 ／ AIN2の論理

AIN1	AIN2	モーターの回転
L	L	停止（端子開放）
L	H	時計回り
H	L	反時計回り
H	H	ショートブレーキ

端子開放は、モーターの＋端子と－端子を開放したのと同じ状態です。回転している状態から端子開放状態にすると、モーターは惰性で回り続けて止まります。

一方、ショートブレーキはモーターの端子を短絡させたのと同じ状態になります。モーターが発生させる電気が短絡により消費されるので、モーターの回転にブレーキがかかった形になります。

ちなみに、ELPA製のファンブレードは時計回りで後方に風を送り、反時計回りで前方に風を送るファン形状となっています。

PWMAはPWMでファンの回転速度を調整する端子です。PWMについてはあとで説明しますが、Picoは8チャンネルのPWMコントローラを2基内蔵しており、最大16本のPWM出力を任意のGPIOから出力できます。「RP2040 Datasheet」236ページにあるFunction Selectの表を見ると、ファンクション番号4がPWMに割り当てられていることが確認できるので見ておくといいでしょう。

なので、AIN1、AIN2、PWMAともに、PicoのどのGPIOにつないでも使えます。本書では、AIN1をGP0に、AIN2をGP1に、PWMAをGP3に接続することにします。STBYはスタンバイ端子で、ローに落とすとスタンバイ状態になりますが、あまり意味がないので今回は使用しません。なので3.3Vに接続してハイの状態（スタンバイ無効）にしておきます。

●部品表

製品	数	秋月電子通商通販コード	URL
TB6612使用 Dual DCモーター ドライブキット	1個	K-11219	https://akizukidenshi.com/catalog/g/gK-11219/
DCモーター FA-130RA-2270L	1個	P-09169	https://akizukidenshi.com/catalog/g/gP-09169/
ガード付きプロペラ	1個		https://www.monotaro.com/g/00959191/
電池ボックス 単3×2本 リード線・スイッチ付	1個	P-00327	https://akizukidenshi.com/catalog/g/gP-00327/

配線図は次のとおりです。

●秋月Dual DCモーター ドライブキットとモーターの配線

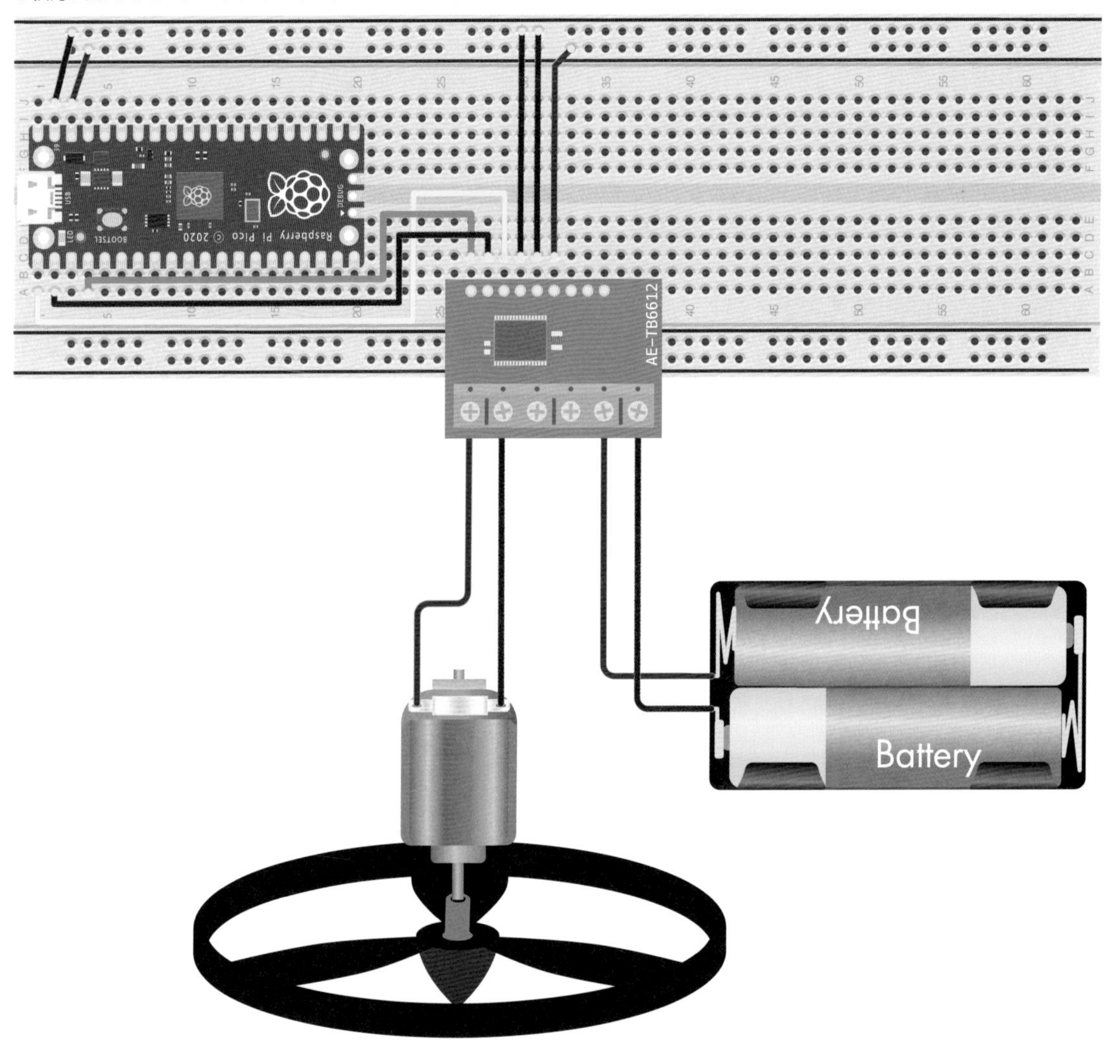

PWMとは

PWMは日本語では「パルス幅変調」です。パルスの幅を変化させて、負荷に対する電力を制御する方法です。

Part4の3桁の7セグメントLEDの制御の際にダイナミック点灯を使用しました。ダイナミック点灯では各LEDが短時間しか点灯していないにもかかわらず、人間には常点灯のように見えます。

ダイナミック点灯で、LEDの点灯時間を短くすればLEDは暗く見えますし、LEDの点灯時間を長くすればLEDは明るく見えるでしょう。これがPWMの原理です。

PWM信号は周期（周波数）とオン時間の比率（デューティー比）という2つのパラメータがあります。

●PWM信号の例

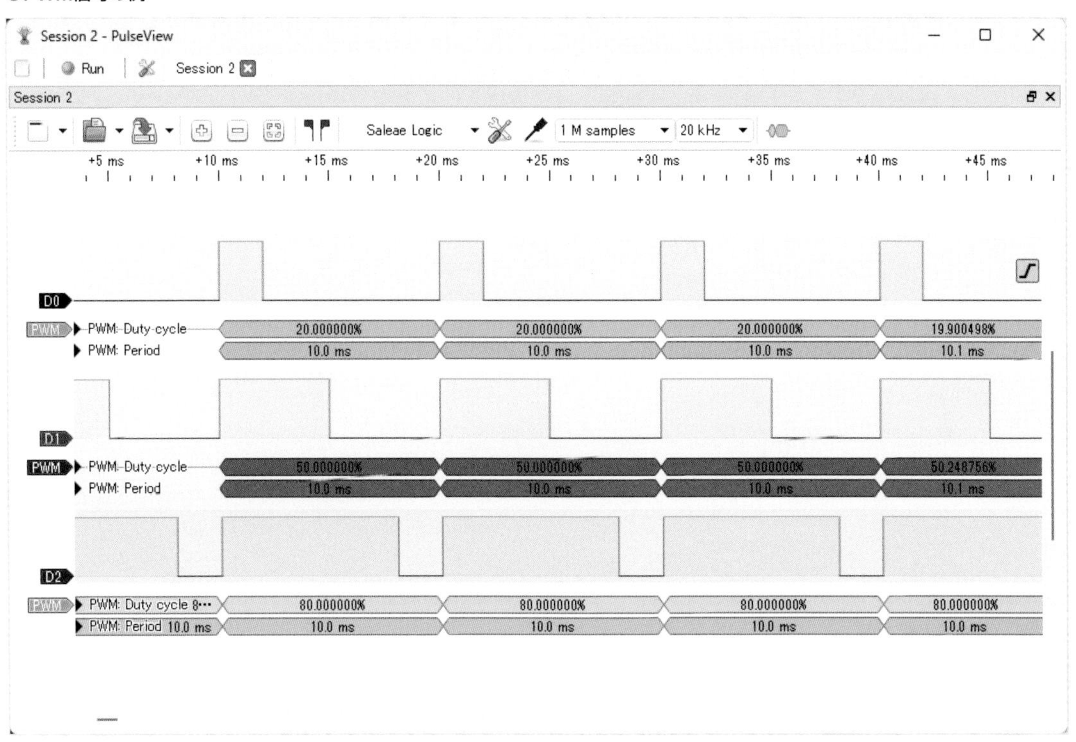

上の図には3つのPWM信号がありますが、周期はすべて100Hz……1周期辺り10ミリ秒です。デューティー比とは1周期あたりのオン時間の比率のことです。上の図では上から順に20%、50%、80%となっています。この3つのPWMでLEDを点灯させれば20%では暗く、50%ではほどほどに、80%であれば明るく点灯することになります。

モーターも同じで、デューティー比が小さければ遅く回り、大きければ早く回ります。そしてデューティー比100%ならフル回転という具合に、回転速度を調節することができるのです。

MicroPythonでは、machine.PWMクラスでPWMを扱うことができます。PWMを利用するには、まずPWMを出力したいGPIOのmachine.Pinクラスのインスタンスでmachine.PWMのインスタンスを作成します。

```
from machine import PWM
from machine import Pin

pwm0 = PWM(Pin(0))
```

GP0でPWMクラスのインスタンスを作成

周期はfreq()メソッドを使ってHz単位で指定できます。

```
pwm0.freq(100)
```

周期として100Hzを指定

デューティー比はPicoでは65535（0xFFFF）を100%とした整数で指定するduty_u16()メソッドを使って設定します。

```
pwm0.duty_u16(int(0.2*0xFFFF))
```

デューティー比20%を設定

PWM出力を止めるときはduty_u16()に0（ゼロ）を指定します。また、deinit()メソッドを呼び出すとPWMが無効化されます。

モーターを回転させてみることにしましょう。REPLコンソールで次のように入力してください。

「from machine import Pin,PWM」でmachineモジュールのPinクラスとPWMクラスをインポートします。

「in1 = Pin(0, Pin.OUT)」と「in2 = Pin(1, Pin.OUT)」で、IN1とIN2を反時計回りに設定します。

「pwm = PWM(Pin(2))」でPWMオブジェクトを作成します。

```
>>> from machine import Pin,PWM Enter
>>> in1 = Pin(0, Pin.OUT) Enter
>>> in2 = Pin(1, Pin.OUT) Enter
>>> pwm = PWM(Pin(2)) Enter
```

続いてPWM 周波数を指定します。

TB6612のスイッチング速度からPWM周波数はせいぜい100kHz程度まででしょう。PWM周波数の決定で留意が必要なのは**可聴域からできるだけ遠ざける**ことです。

大抵の電子部品は電気を流すと若干の振動を起こしますし、モーターのように動くパーツなら当然のように振動します。PWM信号の周波数が耳で聞こえる範囲だと、ピーというような耳につく音が発生するので好ましくありません。

人間が聞こえる音の周波数は20kHzまでです。20kHzから十分に離せば、耳につく音は発生しづらくなりますが、発生しないとは言えないのが難しいところです。たとえば、うなり音のような現象で、十分に高い周波数から低い周波数の音が発生する場合があるからです。

うなり音は振動の干渉で発生する音で、モーターを回転させたときの振動と、PWM信号による振動がちょうどいい具合に干渉を起こすと聞こえる音としてうなりが発生します。うなり音が発生したときも、PWM周波数を少しずらすことで軽減が可能です。

ここでは「pwm.freq(100*1000)」と実行して、PWM周波数を100kHzに指定しておきます。もし気になる音が出るようなら少し変えてみるなど工夫するといいでしょう。

```
>>> pwm.freq(100*1000) Enter
```

最後にデューティー比を指定します。モーターを制御する場合、静止状態から回転を開始させるときにはやや大きめのデューティー比が必要になることに注意します。回転開始のデューティー比はモーターの品種や個体差、電源電圧によって変わり、一概には決定できません。

本書で取り上げるモーターを電源電圧3Vで使用した場合、15%くらいで回転がスタートすることを確認しました。個体差を考えると20%くらいにしておくのが安全かもしれません。

「pwm.duty_u16(int(0.2*0xFFFF))」とREPLに入力するとモーターが回転を始めます。

```
>>> pwm.duty_u16(int(0.2*0xFFFF)) Enter
```

回転状態からモーター回転を遅くする場合、8%くらいまでのデューティー比なら回り続けます。下限にも個体差がありますが、10%くらいまでならたいていは回り続けるでしょう。

読者自身で指定するデューティー比を変えてモーターの回転速度が変わる様子を確認してみてください。

人が近づいたらファンが回転するガジェット

人感センサーとモーターの制御を学んだので、それらを合わせて使用するガジェットを作ってみましょう。Part5で解説した有機ELディスプレイや温湿度センサーも使います。

人を検知したら不快指数に合わせてファンが回転

総まとめとして、人が近づいて来たらファンが回転するガジェットを作ってみることにします。

●人を検知したら不快指数に合わせてファンが回転するガジェットの配線図

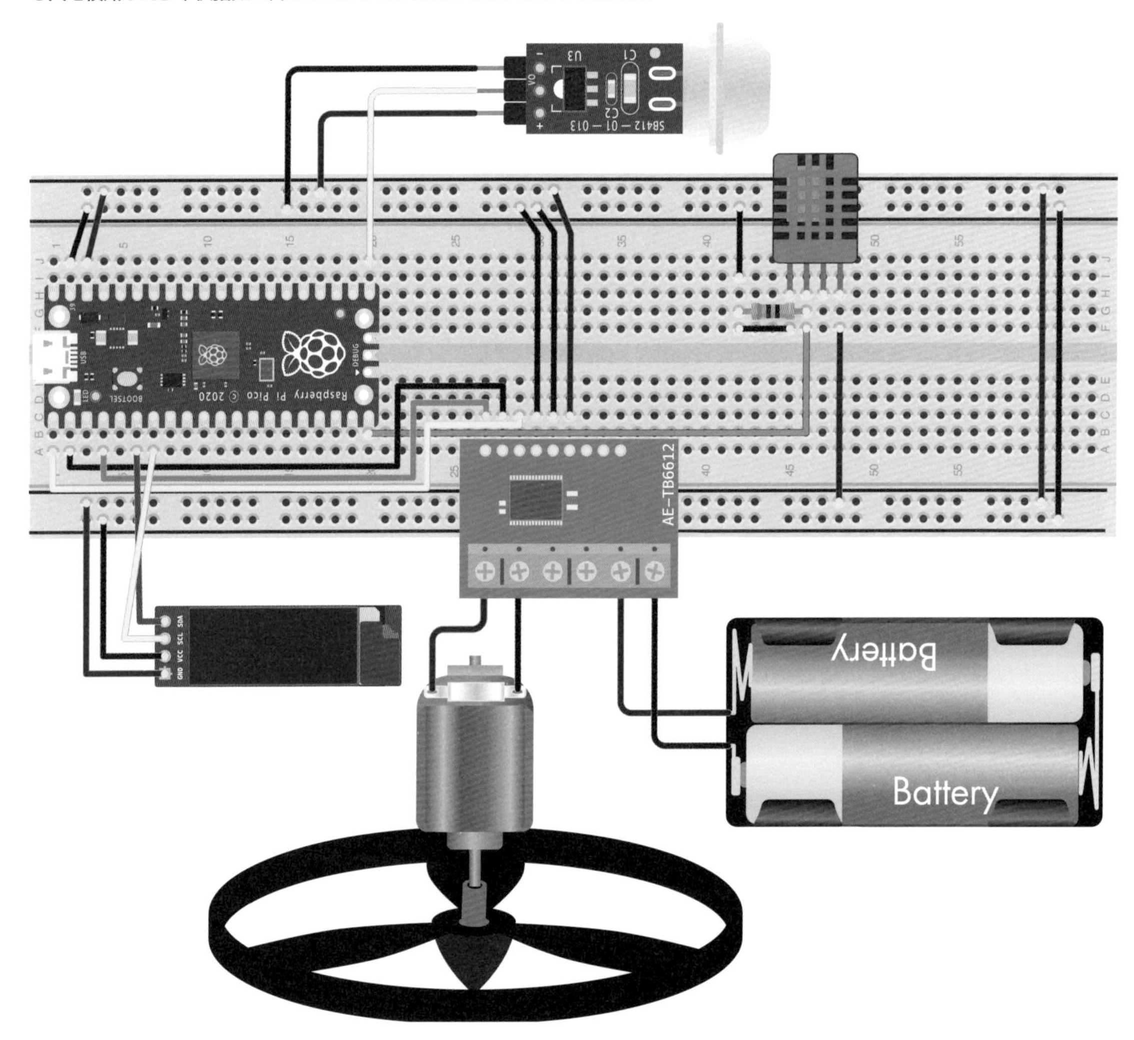

単に回すだけでは面白くないので、Part5で取り上げた温湿度センサーDHT-11を使って不快指数を計算して、人が暑いと感じるほどファンの回転を高速にして風を送るというギミックを加えることにします。また、ステータス表示としてSSD1306搭載有機ELディスプレイと日本語表示も使いましょう。

■HumanSensorクラスの小改造

228ページで掲載したHumanSensorクラス（hs.py）は、人が来たことを検知するだけで、すが、ファンを回転させたり止めたりするためには、人がいなくなったことも検知できなければなりません。

そこで次のようにHumanSensorクラスに改造を施します。

●改造版HumanSensorクラス

sotech/6-3/hs.py

```
from machine import Pin
import micropython
from micropython import const
class HumanSensor():

    ARRIVE = const(1)    # 人を検出した ②
    LEAVE  = const(0)    # 人がいなくなった ②

    def __init__(self, sensor = 16, callbackfunc = None):
        self.sensor_pin = Pin(sensor, Pin.IN)
        self.sensor_pin.irq(self._sensor_handler, trigger=Pin.IRQ_RISING|Pin. ⏎
IRQ_FALLING) ①
        self.callback = callbackfunc

    def _sensor_handler(self, p):
        if self.callback is not None:
            if p.value() == 0:
                micropython.schedule(self.callback, self.LEAVE)
            else:
                micropython.schedule(self.callback, self.ARRIVE)
```

①Chapter 6-1のhs.pyとの違いは、信号の立ち上がり（Pin.IRQ_RISING）と立ち下がり（Pin.IRQ_FALLLING）の両方でGPIO割り込みを発生させる点です。

また、割り込みハンドラ_sensor_handler() で、Pin.IRQ_RISING ならばコールバック関数に人が来たことを示すHumanSensor.ARRIVEを渡し、Pin.IRQ_FALLLINGならば人が去ったことを示すHumanSensor.LEAVEを渡します。これでコールバック関数側で人が来たのか、いなくなったのかが判定できる仕掛けです。

②HumanSensor.ARRIVEとHumanSensor.LEAVEはmicropython.const()を使って定義しています。Pythonには変数の修飾等として定数（const）を指定する機能がありませんが、MicroPythonにはmicropythonモジュールに定数を指定するキーワードconst()が定義されています。

const()で定義された変数名は、このモジュール内では変数ではなく即値（リテラル値）に変換され、マイコンのような非力なCPUにとっては高速化とメモリの節約のメリットがあります。HumanSensor.ARRIVEとHumanSensor.LEAVEはモジュール外からの参照がありますが、参照が行われないクラス変数ならば変数名にアンダースコアを付与することで、さらなるメモリの節約が可能です。MicroPython固有の機能なので覚えておくといいでしょう。

これをThonnyでPico側にhs.pyというファイル名で保存しておいてください。

■不快指数を測定するTHIクラス

不快指数によりファンの回転速度を変えるためには、定期的に温度と湿度を測定して不快指数を計算する必要があります。そこで、不快指数を定期的に計算するとともに、不快指数が変化したらコールバック関数を呼び出すTHIクラスを作成しておくことにします。なお、THIは不快指数を表す「Temperature-Humidity Index」の略です。

●THIクラス

sotech/6-3/thi.py

```
from machine import Pin
from machine import Timer
import dht
import time
import micropython

class THI():
    def __init__(self, sensor_pin = 15, callback = None):
        self.dht = dht.DHT11(Pin(sensor_pin))
        self.tim = Timer(period=30000, mode=Timer.PERIODIC, callback=self. ⮐
_timer_handler) ①
        self.value = 0
        self.temp = 0
        self.hum = 0
        self.callbackfunc = callback
        self._measure_index(0)

    # コールバック関数を設定する関数
    def set_callback(self, callback):
            self.callbackfunc = callback

    def _timer_handler(self, t):
        micropython.schedule(self._measure_index, 0)

    # 不快指数を計算する ②
    def _measure_index(self, arg):
        self.dht.measure()
        self.temp = self.dht.temperature()
        self.hum = self.dht.humidity()
        current = int(0.81 * self.temp + 0.01 * self.hum * (0.99 * self.temp - ⮐
14.3) + 46.3)
```

```
        # 不快指数が変化していればコールバック関数を呼び出す ③
        if (self.value != current) and (self.callbackfunc is not None):
            self.callbackfunc(current)
        self.value = current
```

①THIクラスでは、30秒に1回の頻度でタイマハンドラ_timer_handler()が呼び出され、_measure_index()が実行されます。

②_measure_index()では、DHT-11で温度と湿度を測定し、それをもとに不快指数を計算します。

③前回の測定から不快指数が変化していれば、コールバック関数callbackfuncを呼び出します。

Thonnyでthi.pyというファイル名でPico側に保存しておいてください。

■モーターを制御するMotorクラス

モーターを制御する専用のMotorクラスを作っておくことにします。

●Motorクラス

sotech/6-3/motor.py

```
from machine import PWM
from machine import Pin
from micropython import const
import time

class Motor():
    FREE = const(0)
    CW = const(1)
    CCW = const(2)

    def __init__(self, in1 = 0, in2 = 1, pwm = 2):
        self.in1 = Pin(in1, Pin.OUT)
        self.in2 = Pin(in2, Pin.OUT)
        self.pwm = PWM(Pin(pwm))
        self.pwm.freq(100*1000)
        self.speed(0)
        self.stop()
        self.state = self.FREE
    # 時計回り
    def cw(self): ①
        self.brake()
        if self.state != self.FREE:
            time.sleep(1)
        self.in1.off()
        self.in2.on()
        self.speed(20) ②
        self.state = self.CW ③
    # 反時計回り
    def ccw(self): ①
```

```
        self.brake()
        if self.state != self.FREE:
            time.sleep(1)
        self.in1.on()
        self.in2.off()
        self.speed(20) ②
        self.state = self.CCW ③

    def brake(self): ①
        self.in1.on()
        self.in2.on()
        self.state = self.FREE ③

    def stop(self): ①
        self.in1.off()
        self.in2.off()
        self.state = self.FREE ③

    def speed(self, value):
        self.pwm.duty_u16( 0xFFFF * value // 100)
```

①Motorクラスはcw()（時計回り）ccw()（反時計回り）brake()（ブレーキ）stop()（停止）の各メソッドでモーターを回転・停止させたり、speed()メソッドで回転速度を変更するクラスです。speed()クラスの引数はわかりやすいように%の整数値としました。

②停止から回転開始を行うときのPWMのデューティー比は20%としておきました。筆者が確認したところだと15%でも回転を始めますが、先述のように若干の余裕を加えています。1.5Vなどより低い電圧でモーターを回す場合、もう少し大きなデューティー比を指定しないと回転を開始しないかもしれません。読者自身で調節してみてください。

③また、外部からインスタンス変数stateを参照することで、現在のモーターのステータスがわかるようにしています。stateがMotor.FREEなら非通電状態、Motor.CWかMotor.CCWなら通電状態です。stateを通して、モーターが回っているかどうかがわかります。

ThonnyでPico側にmotor.pyというファイル名で保存しておいてください。

■人が来たらファンを回すメインスクリプト

以上で必要なパーツが揃いました。人を検出したら不快指数に合わせてファンを回すメインスクリプト（main.py）を示します。

●人が来たらファンを回すメインスクリプト

sotech/6-3/main.py

```
from hs import HumanSensor
from thi import THI
from motor import Motor
from ssd1306 import SSD1306_I2C
from display import PinotDisplay
from pnfont import Font
from machine import I2C

# ディスプレイの初期化
ssd = SSD1306_I2C(128, 32, I2C(0, freq=400000))
fnt = Font('/fonts/shnmk12u.pfn')
disp = PinotDisplay(panel = ssd, font = fnt)
# ファンおよび温湿度センサー
fan = Motor()
thi = THI()

# ディスプレイ消灯 ③
def display_off():
    ssd.fill(0)
    ssd.show()

# ディスプレイ表示 ③
def display():
    line1 = "温度: {0:2d} C".format(thi.temp)
    line2 = "湿度: {0:2d} %".format(thi.hum)
    line3 = "不快指数: {0:2d}".format(thi.value)
    disp.locate(1, 0)
    disp.text(line1)
    disp.locate(1,12)
    disp.text(line2)
    disp.locate(1,24)
    disp.text(line3)

# ファン回転数調整
def adjustment(value):
    if fan.state != Motor.FREE:
        value -= 65
        speed = 0
        if value >= 0:
            speed = value * 100 // 20
            if speed < 10:
                speed = 10
            if speed > 100:
                speed = 100
        fan.speed(speed)
        display()

# 人を検出 ①
```

```
def detect(person):
    if person == HumanSensor.ARRIVE:
        fan.ccw()
        adjustment(thi.value) ②
        # コールバック関数を登録
        thi.set_callback(adjustment)

    else:
        fan.brake()
        # コールバック関数を取り消し
        thi.set_callback(None)
        display_off()

# 焦熱型赤外線センサー
hs = HumanSensor(callbackfunc=detect)

while True:
    machine.idle()
```

①HumanSensorクラスによって、人を検知したらdetect()関数が呼び出されます。ここで人が来たならファンを回し、人が去ったならファンを停止させます。

②不快指数からファンの回転速度を決めているのが関数adjustment()で、この関数はTHIクラスのコールバックとして呼びされます。

一般に、不快指数が75を超えると暑く感じ、85を超えると猛烈に暑いという目安になるようです。そこで、adjustment()では不快指数から快適の範囲である65を引き、0より大きいなら85超で100%になるようファンの回転速度を決めています。また、最小の回転速度は、おそらく多くのファンで回転が維持されるであろう10%です。10%だとモーターが止まってしまうようなら、最小値をすこし大きくするといいでしょう。

③ファンの回転がスタートしたら、ディスプレイに現在温度、湿度、不快指数を表示します。人が去ったら、ディスプレイを消灯するようにしました。

なお、焦熱型赤外線センサーのディレイ設定が短い場合、頻繁にコールバック関数detect()が呼び出されてしまい、micropython.schedule()のキューが溢れてしまうことがあります。micropython.schedule()のエラーが発生するようなら、ディレイ設定を長めにして焦熱型赤外線センサーがオンオフする頻度を減らしてみてください。

これをThonnyで、main.pyというファイル名でPicoに保存してください。REPLコンソールで Ctrl キーと D キーを同時に押すとPicoが再起動してmain.pyの実行が自動で始まります。焦熱型赤外線センサーを人に向けるとファンが回り、ディスプレイに温度湿度不快指数が表示されることを確認してみてください。

本書で扱った部品・製品一覧

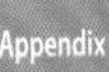

本書で使用した部品やコラムなどで紹介した製品を一覧表にしています（複数回使用した部品は初出時のPartで紹介）。工作の準備や購入の際の参考にしてください。なお、廃番などにより入手できなくなることもありますので、その点をご了承ください。

Part 1

製品	URL
Raspberry Pi Pico ／ Pico W ／ Pico H ／ Pico WH	
細ピンヘッダ　１×４０　（黒）	https://akizukidenshi.com/catalog/g/gC-06631/
ブレッドボード	
LEOBRO ブレッドボード ジャンパーワイヤキット 830ポイント はんだレスブレッドボード ブレッドボード用ワイヤ 14種類×10本 収納ケース付き ピンセット付き	https://www.amazon.co.jp/dp/B081RG5P3S
OSOYOO(オソヨー)金属皮膜抵抗器 抵抗セット 10Ω ~1MΩ 30種類 各20本入り 合計600本 (600本セット)	https://osoyoo.store/ja-jp/products/ggggggggggggg?variant=40721202020463

Part 3

製品	必要個数	秋月電子通商通販コード	URL
5mm径砲弾型赤色LED（OSR5JA5E34Bなど）	1個	I-12605	https://akizukidenshi.com/catalog/g/gI-12605/
1/4Wカーボン抵抗51k Ω	1個	R-25513	https://akizukidenshi.com/catalog/g/gR-25513/
トランジスタ　2SC1815GR	1個	I-17089	https://akizukidenshi.com/catalog/g/gI-17089/
タクトスイッチ	1個	P-03647	https://akizukidenshi.com/catalog/g/gP-03647/
電子ブザー 14mm PB04-SE12HPR	1個	P-04497	https://akizukidenshi.com/catalog/g/gP-04497/

Part 4	製品	必要個数	秋月電子通商通販コード	URL
	赤色7セグメントLEDカソードコモン（C-551SRD）	7本	I-00640	https://akizukidenshi.com/catalog/g/gI-00640/
	1/4Wカーボン抵抗120 Ω	1個	R-25121	https://akizukidenshi.com/catalog/g/gR-25121/
	７セグメントドライバ（７セグメントデコーダ）　TC4511BP	1個	I-14057	https://akizukidenshi.com/catalog/g/gI-14057/
	３桁７セグメントＬＥＤ表示器　赤カソードコモン　OSL30391-LRA	4個	I-14729	https://akizukidenshi.com/catalog/g/gI-14729/
	トランジスタ　2SC2655L-Y（トランジスタ　２ＳＣ２６５５Ｌ－Ｙ－Ｔ９Ｎ－Ｂ　５０Ｖ２Ａ）	4個	I-08746	https://akizukidenshi.com/catalog/g/gI-08746/
	抵抗680Ω	7本	R-25681	https://akizukidenshi.com/catalog/g/gR-25681/
	抵抗100Ω	1個	R-25101	https://akizukidenshi.com/catalog/g/gR-25101/
	積層セラミックコンデンサー　０．１μＦ２５０Ｖ　Ｘ７Ｒ　５mmピッチ	1個	P-10147	https://akizukidenshi.com/catalog/g/gP-10147/

Part 5	製品	必要個数	秋月電子通商通販コード	URL
	KKHMF 2個0.91インチIIC I2CシリアルOLED液晶ディスプレイ	1個		https://www.amazon.co.jp/dp/B088FLH7DG/
	温湿度センサ　モジュール　DHT11	1個	M-07003	https://akizukidenshi.com/catalog/g/gM-07003/
	電池ボックス　単３×２本　リード線・スイッチ付	1個	P-00327	https://akizukidenshi.com/catalog/g/gP-00327/

Part 6	製品	必要個数	秋月電子通商通販コード	URL
	焦電型赤外線（人感）センサーモジュール　ＳＢ４１２Ａ	1個	M-09002	https://akizukidenshi.com/catalog/g/gM-09002/
	ＴＢ６６１２使用　Ｄｕａｌ　ＤＣモータードライブキット	1個	K-11219	https://akizukidenshi.com/catalog/g/gK-11219/
	ＤＣモーター　ＦＡ－１３０ＲＡ－２２７０Ｌ	1個	P-09169	https://akizukidenshi.com/catalog/g/gP-09169/
	ガード付きプロペラ	1個		https://www.monotaro.com/g/00959191/

INDEX

記号／数字

A

B

C

D

E

F

G

H

I

L

M

N

O

P

R

S

T

V

W

あ行

か行

さ行

た行

な行

は行

ま行

や行

ら行

わ行

本書のサポートページについて

本書で解説に使用したプログラムコードは、弊社のWebページからダウンロードすることが可能です。詳細は、以下のURLに設置されているサポートページを併せてご参照ください。

ダウンロードする際には、圧縮ファイルの展開・伸長ソフトが必要です。展開ソフトがない場合には必ずパソコンにインストールしてから行ってください。また、圧縮ファイル展開時にパスワードが求められますので、下記のパスワードを入力して展開を行ってください。

◆本書のサポートページ

http://www.sotechsha.co.jp/sp/1326/

◆展開用パスワード（すべて半角英数文字）

pico2023

著者紹介

米田（よねだ） 聡（さとし）

4Gamer.netや日経Linux等で記事を執筆。主な著作に「Raspberry Piで学ぶARMデバイスドライバープログラミング」（ソシム）、「はじめる組込みLinux H8マイコン×uClinux」（ソフトバンク クリエイティブ）などがある。

これ1冊でできる！
ラズベリー・パイ Pico（ピコ）ではじめる 電子工作（でんしこうさく） 超入門（ちょうにゅうもん）

2023年12月31日　初版　第1刷発行

著　　　　者　米田聡
カバーデザイン　広田正康
発　行　人　柳澤淳一
編　集　人　久保田賢二
発　行　所　株式会社ソーテック社
〒102-0072　東京都千代田区飯田橋4-9-5　スギタビル4F
電話（注文専用）03-3262-5320　FAX 03-3262-5326
印　刷　所　大日本印刷株式会社

ISBN978-4-8007-1326-1